設計技術シリーズ

# 太陽光発電システム事例解説書

# 雷保護と設計法

竹谷 是幸［著］

科学情報出版株式会社

第1章

# 太陽光発電システムの雷保護（中規模太陽光発電システム）

第2章

## 大型太陽光発電システムの構成とSPD



第3章

## 太陽光発電システムの雷保護の基本事項　その1

第4章

## 太陽光発電システムの雷保護の基本事項　その2



第5章

## 太陽光発電システムの雷保護の基本事項　その3

第6章

## 太陽光発電システムの雷保護の基本事項　その4



第7章

## 太陽光発電システムの雷保護の基本事項　その5



第8章

## 太陽光発電システムの雷保護の基本事項　その6

第9章

# 太陽光発電システムの雷保護の基本事項　その7



第10章

# 太陽光発電システムの雷保護の基本事項　その8

第11章

## 太陽光発電システムの雷保護の基本事項　その9



第12章

## 太陽光発電システムの雷保護の基本事項　その10



第13章

## 太陽光発電システムの雷保護の基本事項　その11

第14章

## 太陽電池セルを接続する場合の問題点



第15章

## 部分的影及びミスマッチによる太陽光発電装置における電力損失

第16章

## 太陽電池モジュールとインバータ間の相互作用

付録 1

## IEC 62305 に規定の雷電流特性値の根拠と実績



付録 2

## 太陽光発電システムの規格改訂動向について

第 1 章

# 太陽光発電システムの雷保護（中規模太陽光発電システム）

## 1．太陽電池アレイの受雷確率

太陽電池出力を $100W/m^2$ として 50kW の太陽電池の面積は $50000W/100W=500m^2 \fallingdotseq 22m$ □

例えば、この太陽電池が40mの高さのビルの屋上に取り付けられていて、その設置場所の年間雷雨日数IKL35（我が国では多雷地区）とすれば落雷密度（年間 $km^2$ 当たりの落雷数）は、

$Ng=0.04 \cdot Td^{1.25}/km^2$ 年間

$=3.4/km^2$ 年間

Td：年間雷雨日数

等価受雷面積（受雷部の高さを考慮して補正した面積）

$$Ae=L \cdot W+6H \cdot (L+W)+9\pi H^2$$
$$=22^2+6 \cdot 40 \cdot 44+9 \cdot 3.14 \cdot 1600$$
$$=484+10560+45216=56260m^2$$
$$=0.05626km^2$$

この太陽電池の年間の受雷回数は

$3.4\times0.05626 \fallingdotseq 0.2$

すなわち５年に１回雷撃を受けることになる。

60mの高さのビルの屋上に設置する場合

$$Ae=L \cdot W+6H \cdot (L+W)+9\pi H^2$$
$$=22^2+6 \cdot 60 \cdot 44+9\pi 60^2$$
$$=484+15840+101736=118060$$
$$1.4\times0.11806=0.38$$

すなわち約３年に１回雷撃を受けることになる。

## 2．障害発生源としての雷電流の種類

通常、太陽光発電システムの償却期間は20年としているが、この期間に雷撃を受け破損すると採算が合わなくなる。ビル屋上に設置される

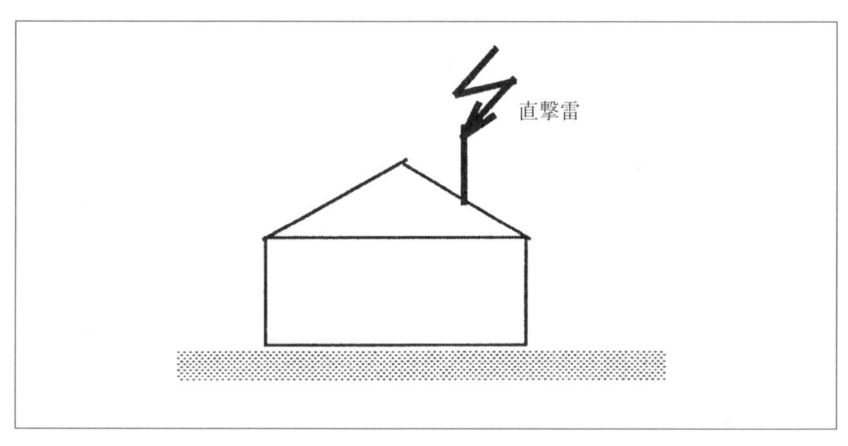


〔図１〕需要家建物への直撃雷

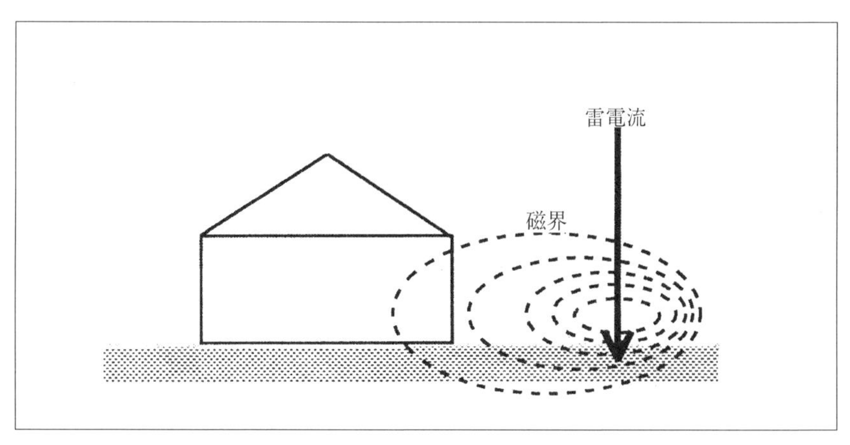


〔図２〕建物近傍の落雷＝誘導雷

中規模以上の太陽光発電システムは雷保護対策を講じることが推奨される。

太陽光発電の雷保護を検討する上で、まず雷電流の種類と、それに応じたSPDの選定方法について理解しておく必要がある。

障害発生源としての雷電流の種類には大きく分けて３種類ある。すなわち需要家への直撃雷、また配電線より侵入する直撃雷電流、需要家近

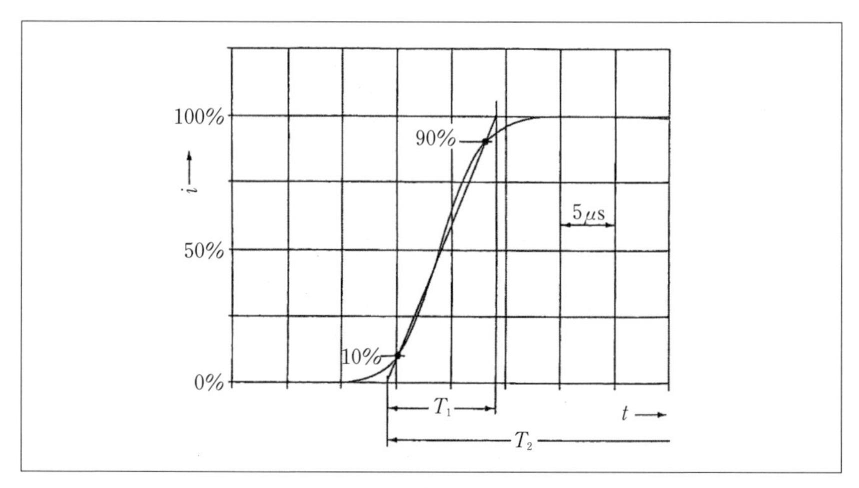


〔図３〕直撃雷の波頭の波形

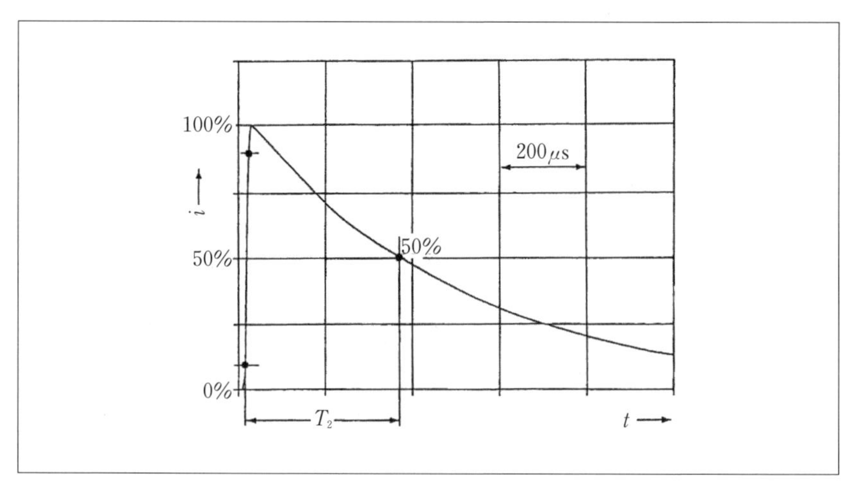


〔図４〕直撃雷の波尾の波形

傍の直撃雷による誘導雷、端末機器に加わる開閉サージを主体とする過電圧と過電流である。

*A　需要家の避雷針への直撃雷および配電線より需要家引き込み口へ侵*

*入する直撃雷*

この場合のインパルス電流は極めて大きく、従ってその妨害力が大きく、需要家設備内での絶縁破壊、機器の焼損等を発生する可能性が大きいが、妨害の発生頻度は比較的小さい。この場合のインパルス電流の波形は波頭（雷電流が波高値に達する時間）10μs および波尾（波高値から半減するまでの時間）350μs が IEC で統計的に定められた標準波形である。10/350μs で表す。

*B　需要家近傍の直撃雷電流による電磁誘導雷*

雷電流の発生する磁界が鎖交する電気回路ループに電磁誘導により発生する過電圧により流れる誘導雷電流で、障害を与えるエネルギーは直撃雷の場合の数十分の１であるが、影響範囲が大きく、発生頻度も大きい。誘導雷電流の波形は 8/20μs である。波高値への到達時間は直撃雷電流の波形とほぼ同じであるが、波高値からの減衰が速く半減時間は 20μs である。一般に 8/20μs で表される。

*C　回路の端末機器に加わる過電圧と過電流*

機器に加わる過電圧、過電流としては、電源側で雷保護対策がとられていれば、機器に加わる妨害としては、この３種類のなかで、その妨害エネルギーは最も小さい。過電圧波形は 1.2/50μs、電流波形は 8/20μs。

## ３．波形 10/350μs と 8/20μs の差

図５には同一波高値の直撃雷電流曲線Ａと誘導雷電流曲線Ｂとが示されている。時間軸とそれぞれの電流波形曲線で囲まれる面積は通過電荷量に等しい。この面積比率すなわち電荷量比率は B/A が 1/25 である。この電荷量に SPD（サージ防護デバイス＝アレスター）の端子電圧 v（一定と仮定）を掛けると、SPD への注入エネルギーＥとなり、SPD 内で熱エネルギーに変換される。

すなわち

$$Q=\int i\,dt$$
$$vQ=\int vi\,dt$$
$$=\int p\,dt$$
$$=E$$

v は SPD 端子電圧、p は電力、E はエネルギー

## 4．それぞれの雷電流波形に対して適用される SPD にはどのようなものがあるか？

### 4―1　クラス I-SPD（電圧スイッチング型火花ギャップ）

クラス I 試験すなわち公称放電電流 In（SPD を流れる波形が 8/20 である電流の波高値）および 1.2/50μs 電圧インパルス、並びにクラス I 試

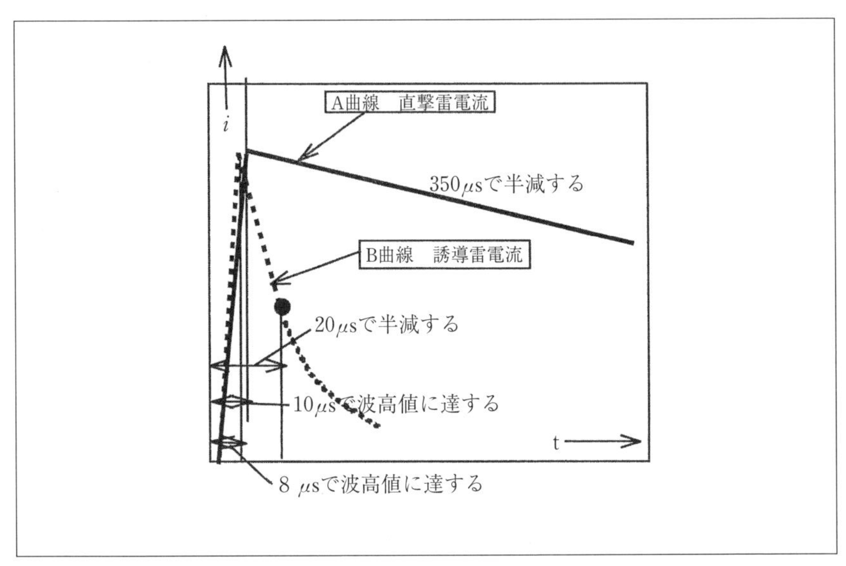


〔図 5〕直撃雷電流と誘導雷電流の波形比較

験の最大インパルス電流Iimp（動作責務試験手順に従って試験する電流ピーク値Ipeakおよび電荷Qが決められており、この波形は10/350に相当する）によって実施する試験に合格するSPDを言う。

動作原理は火花ギャップである。過電圧により火花ギャップが絶縁破壊し、アークになり、アークにより雷電流を通過させるが、アークの垂下特性により電流が大きいほどアーク電圧は低下し、大きな直撃雷が流れても、SPDへの注入エネルギーは小さい。

この火花ギャップ方式SPDを太陽光発電の直流側に適用する場合は特別の注意を必要とする。なぜならば、従来のクラスI-SPDは交流用として開発され生産されてきたものであるから、これを太陽光発電の直流回路に適用すると続流遮断不能の問題が生じる。

交流電流の遮断の場合、交流では10msごとに電流零点が到来し、これを利用して遮断を行うが、直流遮断の場合は零点がないので、遮断が極めて困難なことは衆知の事実である。

直流続流遮断不能のSPDを直流用の配線用遮断器でバックアップすることは、後続雷を受けた場合に、SPDが保護対象から切り離されてい

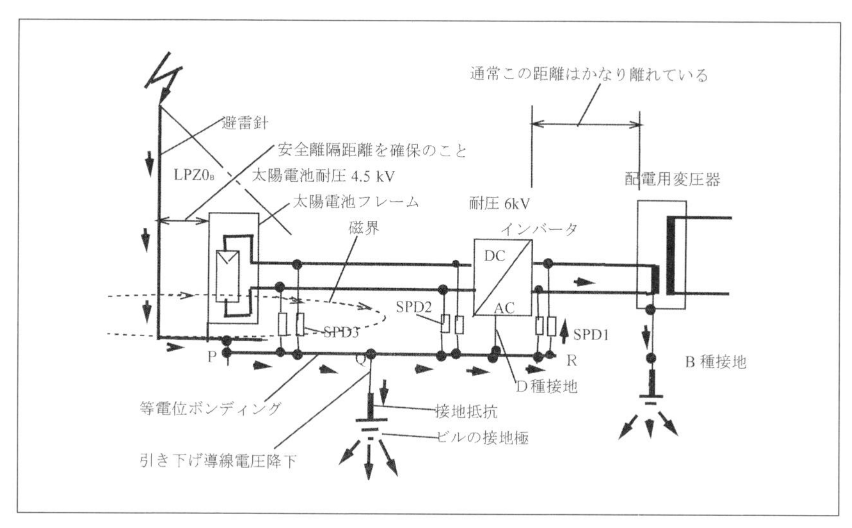


〔図6〕配電用変圧器のB種接地が分離独立している場合

るため、雷保護不能となる。そのためSPD自身が直流続流遮断の能力を保有する必要がある。そのためにはSPDの続流遮断部に特別な工夫が必要である。

### 4―2　クラスII-SPD（電圧制限形MOV＝酸化亜鉛バリスタ）

クラスII試験すなわち公称放電電流In（8/20μs）および1.2/50μs電圧インパルス、並びにクラスII試験の最大放電電流Imax（8/20μs）によって実施する試験に合格するSPDで、一般に酸化亜鉛バリスタが使われている。

## 5．等電位ボンディングの方法とSPDの設置位置と種類

### 5―1　避雷針、太陽電池アレイ、およびインバータが等電位ボンディング導体により接続されている場合（ビル屋上に太陽光発電システムを設置した場合）

太陽電池モジュールは避雷針により、$LPZ0_B$に設置され直撃雷を受けない。

避雷針と太陽電池フレーム間の安全離隔距離は確保されている。

太陽光発電回路は、通常、電力会社の配電用変圧器のB種接地と接続されているため零電位に保持されている。

#### 5―1―1　ビルの接地は配電用変圧器のB種接地とは分離独立している場合（低圧受電）（図6）

SPDの設置状況：太陽電池フレームとSPD1、2および3並びにインバタが等電位面に接続されている。

◇インバータAC出力側　SPD1

DEHNventil　電圧防護レベル1.5kV

◇インバータDC入力側　SPD2

DEHNguard PV 1200 SCP　電圧防護レベル4.2kV

◇太陽電池アレイ出力側　SPD3

DEHNguard PV 1200 SCP　電圧防護レベル 4.2kV

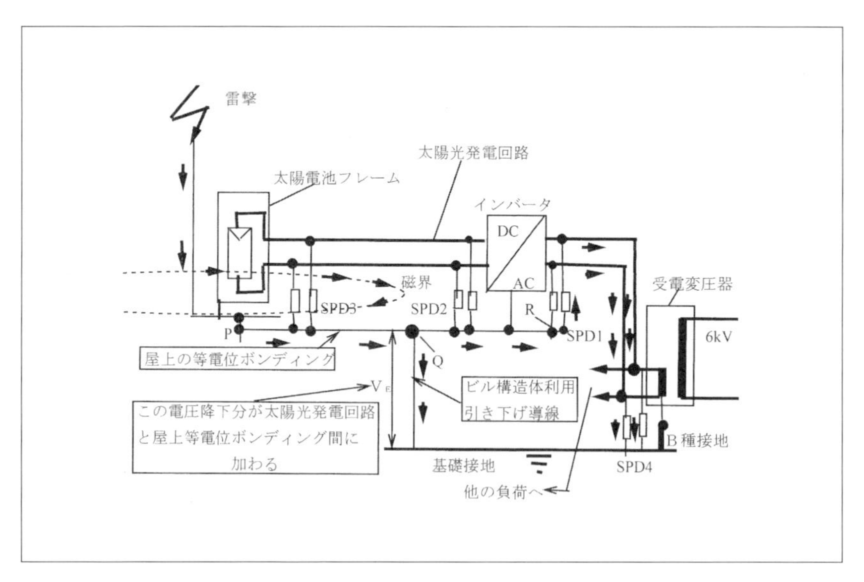


〔図７〕太陽電池アレイ、インバータおよびＢ種接地が等電位ボンディング、変圧器は地下

①ビルの受雷設備が直撃雷を受けるとビル屋上の等電位ボンディングの電位はビルの（接地抵抗×雷電流）電圧降下分に相当する電位上昇を発生する。

②太陽光発電回路と屋上の等電位ボンディングとの電位差を解消し、等電位ボンディングと太陽光発電回路間の絶縁破壊を防止するためにSPD1が動作する。SPD1は最初に動作しなければならない。

③雷電流の通過状況は矢印のとおり。

④もし直流側のSPDが先に動作すると雷電流は太陽光発電直流回路に侵入し、インバータを通過し、これを破壊する可能性がある。

⑤SPD1が最初に動作していれば、雷電流は図示のように流れインバータは保護されるが、等電位ボンディングと太陽光発電回路の間を通過する磁界（雷電流により発生）により誘導電圧が発生する。これを保護するために太陽光発電の直流側にクラスIIのSPDを設置する。

### 5―1―2　ビルは高圧受電で、配電用変圧器はビルの１階または地階に設置され、ビルの接地は配電用変圧器のＢ種接地と等電位ボンディングされている場合(図７)

SPDの設置状況は、５―１―１項にSPD4（クラスI）を追加した状態となる。

①ビルの受雷設備が直撃雷を受けるとビル屋上の等電位ボンディングの電位はビルの基礎接地に対して（引き下げ導線インピーダンス×雷電流）の電圧降下分に相当する電位上昇を発生する。

②太陽光発電回路と屋上の等電位ボンディングとの電位差を解消し、等電位ボンディングと太陽光発電回路間の絶縁破壊を防止するためにSPD1が動作する。SPD1は最初に動作しなければならない。

③雷電流の通過状況は矢印のとおり。Ｐ点で屋上等電位ボンディングに侵入した雷電流はＱ点で引き下げ導線へと分流し、残りはSPD1を経

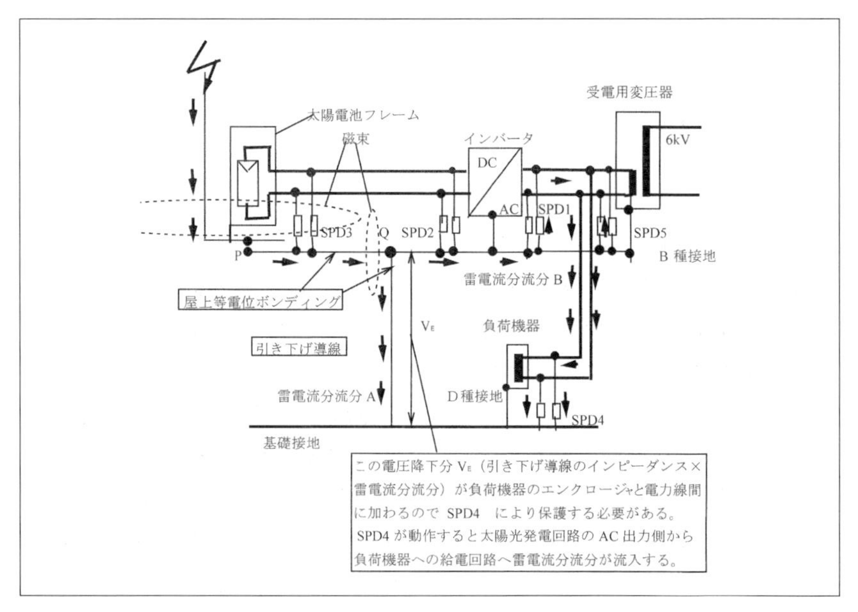


〔図８〕太陽電池アレイ、インバータおよびＢ種接地が等電位ボンディング、変圧器は屋上

て太陽光発電 AC 側に流入し SPD4 を経由して大地へ。

④もし直流側の SPD が先に動作すると雷電流は太陽光発電直流回路に侵入し、インバータを通過し、これを破壊する可能性がある。

⑤ SPD1 が最初に動作していれば、インバータは保護されるが、等電位ボンディングと太陽光発電回路の間を通過する磁界（雷電流により発生）により誘導電圧が発生する。これを保護するために太陽光発電の直流側にクラス II の SPD を設置する。

### 5―1―3　ビルは高圧受電で、受電用変圧器はビルの屋上に設置され、屋上等電位ボンディングに、太陽電池アレイの接地、インバータの D 種接地および受電用変圧器の B 種接地が共通にとられている場合（図 8）

①ビルの受雷設備が直撃雷を受けるとビル屋上の等電位ボンディングの電位はビルの基礎接地に対して（引き下げ導線インピーダンス×雷電流）の電圧降下 $V_E$ に相当する電位上昇を発生する。

②受電用変圧器はビルの屋上に設置され、屋上等電位ボンディングに、太陽電池アレイの接地、インバータの D 種接地および受電用変圧器の B 種接地が共通にとられているので、これらが一緒に電位上昇するため、太陽光発電回路と屋上等電位ボンディングとの間に電位差は

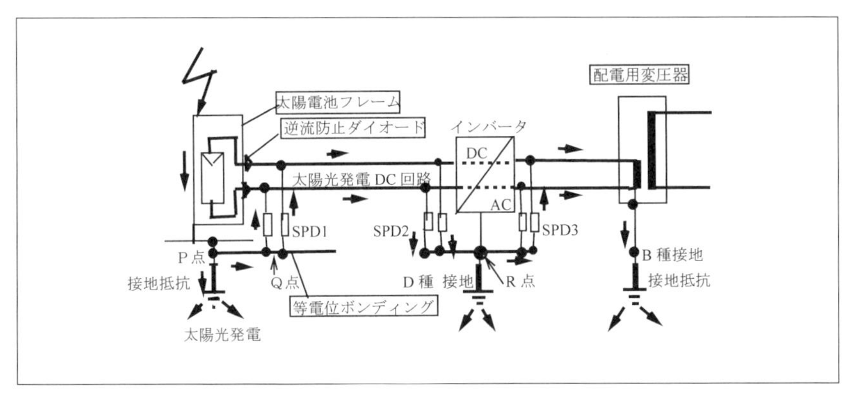


〔図 9〕太陽電池アレイの接地とインバータの D 種接地および B 種接地が分離独立

ない。

③しかし受電変圧器から下層階の負荷機器に電力供給されている場合には、①に説明した電位差が当該負荷機器のD種接地されたエンクロージャ（ケース）と内部の電力回路の間に加わる（負荷機器は各フロアーに存在するが、ここでは基礎接地にD種接地をとられているものを代表して選定している）。

④この電位差を解消し、負荷機器エンクロージャと電力回路間の絶縁破壊を防止するためにSPD4が動作する。

⑤その場合の雷電流の通過状況は矢印のとおり。P点で屋上等電位ボンディングに侵入した雷電流はQ点で引き下げ導線と変圧器B種接地方向へ流れる成分に分流し、この雷電流分流分はSPD2を経て太陽光発電AC側に流入し、負荷機器への給電回路を通過しSPD4を経由して大地へ流入する。

⑥従ってSPD1はクラスIでなければならない。場合により（インバータと受電変圧器の距離がある場合には）受電変圧器低圧出力端子の直近にもクラスIのSPD5を設置する。

⑦負荷機器のSPD4は負荷機器の数量が25個を超過する場合にはクラスIIでよい。25個未満の場合にはクラスIとすることが推奨される。

⑧太陽光発電回路の直流側には太陽光発電回路と屋上等電位ボンディングとで構成されるループと雷電流により発生する磁束との鎖交により発生する誘導電圧に対して防護するために太陽電池出力側とインバータ直流端子の直近にSPD2およびSPD3を設置する。これらSPDはクラスIIで良い。

SPDの設置状況：

◇インバータAC出力側　SPD1

DEHNventil　電圧防護レベル1.5kV

◇インバータDC入力側　SPD2

DEHNguard PV 1200 SCP　電圧防護レベル4.2kV

◇太陽電池アレイ出力側　SPD3

DEHNguard PV 1200 SCP　電圧防護レベル4.2kV

◇負荷機器の入力端子　SPD4

DEHNguardまたはDEHNventil　一般交流用

◇受電変圧器低圧側端子　SPD5

DEHNvenntil　一般交流用

## 5—2　太陽電池アレイの接地とインバータのD種接地が分離独立している場合

### 5—2—1　太陽電池アレイが直撃を受ける場合（図9参照）

①太陽電池モジュールまたはアレイフレームが雷撃を受けると雷電流がアレイ接地極に流入して、電圧降下を発生し、零電位に対し、その電圧降下分だけアレイフレームおよびモジュールフレームの電位Pを押し上げる。

②太陽光発電回路はインバータを経由して、配電用変圧器のB種接地に接続され、零電位なのでSPD1が動作し太陽光発電回路の電位を、その高電位に合わせて等電位化する。

③直撃雷電流はP点で、アレイ接地極へ流入する成分とQ点からSPD1を経由して太陽光発電DC回路へ流入する成分とに分流する（分流比

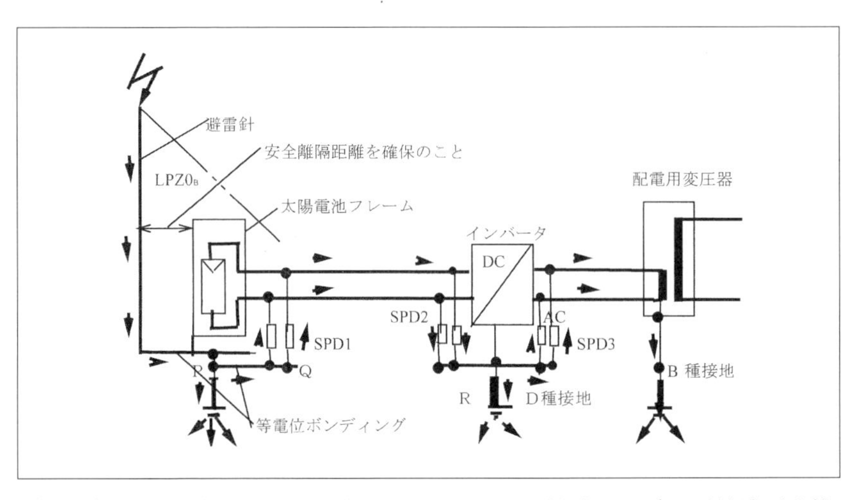


〔図10〕太陽電池アレイの接地、インバータD種接地およびB種接地が分離独立、避雷針付

は例えば50：50)。

SPD1はクラスⅠ（直撃雷電流対応）で、かつ直流用でなければならない。

④太陽光発電DC回路へ流入した直撃雷電流分流分は、そのままではインバータへ侵入し絶縁破壊および熱的に破損する可能性があるので、インバータ直前にSPD2はクラスⅠ（直撃雷電流対応）で、かつ直流用でなければならない。

⑤SPD2を経由する雷電流はR点において、インバータのD種接地極へ流入する成分とSPD3を経由して太陽光発電AC回路へ流入する成分へと分流する。SPD3はクラスⅠ（直撃雷電流対応）で、かつ交流用でなければならない。

⑥こうしてインバータをバイパスして、太陽光発電AC回路へ流入した直撃雷電流分流分は電力会社の配電用変圧器のB種接地から大地へと放散される。

### 5—2—2　太陽光発電アレイ接地極とインバータのD接地極が独立分離した状態で、避雷針を設置し、太陽電池アレイが直撃を受けることのないようにした場合（図10参照）

避雷針設置により太陽電池アレイおよびモジュールは雷撃を受けることはないが、避雷針が雷撃を受けると、避雷針および引き下げ導線が太陽電池アレイフレームとP点で等電位ボンディングされている以上、アレイフレームの電位が上昇し、直撃雷電流の分流状況は図9の場合と全く同様であり、SPD1、SPD2およびSPD3はいずれもクラスⅠ（直撃雷電流対応）でなければならない。

## 6．太陽光発電回路用SPDの特殊性

ある建物の低圧設備における過電圧保護の方法が、多くの国家規格により詳細規定されている一方で、太陽光発電の電流回路の過電圧保護の方法は、特殊性があり、SPDメーカーにも施工者にも太陽光発電回路について、詳細な技術専門知識が要求される。

そこで、太陽光発電回路にSPDを選択設置する場合の特殊性はどこにあるのか、またPV用インバータの保護のためのSPDの種々の仕様に応じて、どのような解決方法があるか説明する。

過去においては、もともと交流システム用に開発されたSPDが直流回路に使用されてきた。またSPDの製品規格も、これまでは交流用のみを規定している。使用されるSPDの多くの特性値は、原理的には直流の適用においても有効である。図11は太陽光発電部、PV用インバータ、およびSPDの部品により構成される簡単な太陽光発電回路を示している。大地電位に対するSPDの正極および負極電位が、PV発電部の最大開放電圧の50%であり、少なくともそれを上回る最大連続使用電圧を持つSPDを設置するのが、これまで長年のPV発電回路における標準の保護結線であった。

しかしながらSPDを直流側に設置する場合には、交流側の適用に比較して、設備計画時に、その注意を怠ることにより重大な事故を引き起こすような不利な相違点がある。

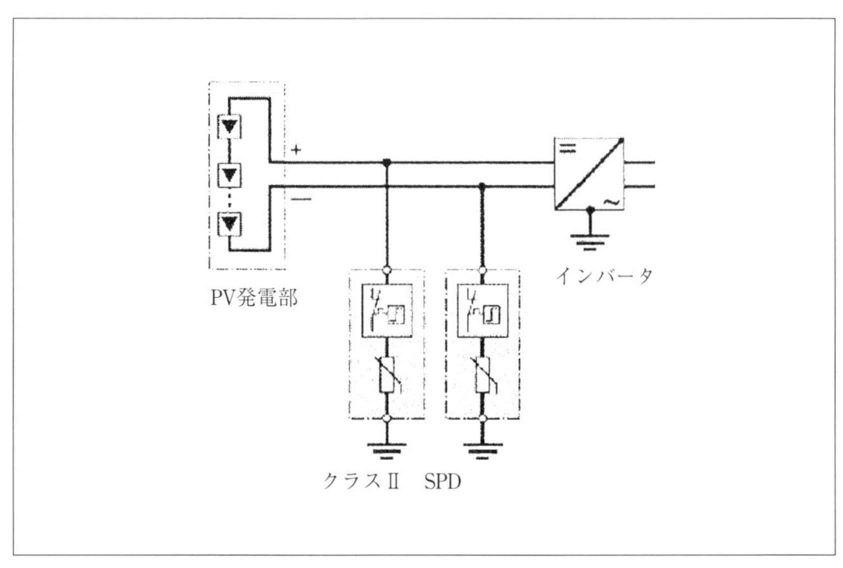


〔図11〕PV発電機、インバータおよびSPDを持つPV発電回路の原理的構成

図12から図14はこの種のシナリオについての詳細説明である。PV設備の運転時間が10年を超える場合は、現実的に想定しておかなければならないPV発電部における絶縁故障により、PV発電回路と接地されて金属構造物（例えば金属製屋根）間に地絡が発生する可能性がある。この場合、地絡の発生しない健全な極に接続されているSPDにPV発電の全電圧が加わる。SPDの最大連続使用電圧Ucを超過することによっ

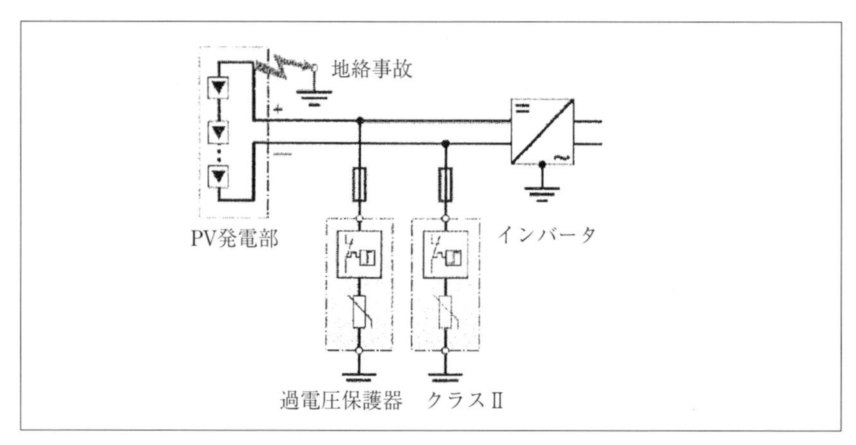


〔図12〕PV発電機における地絡事故

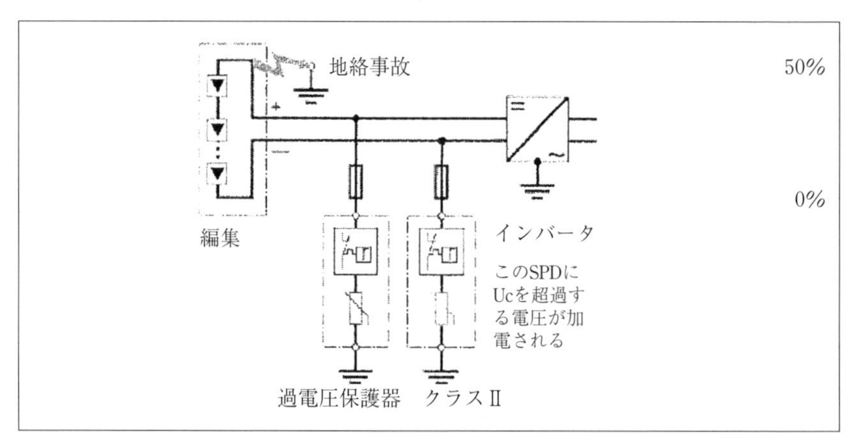


〔図13〕最大連続使用電圧Ucを超過することによりSPDは過負荷となる

て、バリスタ技術に基づくSPDを使用する場合には、その連続的な電流～電圧特性により、バリスタを流れる電流が決まる。通電する直流電流の実際の大きさは、地絡発生時点の気候条件とか、例えば並列PVストリングの数のような設備の構成が決定的に影響するため、事前に算定することは困難である。

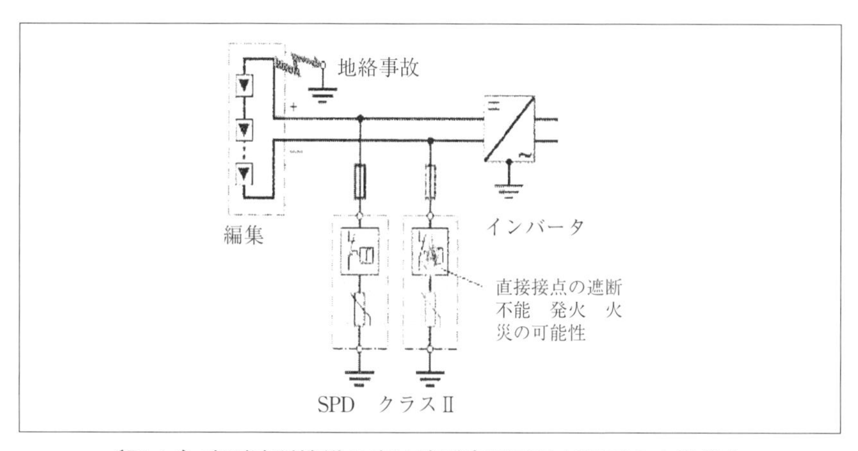


〔図14〕直列遮断機構の直流遮断容量不足が原因の火災発生

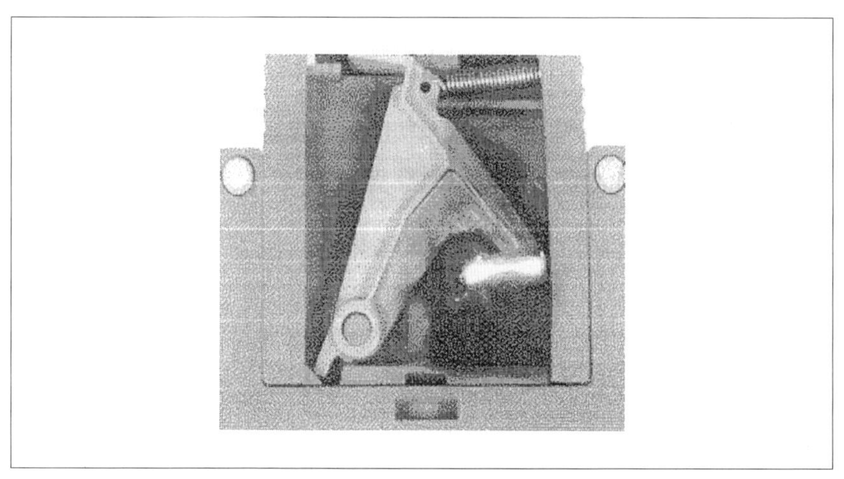

〔図15〕直列遮断機構に連続点弧するアーク

バリスタを通過する、このような連続通電電流は、短時間の内に許容できないほどの温度上昇を発生し、場合により火災へと発展するので、最近のSPDには加熱により動作する引き離し機構を装備している。しかし一般に交流回路用に設計・製作されていて、直流電流の遮断には適していない。

引き離し機構の動作開始はSPD内に組み込まれた遮断部の機械的断路から始まる。SPDに印加された電圧の条件下において、開離された接触子間にアークが発生する。特に高い系統電圧を持つPV設備で、太陽電池モジュールに十分な日射がある場合には、熱的作用による断路装置に発生した遮断アークの消弧は不可能（図15参照）。SPDの火災への発展はこの現象の結果である。この問題を解決するには、SPDに直列に過電流保護器、例えばヒューズを接続する案がある。しかし、その遮断容量の選定は、考慮すべき短絡電流の日射に依存する大きさを超えていなければならない。それに対し上述の危険をできるだけ小さく保つには、過電流保護器は数Aで動作するように選定しなければならない。このような敏感な保護器は過電流保護器のインパルス電流耐量はSPDのインパルス耐量よりも、はるかに小さく、そのように選定された保護器によって、過電流保護手段は効果を失うことになる。

火災の可能性を低減するために、SPDメーカーで研究が進められ、SPDの損傷とそれにより発生する二次的災害を画期的に低減することができた。図16は2個のバリスタSPDと統合火花ギャップからなる、いわゆるY保護結線である。統合火花ギャップは、地絡故障発生の際にSPDが動作するのを防止する。この種の結線のコンセプトは約500VまでのPV電圧で、地絡故障が過電圧発生前に存在しており、過電圧発生と地絡故障が同時に発生しないという条件において、その設置が有効となる。

PVシステム電圧としては、一層高い電圧が採用される傾向にあるので、SPDとしては新しい解決方法を追求しなければならなかった。これについては、3個のバリスタから構成され、地絡に対して耐力のあるY結線が良好な結果を得ている。この結線では、地絡事故が発生した場合、

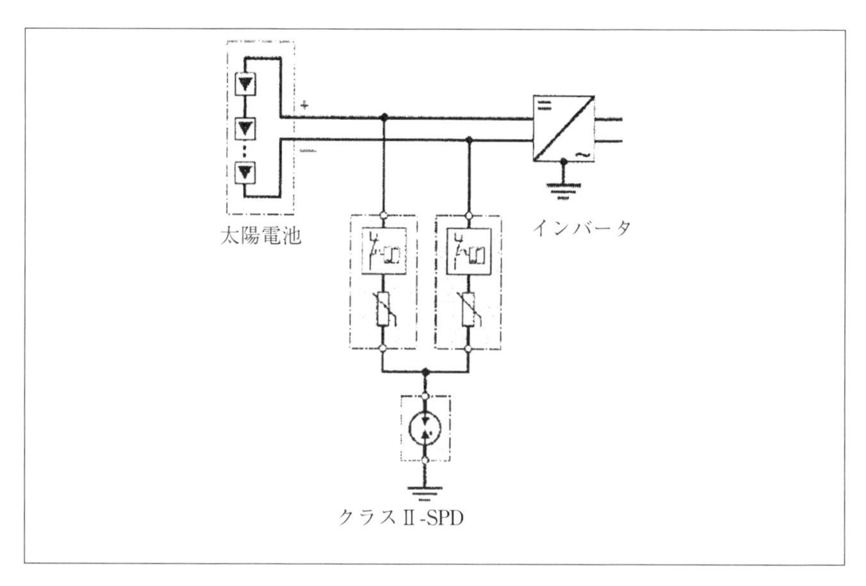


〔図 16〕 2 個のバリスタ SPD と統合火花ギャップより構成される PV 発電電流回路の Y 結線

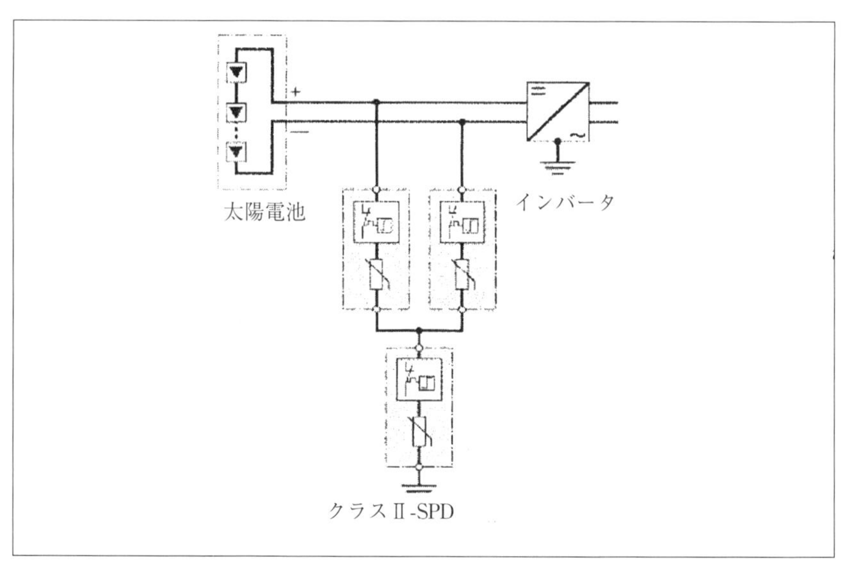


〔図 17〕 3 個のバリスタ SPD から構成される地絡耐性のある Y 結線

常に2個のバリスタが直列接続されていて、SPDの過負荷を防止することができる（図17）。

しかしながら、3個のバリスタから構成される地絡耐性のあるY結線においても、火災への発展は完全に除去はできない。回路に過電圧が加わる回数が重ねられると、バリスタの電圧～電流特性曲線が変化することにより､SPDの漏洩電流が増加する。このような事故に対処するために、交流電圧用に設計された直列遮断機構が動作する。最近のPV設備では数百V DCがシステム電圧として使われており、SPDに装備されている交流遮断機構では数Aの直流遮断が限界であることが、多くの試験により明瞭となっている。

## 7．短絡耐量を持つSPD

既述の問題を解決するためには、これまで使われてきたSPDによる保護の考え方を根本的に見直してみる必要がある。PV発電回路のシステムに着目すると、これまですべての部品、つまり適用されるSPDに至るまで、短絡耐量を持たせてきたことがわかる。それゆえ、問題を解決するSPDにも、この特性は、そのまま伝承することにする。その際に熱的・機械的に動作する遮断機構の基本特性は放棄すべきではない。この熱的・機械的に作用する遮断機構（Thermo-Dynamik-Control）は長年の良好な実績を持ち、バリスタ特性の変化により、漏洩電流が増加した場合、およびSPDがインパルス電流により過負荷となった場合に、SPDに短絡耐量を与えるために､遮断機構は短絡機構と組み合わされた。遮断機構が動作し、アークが発生すると、ただちに短絡機構によって、アーク維持に必要なエネルギーを除去する。アークはSPDケースが点火するような許容できぬ加熱状態になる前に消弧する（図18・図19）。短絡装置は短絡電流を、地絡事故が除去されるまで、連続的に通電する容量を持っている。

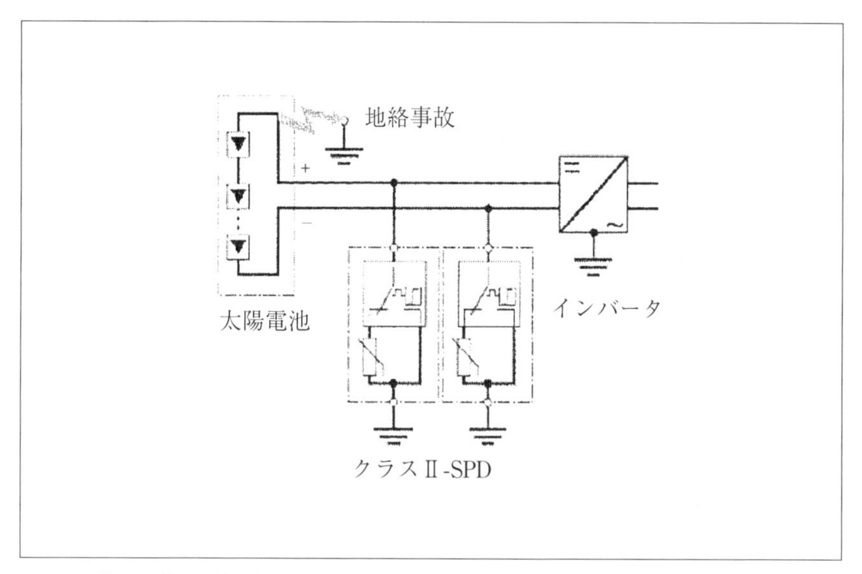


〔図 18〕短絡耐量を持つ SPD による PV 発電回路の過電圧保護

## 8．安全離隔距離が確保できない場合の雷保護等電位ボンディング

多くのPV設備において、雷保護設備部品とPV設備の間に十分な安全離隔距離がとれない場合が多い。おそらくPV設備の場合、世界的にこの点が誤って設置されており、雷撃があった際にこの問題が露呈するか、また雷保護エンジニアの判定により、この欠陥が明らかにされる。従来の経験からいえば、10kW ～ 100kWの中容量の設備で、この問題を内蔵している場合が多い。太陽光発電設備の運転者および所有者が、これを設備した建物の所有者でない場合も多い。

直撃雷を受けた場合は、実行された投資に対して設備の収益による償却が不可能になり、場合によっては、PV設備にとり、また借用建物にとり、制御できぬ閃絡が発生して火災を発生することも起こる。

PV設備運転者にとって、また、借用建物にとって、PV設備への直撃雷電流流入の際における損傷範囲を、できる限り小さく抑えるために、

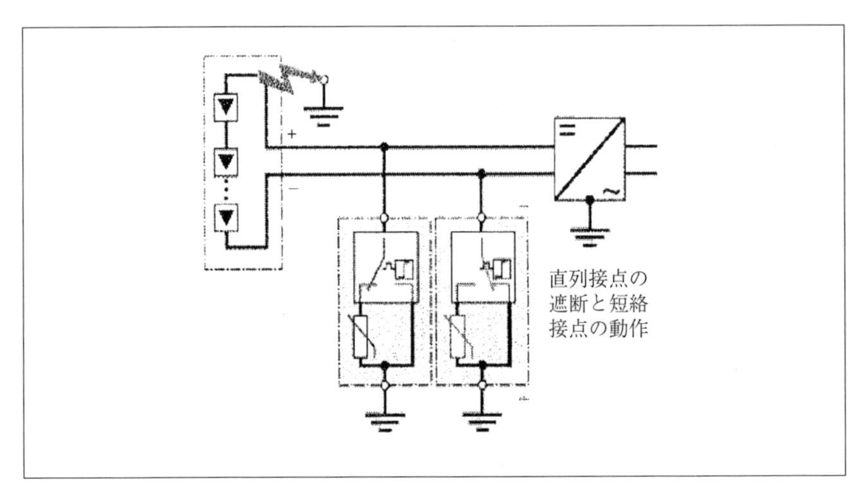


〔図 19〕発電回路における地絡事故による短絡耐量を持つ SPD の断路・短絡組み合わせ装置の動作

雷保護設備と PV 設備間の安全離隔距離を確保できない場合には、結論的に雷保護等電位ボンディングのみが唯一の解決法である。この目的のために、放電容量の大きな SPD を経由して雷電流を流せるように PV 発電回路を接続する必要がある。

過電圧保護の上述の問題の解決方法を検討する上で、バリスタ技術に基づく SPD の適用は小さなエネルギーの過度過電圧保護に限定すべきであり、もし、直撃雷電流が流れるならば、バリスタ技術に基づく SPD は破壊してしまう。

この場合、バリスタにおける限定された放電容量と、その SPD の後段に接続される PV 回路の部品、例えば PV 用インバータに装備された SPD とのエネルギー協調能力に限度があることが、放電容量を高めるために、多数のバリスタを並列接続する試みは、交流回路におけるバリスタの適用と同様に不満足な結果であった。加えて、PV 直流回路に適用する場合の前述の特殊性を考慮しなければならない。

## 9．PV 発電回路における直撃雷電流用 SPD

このような適用の場合の問題解決には、ギャップ技術による直撃雷電流用 SPD（クラスI）が用いられる。この場合、バリスタ・ベースの SPD のように PV 設備の種々の故障状態を考慮するのではなくて、直流条件のもとで、火花ギャップの特別な挙動を重点的に検討する必要がある。ということは、既述の PV 設備の故障状態に注意する必要はない。これらは一般的に簡単に解決できることを意味している。それに対し、直流の場合の点弧ギャップの消弧はこれまで長年の間、懸案となってきた。それが PV 発電回路に発生すると、これを遮断するのは困難である。太陽光発電のシステム電圧が年々増加していくのを考慮すると、従来の交流システムで用いられてきた方法ではなく、実際上有効な解決方法を見つけなければならない。

その解決方法としては、並列消弧回路を持つギャップ型 SPD の開発によって、ギャップ型 SPD の利点を PV 設備においても、利用することが可能となった。図 20 は PV 設備において、ギャップを基本とした直撃雷電流用の SPD の利用の原理を示している。

ギャップ型 SPD のインテリジェント制御部が、SPD を通過する電流が雷放電に起因するインパルス電流か、または PV 発電機から供給される直流の続流電流かを確認する。インパルス電流の場合には、ギャップが全放電を受け持つ。SPD を流れる電流が PV 発電機が供給する直流が確認された場合には、バイパス回路が、ギャップのアークが消弧するまで通電を受け持つ。その後、続流は遮断される。SPD は再び完全に次の動作待機状態となる。

図 21 は典型的な雷電流通電現象と、続流遮断現象について、SPD の各機能部における電圧と電流の経過を示している。既述の現象は約 100ms の時間内のことなので、この現象はインバータの絶縁監視装置のデッドタイム内に収まっている。そのためインバータの運転停止が起こることはない。

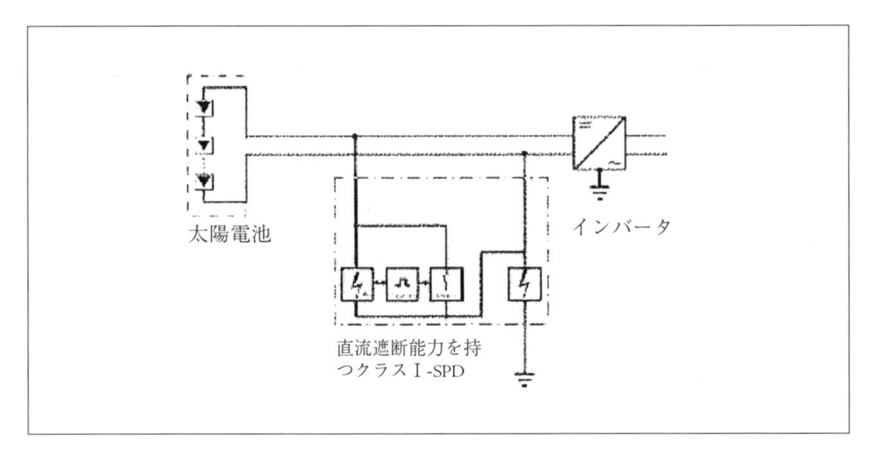


〔図 20〕ギャップ制御モジュールおよびバイパス回路から構成され、雷電流通電能力を持つクラスⅠSPDによるPV発電回路の雷保護等電位ボンディング

## 10. まとめ

太陽光発電回路にSPDが設置された場合には、一連の特殊性に注意しなければならない。最近の経験からすれば、交流回路用に開発されたSPDは太陽光発電設備には制限付きで設置しなければならない。場合によっては、SPDの過負荷により火災の危険も発生する。望まれる給電信頼性を確保し、設備の危険ポテンシャルを最少に保つため、PV設備の重要性に基づいて特別に開発されたSPDが必要である。

SPDは、ますます増加する高いシステム電圧において、安全性についての要求を確保し過負荷となっても設備の危険が発生しないように考慮され、設置されなければならない。

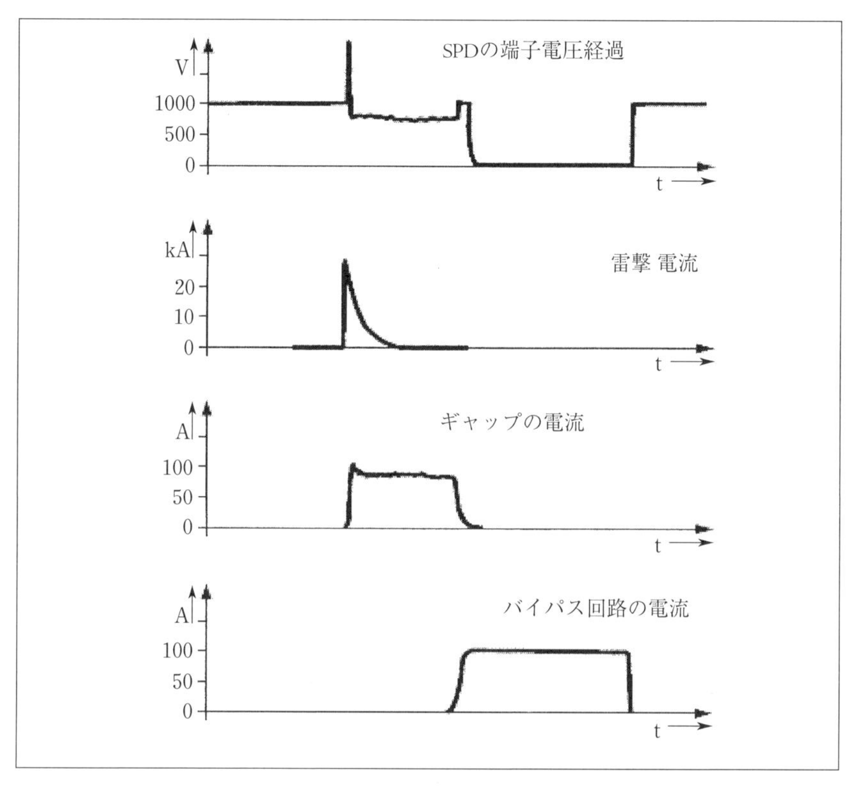


〔図 21〕雷電流通電現象および続流遮断現象期間の PV 設備用クラスⅠ SPD の各部における電流と電圧の経過

# 第2章
# 大型太陽光発電システムの構成とSPD

## 1．複数の太陽電池アレイ・ユニットをインバータの交流側で連結する場合（図1）

複数の太陽電池アレイ・ユニットをインバータの交流側で接続出来る条件：

①避雷針の保護導体（接地極への接続導体）、太陽電池アレイの保護導体及びインバータの保護導体が完全に等電位ボンディングされていること。

②避雷釧が雷撃を受けると雷電流が接地極へ流入するため太陽電池アレイ及びインバータのエンクロージャは接地抵抗×雷電流に相当する電位上昇をする。

③太陽光発電のDC回路及びAC回路は変圧器のB種接地に接続されており零電位であるから、絶縁破壊を防止するために、SPDにより等電位ボンディングする必要がある。

④その際、DC回路に設置されたSPD2及びSPD3が先に動作すると雷電流分流分がインバータ内部を通過し、これを破壊する可能性がある。

⑤そこで交流側SPD1（例えば動作電圧1.5kV）が先に動作してインバータのAC側からB種接地へ流れ込むようにする。SPD1はクラスⅠでなければならない。

⑥太陽光発電DC回路と等電位ボンディング導体で構成されるオープン・ループに雷電流による磁束が鎖交し誘導電圧を発生するので、この通電圧から防護するためにSPD2及びSPD3を接続しておく。これらのSPDは誘導電対応のクラスⅡでよい。

## 2．複数の太陽電池アレイ・ユニットをインバータの直流側で連結する場合（図2）

図1において避雷針の保護導体（接地極への接続導体）、太陽電池アレイの保護導体及びインバータの保護導体が完全に等電位ボンディングされるには、相当のコスト・アップが必要となる。つまり等電位ボンデ

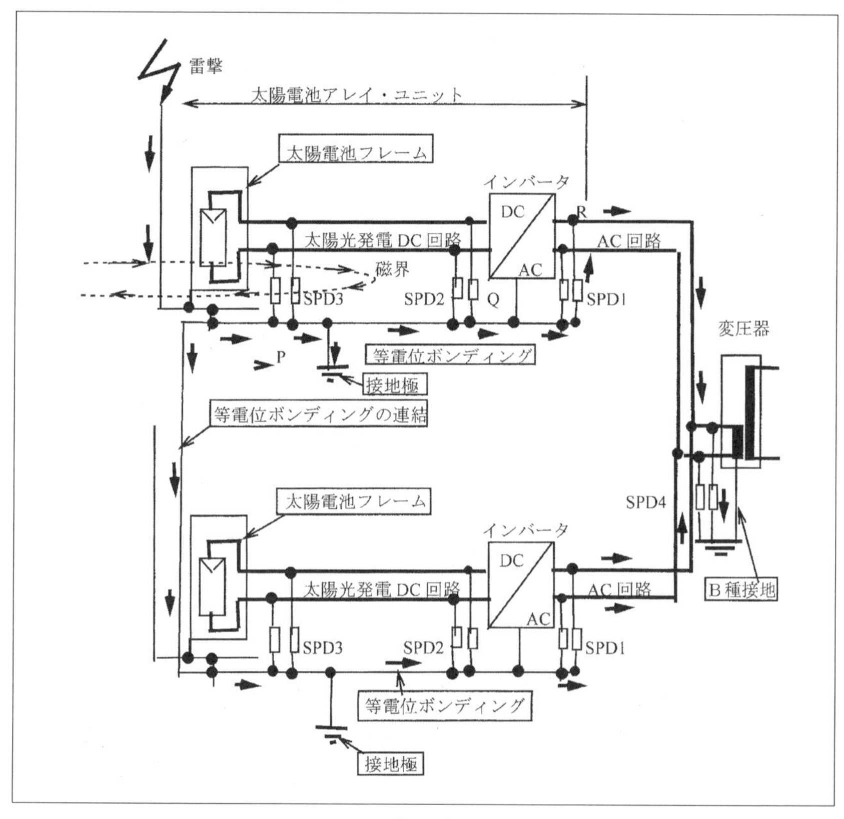


〔図 1〕

ィングを流れる雷電流分流分による電圧降下がSPD3の動作電圧を超過すれば、雷電流はSPD3を経由して太陽光発電DC回路に流れ込む。

その際の電圧降下を、そのように低く抑えるのはメガソーラーでは不可能な場合が多い。そこで、太陽電池アレイの接地極とインバータの接地極は分離独立していることを前提として雷保護対策を検討してみる。(図2)

①まずSPD1（クラスⅠでなければならない。）が動作し雷電流分流分が太陽光発電DC回路に流入するとインバータのDC入力の手前で、その雷電流分流分をインバータの接地極へ流す必要がある。そのために

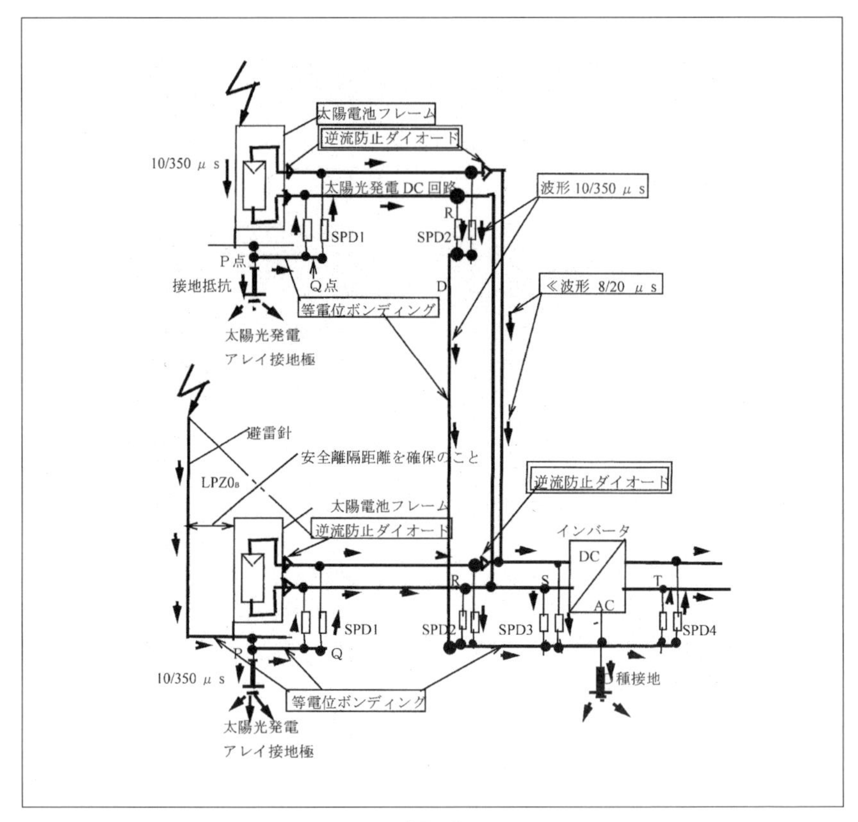


〔図 2〕

SPD2（クラスⅠ）を設置する。

②続流遮断能力はSPD1もSPD2もDC100Aが限度である。また1本の配線に流す電流をさらに増加すると、電圧降下を数%に抑えるために配線断面積が極めて大きくなり、不経済となる。したがってインバータのDC入力は100Aに抑制されなければならない。したがってインバータの容量は25kVA/200V又は50kVA/400Vかユニット容量となる。直流電圧をさらに増加すれば、それに応じてインバータのユニット容量は増加できる。

③SPD2に流入する雷電流分流分を100Aに抑えるために、他の太陽電

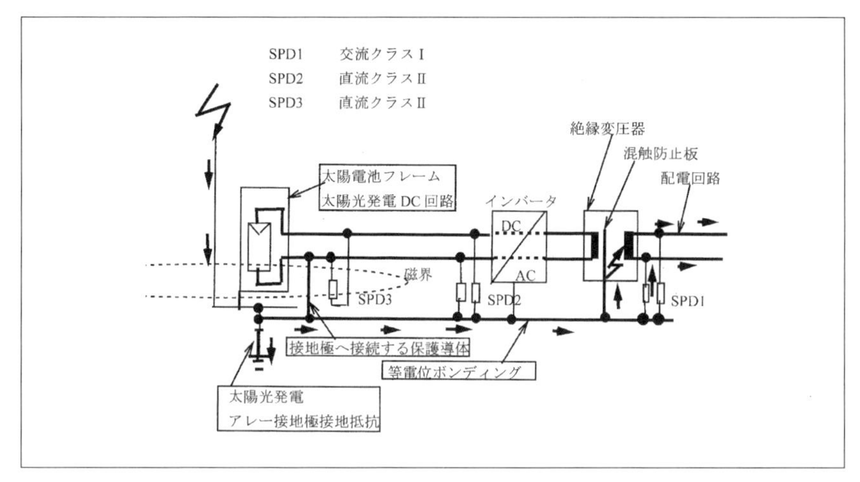


〔図 3〕

池アレイユニットから雷電流分流分が流入するのを防止するために、SPD2 とインバータ直流入力の間に、逆流防止ダイオードを接続する。

④ SPD2 が動作すれば、逆流防止ダイオードを経由してインバータ DC 入力端子へ向かって流れる雷電流分流分は 8/20 より逢かに短い波形となる。

⑤ SPD3（クラスⅡ）をインバータの DC 入力の直前に設置する。SPD3 は半導体であり、半抵抗でもあるので、続流の心配は無く電流制限の必要はない。したがってインバータは希望により大型とすることが出来る。

④インバータの D 種接地に雷電流分流分が流入し、その電圧降下分に相当する電位差がインバータ・エンクロージャと太陽光発電回路に加わる。したがって SPD4 により等電位ボンディングを実施する。SPD4 は AC 側から浸入する雷電流を防護するために、クラスⅠとする。

## 3．太陽光発電の直流回路のマイナス側接地の場合

インバータの出力をそのまま配電線に接続することは出来ない（配電用変圧器のB種接地に接続されるため二重地絡となる）から必ず絶縁変圧器を挿入する必要がある。絶縁変圧器の1次（インバータ出力側）と2次巻き線の間には混触防止板を設置しこれを接地する。

### 3—1　太陽電池フレーム·インバータのエンクロージャ・絶縁変圧器の混触防止板が等電位ボンディングされている場合（図3）

①雷電流かアレイ接地抵抗に流入し、その電圧降下分だけ等電位ボンディングの電位を高める。同時に混触防止板も高電位となる。配電変圧器の低圧側に接続される配電回路は零電位であるから混触防止板から配電回路へ絶縁破壊するこれを防止するために、SPD1（AC、クラスⅠ）を設置する。

②太陽電池アレイの出力のマイナス側で接地極へ接続されているから、太陽光発電回路と等電位ボンディング導体とで構成されるループに鎖交する雷電流磁界の変化によりループの開放端に誘導過電圧が発生する。これからインバータを防護するために、インバータ入力端子の直前にSPD2（DC、クラスⅡ）を設置する。

③ SPD3は線間に設置（DC、クラスⅢ）する。

### 3—2　太陽電池フレーム·インバータのエンクロージャ・絶縁変圧器の混触防止板がそれぞれ独立接地の場合（図4）

①ますSPDを取り付けない状態で受雷突針に落雷した場合、太陽光発電回路のマイナス側が太陽電池アレイ接地極に接続されているために太陽光発電回路全体が高電位となる。

②インバータに直撃雷電流分流分が流入し、これを破壊するのを防護するためにSPD4（DCクラスⅠ）を設置する。

③正電流分流分がP点から発電回路に侵入した場合、太陽電池を経由してプラス線に流入する際、太陽電池を破損する可能性があるので、SPD5を設置し、太陽電池を短絡する。

④インバータを跨いて雷電流分流分をバイパスさせるためにSPD3（AC

クラスⅠ）を設置する。

⑥次に絶縁破壊するのは絶縁変圧器の１次巻線・混触防止板間である。これを SPD2 により保護すると、雷電流分流分は混触防止板接地極に流入し混触防止仮の電位を高める。となるので、これを防護するために SPD1 を設置する。

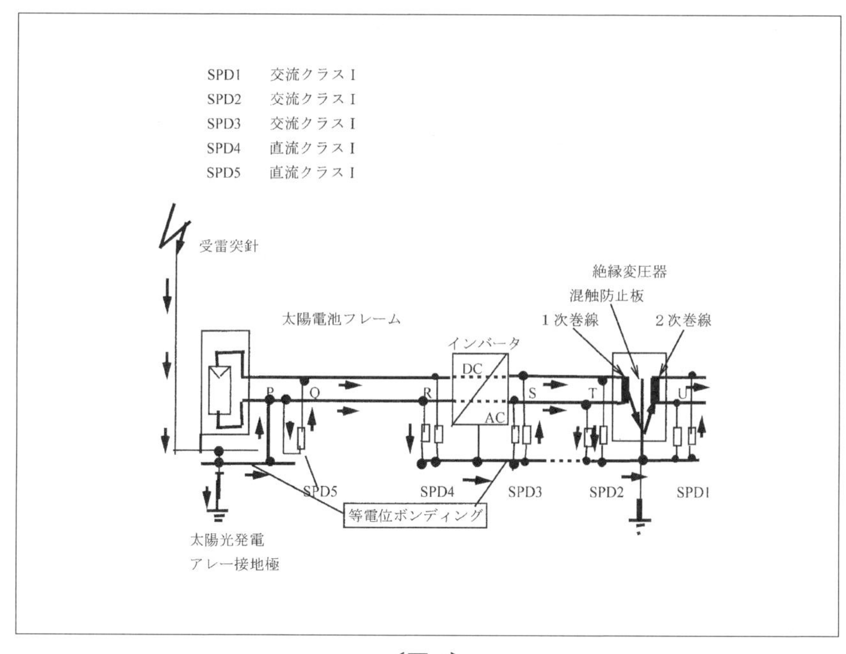


〔図４〕

第3章

# 太陽光発電システムの雷保護の基本事項　その1

# 1．はじめに

太陽光のエネルギー密度が比較的小さいので、太陽光発電設備の面積需要は非常に大きくなる。わが国では1km$^2$当たり年間2～4回の落雷がある。地球温暖化の影響により、この値はさらに増加する傾向にある。また設置場所の高さが高くなるとこの値は増加する。熱帯地域ではkm$^2$当たり、年間30～70回となる。太陽電池モジュールのフレームや太陽電池アレイのフレームは金属製のものが多く、受雷部となる場合が多い。絶縁物製のアレイフレーム、枠なしの太陽電池モジュールであっても、電線との接続は絶対に必要であるので、当然、雷撃による危険に晒されている。太陽光発電システムへの雷撃は、太陽電池モジュールのみでなく、太陽光発電システムの電子装置（インバータや充電制御装置）にも損傷を与え、場合によっては人にも危険を与える。しかし太陽光発電システムを建物に設置したからといって、建物への雷撃の危険性が増加するということはない。

雷撃による損傷に対して完全に保護するのは非常に高価となり、実際問題として不可能である。しかし合理的なコストで、人への危険および火災の危険を減少し、場合によっては設備への損傷を制限する合目的な雷保護を実現することは可能である。

太陽光発電設備は設備または太陽光発電設備を取り付けた建物への直撃雷によってのみ危険に晒されるわけではない。近接の周辺物（例えば、隣接の建物）への近傍雷による誘導雷によっても損傷は発生する。太陽光発電設備が系統連系されている場合には、配電系統からの過電圧によっても損傷を受ける。誘導雷は直撃雷よりも頻繁に発生する。しかし誘導雷による損傷を防止するためのコストは明らかに低い。それゆえ、各太陽光発電設備は少なくとも誘導雷に対しては十分に保護しておくことが推奨される。

## 2．建築物の直撃雷の受雷数

建築物の幾何学的寸法とその周囲条件により直撃雷の年間受雷数を算定することができる。各建築設備の落雷数は、その固有の平面積で決まるだけでなく、その高さが影響し、また周囲条件からも影響を受ける。まずその建設物の等価受雷面積 Ad を算定し、これに気象庁が発表した年間雷雨日数分布図（IKL マップ：Isokeraunic Level Map）から、その地点の雷雨日数 Td（日／年）を求め、次式により大地雷放電密度 Ng（回／ $km^2$ ・年）を求める。

$$Ng=0.04Td^{1.25}$$

Ng が求まったならば、Ng×Ae（等価受雷面積）により、その建築物の想定落雷数（回／年）Nd を求めることができる。

等価受雷面積の求め方は、図 1 に示すように建築物の高さ H に対し、1：3 の傾斜角で基礎面を拡大し、次式により求める。

◇平坦な屋根を持つ四角形の建築物の等価受雷面積 Ad

$$Ad = L \cdot B + 6 \cdot H \cdot (L+B) + 9\pi \cdot H^2 \quad \text{(1)}$$

◇傾斜角 18.4 度の両切り妻屋根を持つ四角形の建築物の等価受雷面積 Ad

$$Ad = 6 \cdot H \cdot B + 9\pi \cdot H^2 \quad \text{(2)}$$

◇高さ H の塔の等価受雷面積 Ad

$$Ad = 9\pi H^2 \quad \text{(3)}$$

(1)式および(2)式において

L：建築物の長さ
B：建築物の幅
H：建築物の高さ
◇ある建築物の年間受雷数Ndは

$$Nd = Ng \cdot Ad \cdot Ce \cdot 10^{-6} \quad (4)$$

Ceは環境係数であり、表1による。
非常に高い建築物の場合は(4)式により算出した値では小さすぎる。
（以下の計算はHasse/Wiesinger著　Handbuch fuer Blitzschutz und Erdungの70頁に記載）
我が国の大地雷放電密度$Ng=0.04 \cdot Td^{1.25}/km^2$年間は年間雷雨日数Tdから算出すると0.7～3.4の値である。

100mまでの高さの保護対象の想定落雷数はErikssonの次式により算

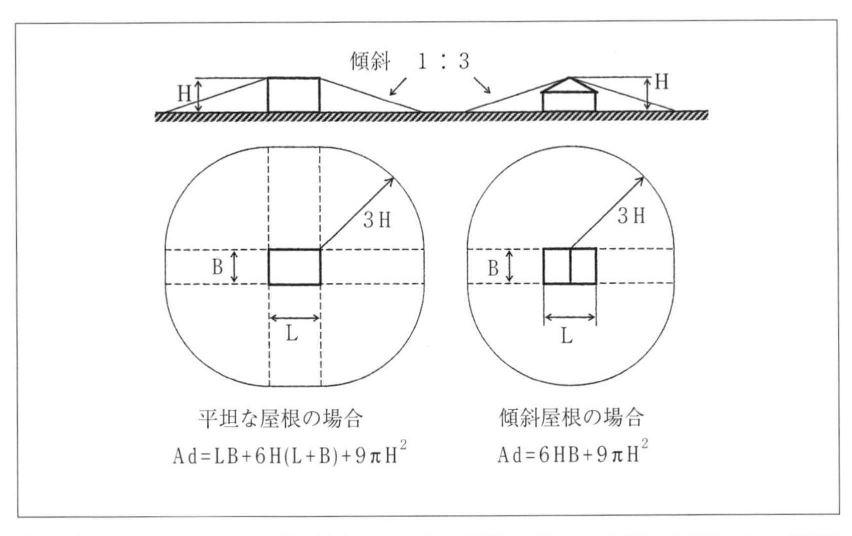


〔図1〕平坦な屋根および傾斜角18.4度の屋根を持つ四角形の平面を持つ建築物の等価受雷面積Ad

〔表１〕環境係数

| 環　境 | Ce環境係数 |
|---|---|
| 3Hの距離以内で同じ高さかそれ以上の高さの構造物や樹木を含む空間に位置する建築物 | 0.25 |
| 3Hの距離以内のより小さい建築物で囲まれた建築物 | 0.5 |
| 3Hの距離以内には他の建築物がない孤立した建築物 | 1 |
| 丘の頂上の孤立した建築物 | 2 |

〔表２〕年間雷雨日数 Td の関数としての Ng 大地雷放電密度

| 年間雷雨日数Td | 10 | 15 | 20 | 25 | 30 | 35 |
|---|---|---|---|---|---|---|
| 大地雷放電密度Ng/km²・年間 | 0.7 | 1.2 | 1.7 | 2.2 | 2.8 | 3.4 |

出する。

$$n_h=2.4\cdot10^{-5}\cdot Ng\cdot h^{2.05}$$

上式においてhは保護対象建築物の高さである。
たとえば高さ50mの建築物の年間落雷数は落雷密度Ng=3/km²・年とすれば

$$n_h=2.4\cdot10^{-5}\cdot3\cdot50^{2.05}=0.22/\text{年間}$$

すなわち、４～５年ごとに１回の雷撃を受けることになる。150 mを超える塔の場合は上式によらず、年間数十回の雷撃を受ける。

## ３．雷電流の特性値

雷電流の通電時間は非常に短時間であるが、電流値は非常に大きい。図２は雷電流の波形を示している。極めて短時間で極めて大きな波高値

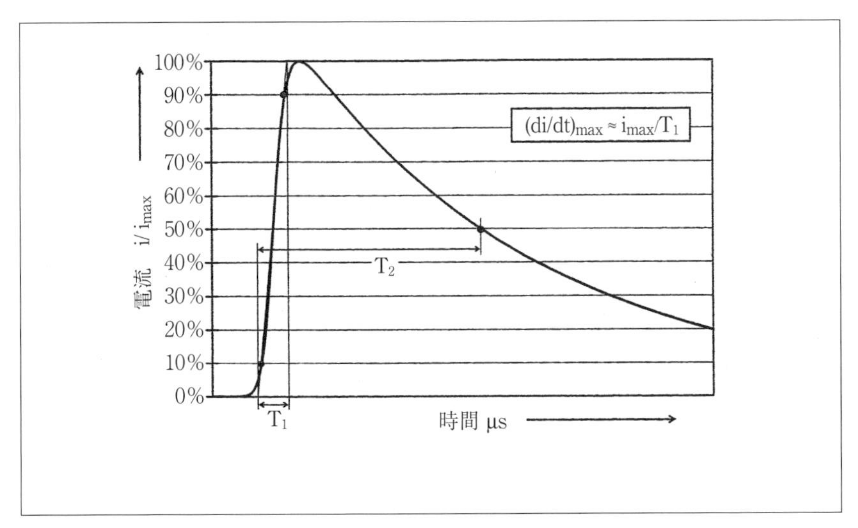


〔図2〕雷電流の波形（$T_1$ ＝波頭　$T_2$ = 波尾）

$i_{max}$ に到達する。引き続き0へと減衰していくが、それには長い時間を要する。

## 4．雷の種類

(1) 第1雷撃（正または負）

第1雷撃は最大の波高値を持っていて、それが通過する導体を最高に加熱する。波高値 $i_{max}$ は 100 kA ～ 200kA に達する。しかし平均的な波高値は 30 kA である。最大の電流上昇率 $di/dt_{max}$ は負性後続雷撃より小さい。典型的な波形の波頭 $T_1$ の値は 10$\mu$s であり、波尾 $T_2$ は 350$\mu$s である。第1雷撃は、この非常に短い時間内で最大の電荷量を伝送する。

(2) 負性後続雷撃

この種の雷撃は直前に先行した第1雷撃によってイオン化された導電路を利用する。従って急激にその波高値に到達することができる。それ故、電流上昇率は非常に大きくなる。その最大値は 100kA/$\mu$s ～ 200kA/$\mu$s で、平均値は 25kA/$\mu$s である。後続雷撃は、したがって近接する通

〔表３〕種々の雷保護レベルにおいて、設計に際し使用されるべき限界値と回転球体 $r_B$ を持つ雷保護設備

| 雷保護レベル | 有効性 | $i_{max}$ | $(di/dt)_{max}$ | W/R | Qs | $Q_L$ | $r_B$ |
|---|---|---|---|---|---|---|---|
| Ⅳ | 84% | 100kA | 100kA/μs | 2.5MJ/Ω | 50As | 100As | 60m |
| Ⅲ | 91% | 100kA | 100kA/μs | 2.5MJ/Ω | 50As | 100As | 45m |
| Ⅱ | 97% | 150kA | 150kA/μs | 5.6MJ/Ω | 75As | 150As | 30m |
| Ⅰ | 99% | 200kA | 200kA/μs | 10MJ/Ω | 100As | 200As | 20m |

Qs：第１雷撃の運ぶ電荷　$Q_L$：長時間雷撃の運ぶ電荷

電ループに非常に大きな過電圧を誘発する。後続雷撃の波高値は第１雷撃の波高値よりも小さいが、それでも最大波高値は25kA～50kAに達する。典型的な波形の波頭時間 $T_1$ は、0.25μsで波尾 $T_2$ は100μsである。

(3) 長時間雷撃（正または負）

この種の雷撃の電流値は比較的小さく200A～400Aである。しかしその通電時間は長く、数百msで、典型的な値は500msである。長時間雷撃は最大の電荷量 $Q_L$ を伝送する。それらは第１雷撃または後続雷撃の直前または直後に発生する。

実際には雷は10個程度までの上述の部分雷撃によって構成され、最大１秒以内で発生し、雷の通路と雷撃点は共通となっている。

# ５．雷撃の作用

建物または設備への雷撃は種々の危険な作用を発生する。雷撃によって火災が発生することはよく知られているが、そのほかに次のような重要な作用が発生する。

◇雷撃を受けた対象物は周囲に対し、非常な高電位となる。

その場合の重要なパラメターは波高値 $i_{max}$ である。

◇近接導体ループに発生する大きな誘導電圧

そのための重要なパラメターは最大の電流変化率である。

$$(di/dt)_{max}=i_{max}/T_1$$

◇雷電流通電導体の温度上昇と電磁機械力

その重要なパラメーターは固有エネルギー $W/R=\int i^2dt$
◇雷撃点における溶融
その重要なパラメータは$Q_L=\int idt$
太陽光発電設備においては、他のすべての電気設備同様、電位上昇と雷電流またはその分流分による誘導電圧が特に重要である。これらについては後に詳述する。

## 6．雷保護レベルと雷保護設備の有効性

雷保護設備は直撃雷電流の大部分を保護対象に障害が発生することなしに放流することによって、その責務を満足することができる。雷保護設備の有効性について、保護対象への雷撃の総数に対し、これらの保護対象に障害発生のない雷撃数の比率を雷保護設備の有効性と定義される。要求される有効性が大きくなるほど上記の雷撃のパラメーターは増加する。
【表3の各パラメーターの用い方の例】
$i_{max}$：第1雷撃電流の波高値であり、電流を通電する導体相互間の電磁機械力の計算に用いる。
$(di/dt)_{max}$：近接ループの誘導電圧の計算に用いる。
W/R：第1雷撃電流通過時の導体温度上昇計算に用いる。
Qs：第1雷撃電流放電時のSPDに注入されるエネルギー計算に用いる。例えば電荷×SPDの端子電圧=SPDに注入されるエネルギー。
$Q_L$：長時間雷撃によるアークスポットに注入されるエネルギーの算出に用いる。
$r_B$：回転球体半径であり、雷撃点の決定のための回転球体法に用いる。

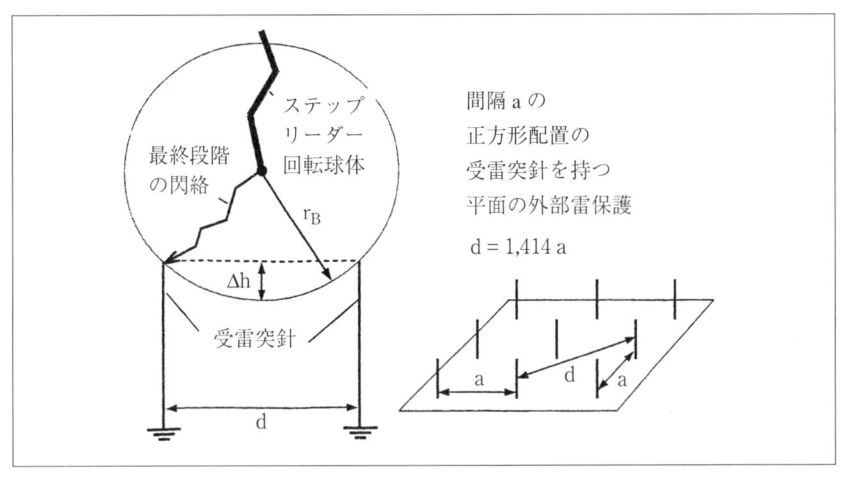

〔図3〕回転球体法による外部雷保護

# 7．雷保護の基本原理

## 7—1　外部雷保護と内部雷保護

外部雷保護は保護対象物（建物や設備）への雷撃を防止することはできない。その責務は、雷撃の際に高温度の雷電流通路を、保護対象の可燃性または鋭敏な部分から離隔しておき、雷電流を導体を経由して確実に大地へと放流することにある。この目的を達成するために、まず雷撃を受ける受雷部導体およびこれを接地極に接続する引き下げ導線は十分な断面積を持っていなければならない。例えば銅の場合 50mm$^2$ の断面積を必要とする。基礎接地が用いられる場合は建物基礎の鉄筋が接地極として用いられる。その他に建物の周囲に深さ 50cm ～ 100cm で十分な耐食性を持つ環状接地極（例えば直径 8mm をの丸銅）を埋設する方法もある。接地抵抗 $R_E$ は無限遠の大地に対して算出されるもので、通常は1Ω～10Ω程度である。岩盤の土地では当然のことながら、接地抵抗はさらに大きくなる。しかし雷保護上は接地抵抗値に関する制限はない（感電保護上、変電所の接地抵抗は2Ωが推奨されている）。

内部雷保護には、それに対し、保護される空間内に存在する電気設備

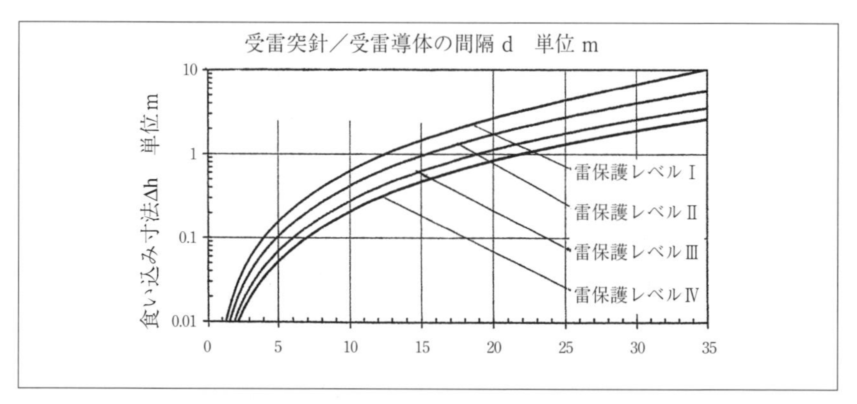


〔図4〕受雷突針間隔 d と回転球体の食い込み寸法

〔表4〕メッシュ法の場合の最大メッシュ間隔 a

| 雷保護レベル | Ⅰ | Ⅱ | Ⅲ | Ⅳ |
|---|---|---|---|---|
| 最大メッシュ間隔a(m) | 5 | 10 | 15 | 20 |

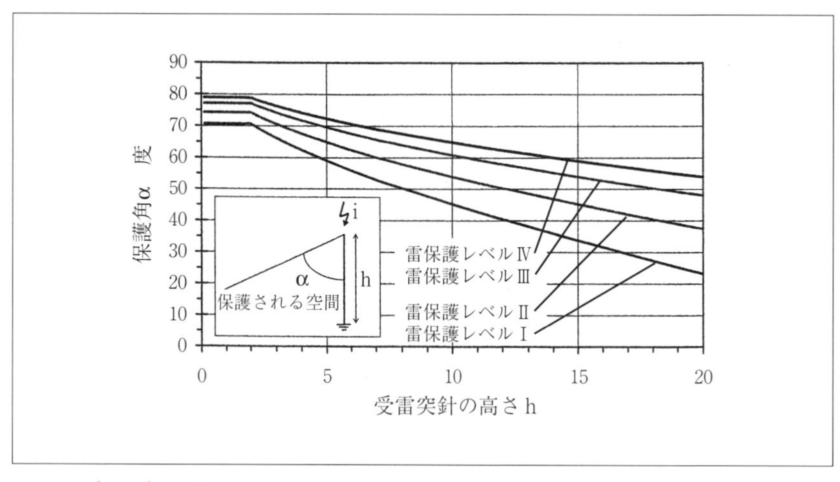


〔図5〕雷保護レベルによって決まる受雷突針の高さと保護角度

において、雷撃の際に外部雷保護導体に流れる電流によって発生される可能性のある損傷を防止するためのすべての手段が含まれる。

### 7—2　回転球体法による保護範囲の決定

落雷は、まず電荷を持つ雲から出発したステップリーダー（段階的導電路）がジグザグに多数の段階を経て地上へ向かう。この導電路の先端が地上に接近した場所で、その先端と大地との距離が数十 m ～ 100m になると、それによる電界が局部的に大地近傍での空気のイオン化能力を超過して最終段階の絶縁破壊が発生し、雲から受雷部までの導電路が形成されこれが落雷となる。このいわゆる幾何学的かつ電気的モデルは、この最終段階の絶縁破壊は、常に最短の残存間隔を経て発生、言い換えれば、ステップリーダーの先端が最接近している場所で発生することを前提としている。この考慮すべき最終段階の絶縁破壊距離の半径（いわゆる回転球体半径）は雷保護システムにて保証される雷保護レベルに依存する。

直撃雷から護られる空間を決めるための回転球体法は特に平坦な屋根を持つ設備に適する。設計された受雷導体を装備する保護対象上に、選定された雷保護レベルによる半径 $r_B$ を持つ回転球体がころがされる。

間隔 d を持つ二つの垂直の受雷突針の場合、回転球体は、両受雷突針の頂点を結ぶ線から、ある値 Δh だけくいこんでいる。回転球体のくいこみ寸法 Δh は、

$$\Delta h = r_B - \sqrt{r_B - \left(d/2\right)^2}$$

平面の雷保護に対しては、最大離隔距離 a を持つ受雷導体からなる正方形のメッシュ網を前提とする、いわゆるメッシュ法も適用される。メッシュ法の場合のメッシュの最大間隔は雷保護レベルによって決められている。表 4 参照。この場合のくいこみ寸法は比較的小さい。

### 7—3　受雷突針と受雷導体の保護範囲

傾斜屋根および単独受雷突針の場合には保護角法が適する。垂直突針と水平の受雷導体により決められた空間を直撃から護るということを前提とした場合、これらの保護空間を決める垂直突針と保護角 α は高

さｈおよび表3による選定された雷保護レベルに依存する。図5は受雷突針の高さｈと保護角によって保護される空間を高さｈおよび選択された雷保護レベルの関数として示している。

## 8．電気設備の雷保護のための手段のまとめ

◇設備への直撃雷は有効な外部雷保護により防止されること。
◇雷電流を通電する導体は十分な断面積を持っていること。容器の壁とエンクロージヤーは十分な厚みを持っていなければならない。
◇雷電流は可能な限り多くの分流分に分割し、その分流分は多数の並列分割導線により接地極へ導かれること。それにより、ｉまたは $i^2$ に比例する雷の作用が低減される。
◇外部から設備へと引き込まれるすべての導体は等電位ボンディングされること。
◇雷電流分流分を流す導体と近接導体ループ間には十分な離隔をとること。このような導体ループに囲まれる面積はできるだけ小さくすること。
◇シールド線のシールドは両側で接地をとること。
◇導線の両側にSPDを接続すること。

第4章

# 太陽光発電システムの雷保護の基本事項　その2

# 9．雷電流を複数の引き下げ導線へ分流

雷電流の作用の低減のための重要な手段は、雷電流を多数の小さな分流分に分割することである。種々の引き下げ導線に流れ、それによって、$i^2$、i、または di/dt に比例する雷電流の有害な作用を大きく低減し、また、それにより発生する磁界を部分的に消滅することもできる。誘導電圧を算出する場合は、引き下げ導体に流れる雷電流の分流分 $i_A$ のみにより、近接して存在する導体ループに発生する誘導電圧の大きさが決まると近似的に仮定することができる。

それゆえ、引き下げ導体に流れる電流 $i_A$ の全雷電流 i に対する比率が重要である。この計算のために次を定義する。

◇引き下げ導線における分流分比率

$$k_c = i_A / i \quad \cdots\cdots (5)$$

係数 $k_c$ は受雷導体と引き下げ導線並びに雷撃点の相互の位置関係に依存する。雷撃点に対して受雷導体および引き下げ導線が対称的に配置

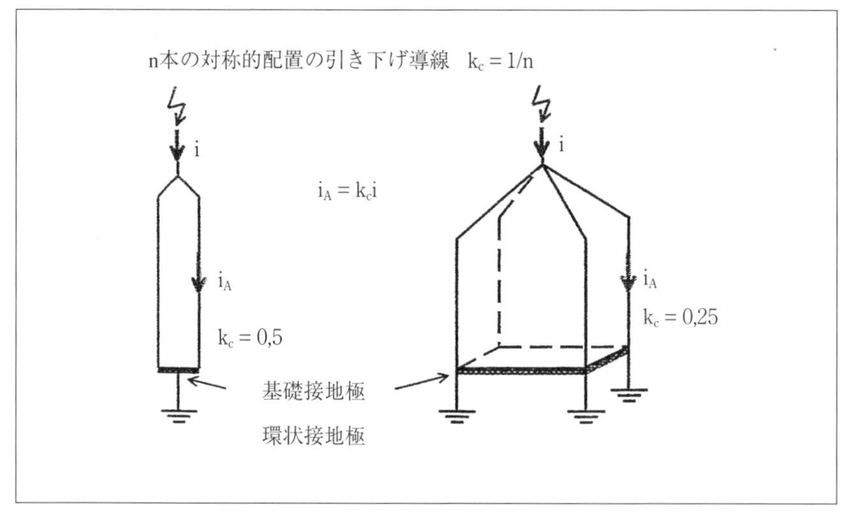


〔図６〕対称的引き下げ導線配置の場合の雷電流分布

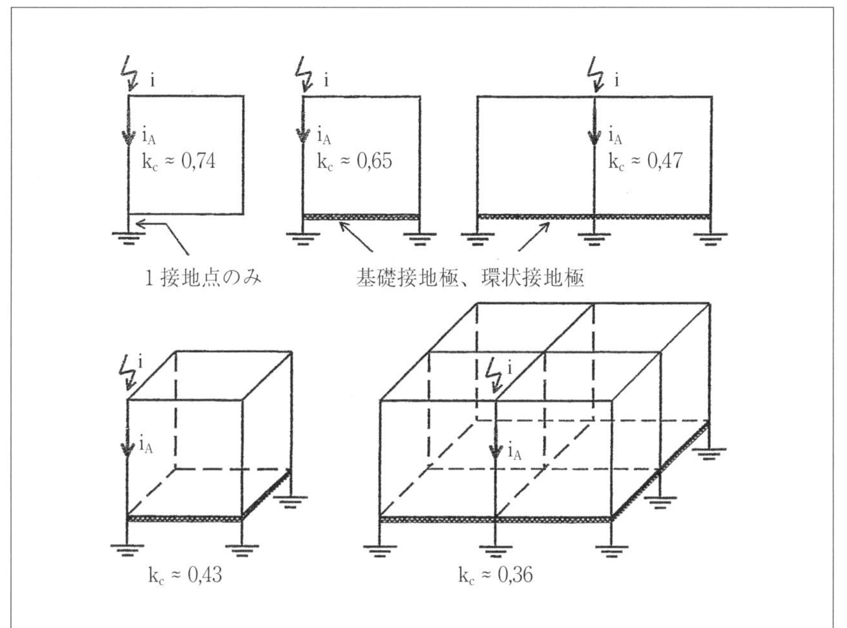


〔図7〕非対称引き下げ導体配置の場合の雷電流の分流例

されている場合には雷電流はすべての引き下げ導線に均等に分流する（図6）。

◇n本の引き下げ導線が対称配置の場合の分流分比率

$$k_c = 1/n \quad \cdots\cdots (6)$$

雷撃点に対し、すべての引き下げ導線が同一の長さでないと、雷電流はすべての引き下げ導線に対して均等に分布しない。大地への最短距離を経由して、最大の雷電流分流分が流れる。雷撃点から引き下げ導線の位置が離れるほど分流分は小さくなる。図7には実際に存在する配置の場合の大地への最短経路についての $k_c$ 値を示している。導体半径4mm、導体間隔10mの正方形メッシュを仮定して、磁界の計算によって、$k_c$

の値を算出してみると、計算結果には導体間隔と導体半径はほとんど影響を与えない。従って図7の $k_c$ の値は一般的に適用可能である。複雑な導体配置の場合でも、同一の半径を持つ導体ならば、$k_c$ の値は、あまり手数をかけずに近似的に、部分導体の抵抗の簡単な計算によっても算出できる。

## 10. 電位上昇と等電位ボンディング

雷撃を受けた場合、図8に示すように、建物または設備の接地抵抗 $R_E$ に、遠方大地に対し非常に高い電位上昇 $u_{max} = V_{max}$ が発生する。最大電位上昇は $i_{max}$ において発生する。

◇最大発生電位上昇

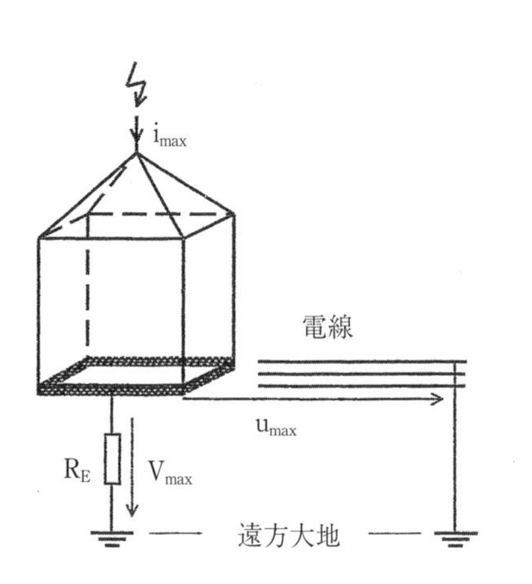


雷電流 i は接地抵抗 $R_E$ を経て大地へと放流され、そこで電圧降下を発生する。最大の電位上昇は $V_{max} = R_E \cdot i_{max}$ である。雷撃を受けた対象と遠方大地との間に発生する電圧 u がこの電位上昇に相当する。対象に引き込まれるすべての電線は遠方大地に接続されている。その結果、もし等電位ボンディングが実施されていなければ、対象とこの電線との間には高い電圧が発生する。

〔図8〕雷撃の際の電位上昇

$$V_{max} = R_E \cdot i_{max} \quad \cdots\cdots (7)$$

接地抵抗 $R_E$ は大概の場合１Ωから 10 Ωの間にあるので、非常に高い電位上昇 100kV から数 MV が発生する。

建物または設備に引き込まれる導電線（例えば電流、電話、水道管等）は実際上遠方の大地電位にあり、それゆえ、雷撃を受けた場合にも、遠方大地と接続されているとみなされる。従って、電圧 $u_{max} = V_{max}$ が接地設備と建物または設備に引き込まれる導電線との間に発生する。

雷撃を受けた場合の電位差を小さく抑制するために、雷保護設備と建物に引き込まれる導電線間を等電位ボンディングにより接続することが必要となる。等電位ボンディングに含まれる導体には、雷撃の際には常に雷電流の一部が流れる。

## 11. 等電位ボンディングの実施

運転中に通電されない設備（例えば水道管）では、等電位ボンディングは、充分な断面積をもっている導体による接地設備（例えば接地極）への簡単な接続により実施される。電線の場合には、直接の接地への接続はシールドのみについては可能であるが、充電線は運転上の理由からもちろん接地することはできない。この場合には、個々の素線に分流される雷電流分流分を通電可能な適切な SPD を経由して等電位ボンディングに接続されなければならない。

実施上の理由から（特に検査目的のために）等電位ボンディングへの接続は、いわゆる等電位ボンディング母線または端子に対して、でき得る限り短く、かつインダクタンスの小さい接続導体（例えばバンド状、横幅の広い導体）で行われなければならない。

誘導過電圧を低く抑制するために、すべての等電位ボンディング導体は、できる限り短くしなければならない。従って大きな保護対象物の場合には多数の並列の等電位ボンディング導体を用いるのが、その目的に適っている。等電位ボンディングは通常は建物の地階または１階で実施される。高層建築の場合には高いフロアで追加して等電位ボンディングを施工することが必要である。図9は建物における等電位ボンディングの実施状況を示している。

## 12. 等電位ボンディングに含まれる導体の雷電流分流分

等電位ボンディングを実施すれば、雷撃を受けた場合の雷電流は、接地抵抗 $R_E$ と等電位ボンディングに含まれる導線に分流し、その際に、発生する電位上昇は等電位ボンディングにより、それに応じて減少する。近似的には、雷電流の半分が接地抵抗に流れ、残りの半分が保護対象に接続される $n_L$ 本の導電線に流れる。$n_A$ 本の素線を持つ多数素線で構成される電線の場合には、それに流れる雷電流分流分 $i_L$ はさらに、すべての素線に均等に分流する。両端が接地接続されているシールド電線の

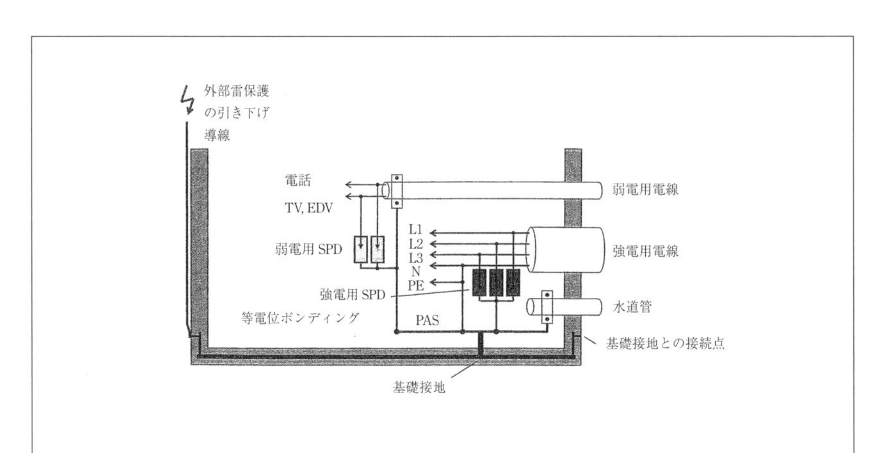


保護対象に引き込まれるすべての電線は直接に（もし運転上の障害がないかまたは腐食の危険がなければ）または間接的に（サージ防護デバイス又は火花ギャップ）保護対象の設置設備に接続されれば、対象内では危険な電位差は発生しない。そのためには外部から引き込まれる電線のすべてが、雷撃を受けた場合に雷電流の一定部分を流し、その電流は電線と使用されている SPD によって処理されなければならない。

〔図9〕等電位ボンディングの実際的の実施

場合には、それを流れる雷電流分流分がシールドを損傷することなく流れることができるならば、この電線を流れる雷電流は主としてシールドに流れる。

◇1本の導体に流れる雷電流分流分

$$i_L = 0.5\,i/n_L \quad \cdots\cdots (8)$$

◇1本の導体素線に流れる雷電流分流分

$$i_{LA} = i_L / n_A = 0.5\,i / n_L \cdot n_A \quad \cdots\cdots (9)$$

上式において

$i$ = 雷電流

$n_L$= 保護対象に接続される電線の数

$n_A$ = 電線の素線数

望まれる雷保護レベルに対応して、雷電流の波高値 $i_{max}$ を表3の値から選んで、(8)式、(9)式に代入し、個別の引き下げ導線に流れる $i_{LAmax}$ を求める。

なお等電位ボンディング導体に流れる雷電流分流分 $i_{PAmax}$ を知ることは、正しい断面積 $A_{PA}$ を選定するため、等電位ボンディング導体の設計のためにも必要である。銅製の等電位ボンディング導体は絶縁物に許容できない温度上昇を与えることなしに、最大、次の雷電流分流分を流すことができる。

◇等電位ボンディング導体（Cu）の最大許容雷電流分流分

$$i_{PAmax} = 8 \cdot A_{PA} \quad \cdots\cdots (10)$$

上式において

$i_{PAmax}$：等電位ボンディング導体に流れる雷電流分流分［kA］
（接続される導体および引き下げ導線に流れる電流の総和）

$A_{PA}$：等電位ボンディング導体の断面積［$mm^2$］

銅製の等電位ボンディング導体の場合には、電流 $i_{PAmax}$ kA が流れる場合には次式の最小断面積［$mm^2$］が必要である。

◇銅製等電位ボンディング導体の最小断面積

$$A_{PAmin} = 0.125 \cdot i_{PAmax} \quad \cdots\cdots (11)$$

(10)式・(11)式ともに、任意の導体が、特定の雷電流分流分を流せるかどうかを算定するために用いられる。

ある機械的強度を得るために、等電位ボンディング導体に対して、しばしば6mm²の銅が規定されている。等電位ボンディング母線と接地設備間では16mm²の銅が規定されている。

## 13. サージ防護デバイス（SPD）

市場には大別して2種類のSPDが出回っている。いわゆる直撃雷電流対応のクラスⅠのSPDは、運転中は接地してはならない導体を等電位ボンディングに接続することを可能にする。それらは特別な火花放電ギャップにより構成され、定格運転電圧の10～15倍に過電圧を抑制し、波頭10μsで波尾350μsの波形を持つ直撃雷電流（電力線では波高値50kA～100kA、通信線では2.5kA～40kA）に対応するものである。従来の交流回路用SPDではPV設備の直流側の雷保護には対応できなかったが、最近、PV設備の直流側の雷保護に適するクラスⅠのSPDも開発され供給されるようになった。最大連続使用電圧はUcはDC 1200 Vで、インパルス電流は50kA、波形は10/350μsを放電可能である。

そのほかに大多数、波頭$T_1$が8μsで波尾が20μsの誘導雷対応のクラスⅡとクラスⅢのSPDが市場に供給されている。それらは酸化亜鉛ベースのバリスタ（電圧依存性の抵抗VDR）から構成され、主として誘導過電圧を低減するための対策用に考えられている。一般的に放電電流$I_{8/20}$の波形で0.1kA～100kAまでのものが市販されている。電圧防護レベルはDC定格運転電圧$U_{VDC}$の3倍から5倍である。従って電源側に設置されているクラスⅠのSPDと減結合エレメント（インダクタンスまたは数m以上の電線）の後に、鋭敏な機器の保護を目的として設置される。

バリスタの場合には、その動作電圧は過負荷または劣化によって漸次少しずつ低減する。劣化が進行すると、バリスタは運転電圧での漏洩電流によって加熱され、場合によっては焼損短絡状態となり、その際に発生する回路の続流電流によって火災へと発展する。それゆえ、種々のメーカーが、SPDに重大な障害が発生する前に、許容できない加熱の際に断路装置を駆動して、SPDを回路から切り離すための温度監視装置（＝漏洩電流監視装置）を搭載したクラスⅡのバリスタベースのSPD（波形は8/20μsで5kA～20kA）を発売している。その最大連続使用電圧Ucとしては、DC 5V～DC 1200Vが市販されている。図10にZnOバリスタによる誘導雷対応のSPDのU～I特性の実例を示す。

バリスタを誘導雷保護用SPDとして適用する場合に注意すべきは、これらがある大きさの固有静電容量（一般に数十pF～数nF）を持っていることである。この大きさの静電容量の場合は信号線では問題が起こる。ガス入り放電管の場合は静電容量は極めて小さく数pFなので、これは信号線に適している。しかし、その内部で発生するアーク電圧が低いため、自力消弧ができず、PV発電により流入する続流によって破損する可能性があるため、PV発電ではガス入り放電管は使用してはならない。現在の市場ではPV発電システムの直流側に真に適するSPDは非常に少ないので注意して選定する必要がある。

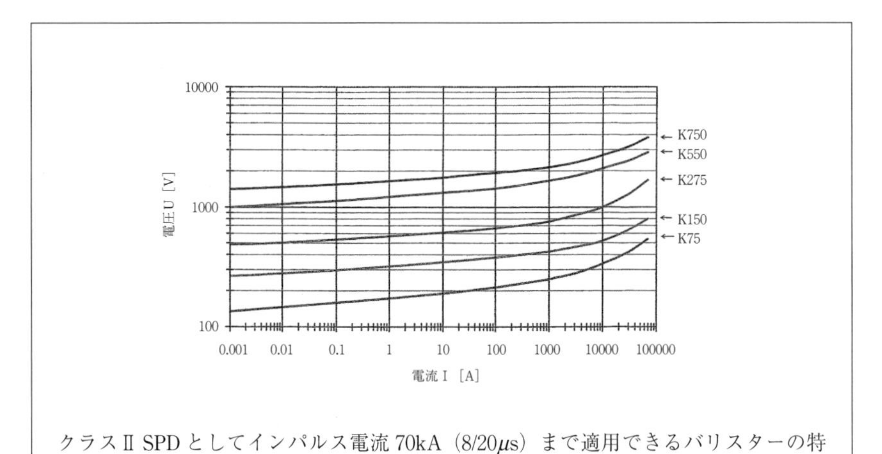


クラスⅡ SPDとしてインパルス電流70kA（8/20μs）まで適用できるバリスターの特性

Kの後の数字は許容交流運転電圧の実効値を示している。許容直流運転電圧は、いずれも、この値よりも30%～35%高い。すなわちK75では直流100V、K150では直流200V、K275では直流350V、K550では直流745V、K750では直流1060Vである。

〔図10〕クラスII SPDの電流～電圧特性の一例

# 第5章
# 太陽光発電システムの雷保護の基本事項　その3

# 14. 雷電流によって誘導される電圧と電流

一般の電流と同様に雷電流もまたその周辺に磁界を発生し、その磁界は雷電流同様に極めて急激に変化する。ある長い直線導体に電流 i が流れると、離隔距離 r において磁束密度 $B=\mu 0\ i/2\pi r$ が存在する。

導体閉鎖ループがある場合には、磁束密度 B を閉鎖ループの全面積で積分した磁束 $\phi$ が発生している。もし、この閉鎖ループ内の磁束が時間的に変化するならば、$u = d\phi/dt$ の誘導電圧が発生する。近接導体ループにおける誘導電圧の計算の場合には、相互インダクタンス M のコンセプトを用いるのが便利である。

時間的に変化する電流 i によって近接導体ループに誘導される電圧は、

◇電流iにより導体ループに誘導される電圧

$$u = d\phi/dt = M\ di/dt \qquad (12)$$

上式において

M：電流 i が流れる導体と近接導体ループ間の相互インダクタンス（導体ループ間の幾何学的配置のみに依存する。）

di/dt：電流 i の時間的変化

相互インダクタンス M は導体ループにより囲まれる面積が大きければ大きいほど、またその面積に電流通電部が近ければ近いほど、電流の流れている導体の近傍の磁界は特に大きいので、M は大きくなる。相互インダクタンス M の特に大きな値は、雷電流分流分の流れる引き下げ導線の周囲の導体ループで起こる（図 11 参照）。

雷電流が多くの引き下げ導線に分流することによって、個々の引き下げ導線に流れる電流と di/dt は減少する。ある導体ループの誘導電圧の計算の際に、多くの雷電流分流分が流れる導体によって、ループに誘導される誘導電圧は重畳（加え）されなければならない。建物の内部における各種の引き下げ導線の磁界は部分的に消されることもあるので、最も近くにある引き下げ導線にのみ着目して、雷電流分流分 $i_A = k_c \cdot i$ が

流れると 近似計算をする場合もある。雷電流分流分によって、ある導体ループに誘導される電圧は、この場合、

◇雷電流分流分による誘導電圧

$$u = M\, di_A/dt = M \cdot k_c\, di/dt = M_i di/dt \quad \cdots\cdots (13)$$

その場合、$M_i = k_c \cdot M$ は全雷電流 i と対象とする導体ループ間の相互インダクタンスである。$M_i$ は雷電流分流分 $i_A$ の流れる導体間の幾何学的配置ばかりでなく、全雷電流 i の種々の引き下げ導線への分流と、それによる磁界の低減をも考慮している。$M_i$ は誘導電圧と誘導電流によって起こりうる一般的な討論の場合に特別に役に立つ。磁界が他の影響（例えばモジュールの金属製の枠）によって、さらに低減される場合は、同様に $M_i$ に考慮されなければならない。

$di_A/dt$ の最大値は $(di_A/dt)_{max} = k_c\,(di/dt)_{max}$ であり、すなわちループに発生する最大の電圧 $u_{max} = M \cdot di_A/dt_{max}$ は雷電流 i の種々の引き下げ導線への分流により係数 $k_c$ だけ小さくなる。

雷電流によって誘導される電圧は、雷電流の上昇過程のものが重要である。最大発生電流変化速度 $di/dt_{max}$（100 kA/μs ～ 200 kA/μs）により雷電流の上昇の際に、数 kV から数 MV までの非常に高い誘導電圧を発生する。

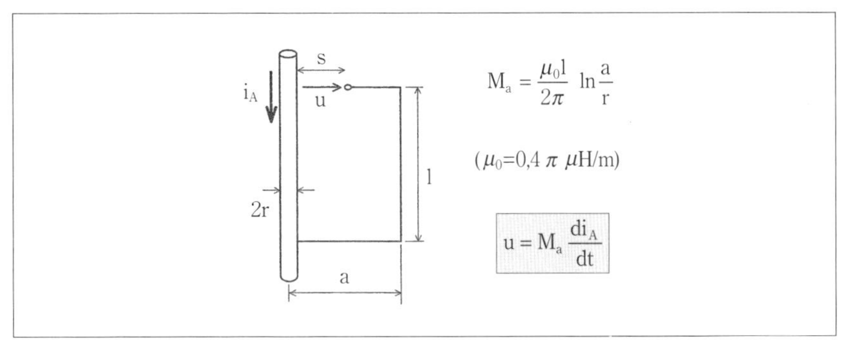


〔図 11〕雷電流の流れる引き下げ導線と引き下げ導線の一部の長さ l を含む四角の導体ループ間の相互インダクタンス

雷電流が波高値に到達した後に、減少過程にはいった場合には、電流減少率は非常に小さくなるので、誘導電圧は実際上は考慮しなくてよい。

## 14—1　四角形の導体ループの場合の相互インダクタンスと誘導電圧

### 14—1—1　引き下げ導線の一部を含む四角形ループ

図11に長さlの四角形ループを示しており、その一辺は半径rの直線導体であり、雷電流が流れている。その導体の中心線から離隔距離aの位置に長さlの平行導体がある。計算式の導出のために、雷電流の流れる導体は無限長を持っていると仮定しているが、この条件が満足されていなくても、実際の誤差は小さい。雷電流の流れていないループ部分の導体半径は無視している。図11に示すこのような導体ループの相互インダクタンス$M_a$は、

$$M_a = 0.2 \cdot l \cdot \log(a/r) \qquad (14)$$

上式において、相互インダクタンス$M_a$の単位は$\mu$H、すべての長さ（l, r, a）の単位はm。

誘導電圧の原因となる磁束の大部分は、電流の流れている導体の直接の周囲に発生しているから、

$M_a$：比較的大きな距離（例えば10 m）

$L_a$：自己インダクタンス

大きな距離aの増加に対して、自然対数の経過は比較的フラットであるので、aのある差異に対して、大きな誤差が生ずることはない。このような考え方は、例えば接地導体の誘導電圧降下の算定のためにも有用である。

（13）式により既知の$di_A/dt$の場合の$M_a$により、この種のループに誘導される電圧を計算できる。

可能な限り汎用的な適用性を確保するために、この配置について$di_A/dt$が100kA/$\mu$sの場合、図12に$M_a$の代わりに、単位長当たりの相互インダクタンス$M_a' = M_a/l$および単位長当たりの誘導電圧を示している。

この$di_A/dt$の最大値は最初の算定のために、実際上、有意義な前提で

ある。$M_a$'とu/lから、極めて簡単に完全な配置において発生する相互インダクタンスおよび電圧を計算できる。$M_a$'の数値が比較的小さく、非常に大きなa/rの比率であっても1.5$\mu$H/mから2$\mu$H/mの値を超過しないけれど、aが大きい場合に、このようなループの誘導電圧は雷電流の場合、非常に大きな電流変化率のために極端に大きい。単位長当たりの電圧u/lは10kV/mから200kV/mに達する。

【図11の配置の場合の計算例】

図11によるループにおいて、全雷電流が流れる引き下げ導線l = 7 m、r = 3 mmと離隔距離a = 10 mの太陽光発電設備の直流給電線の場合、$M_a$の大きさは？

$(di/dt)_{max}$ = 100 kA/$\mu$sの場合の最大誘導電圧$_{umax}$は？

【解答】

$k_c$=1 従って$(di_A/dt)_{max}$ =$(di/dt)_{max}$ = 100kA/$\mu$s、

（14）式より$M_a$ = 11.4$\mu$H

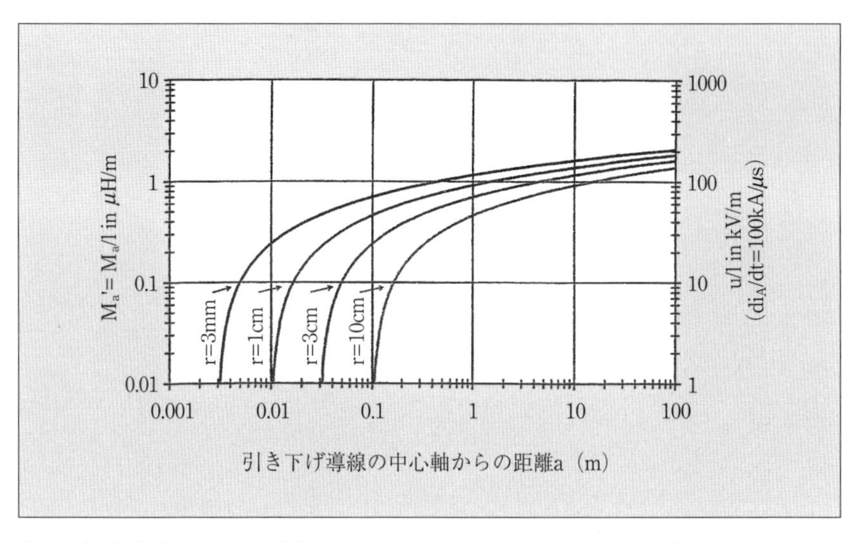


〔図12〕単位長当たりの相互インダクタンス $M_a$' = $M_a$/l および $di_A$/dt = 100kA/$\mu$sの場合、単位長当たりの誘導電圧u/l（ただしループ形状は図11に示す。長さはl）

(13) 式から、

雷電流の上昇期間中の電圧$u_{max}$ = 1.14 MV

### 14—1—2　引き下げ導体から離れている矩形ループ

図13に長さlで幅bの矩形ループが示されている。そのループは雷電流の通電する直線導体からは距離dの位置にある。計算式の導出に際し、雷電流の流れる導体は無限長を持つと仮定された。この条件が満たされなくとも、実際の誤差は比較的小さい。

図13によるこの種のループの相互インダクタンスは、

◇引き下げ導線から分離されたループの相互インダクタンス

$$M_b = 0.2 \cdot l \cdot \log(b+d)/d \quad \text{……(15)}$$

その際に、もしすべての長さ (l,b,d) がmeterで与えられれば、相互インダクタンスの単位は$\mu$Hとなる。bは幅、lは長さ、およびdは$i_A$の導体ループの距離。bは一般にdより遙かに小さい。この場合、次の近似式が成立する。

$$M_b = 0.2 \cdot (l \cdot b)/d_s = 0.2 \cdot A_s/d_s \quad \text{……(16)}$$

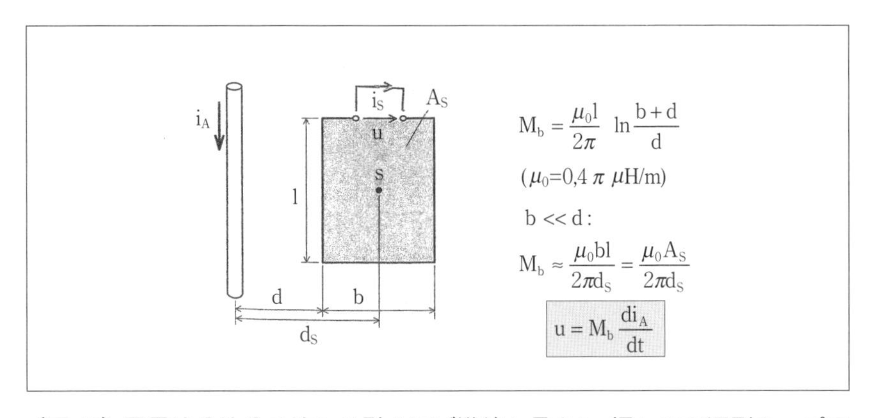


〔図13〕雷電流分流分の流れる引き下げ導線と長さl、幅bの四辺形ループで引き下げ導線の中心軸からの距離dの場合の相互インダクタンスの計算式

その際に、もしすべての長さ（l,b,d）が meter で与えられれば、相互インダクタンスの単位は $\mu$H となる。ds = d+b/2 は引き下げ導線の中心軸とループの重心 S および $A_s$ は導体ループの面積である。(16) 式は d>2b ならば適用できる。b ≪ d の場合の (16) 式は他の形状のループ（例えば三角形、四角形、丸等）にも適用可能である。

(13) 式により $di_A/dt$ がわかっている場合の $M_b$ を用いて、この種のループの誘導電圧が計算できる。

可能な限り汎用的な適用可能性を確保するために、図 14 に、図 13 の配置について、直接の $M_b$ に代わり単位長当たりの相互インダクタンス $M_b'=M_b/l$ および 100kA/$\mu$s の $di_A/dt$ の場合の単位長当たりの誘導電圧 u/l が示されている。$M_b'$ と u/l から l を掛けることによって、非常に簡単に、ある完全な配置において発生する相互インダクタンスおよび電圧を計算できる。

実際に (15) 式に書かれている比率 (b+d)/d は一般に（14) 式の a/r よりも十分に小さい。従って、同一のループ長 l では $M_b$ の値は一般に明確に $M_a$ の値より小さい。しかしこのようなループに誘起される電圧は、雷電流の極めて大きな電流変化速度のために、常に非常に大きく、保護されていない電子機器（例えば充電制御装置とかインバータ）を簡単に破壊してしまう。誘導電圧の低減のためには、避けることのできない設備のループをできるだけ小さくすることと、雷電流の流れる引き下げ導線からできる限り離隔することである。導体の心線をツイストすることは電線自身に誘導される電圧を本質的に小さくすることができる。

**14—2　引き下げ導線と他の設備間の接近**

図 11 による雷電流の通電するループに誘起する電圧は非常に大きくなる可能性がある。このループが開放状態にある場合には、小さな安全離隔距離 S は絶縁破壊する。建物の内部において、雷電流の流れる引き下げ導線と他の設備が接近している場合は注意を要する（例えば太陽光発電設備の直流主回路)。$(di/dt)_{max}$ は負性後続雷撃の 0.25$\mu$s の波頭で発生する。このような短時間の過電圧印加の場合の離隔距離 S の棒対棒の火花間隙の絶縁破壊電圧は次の通りである。

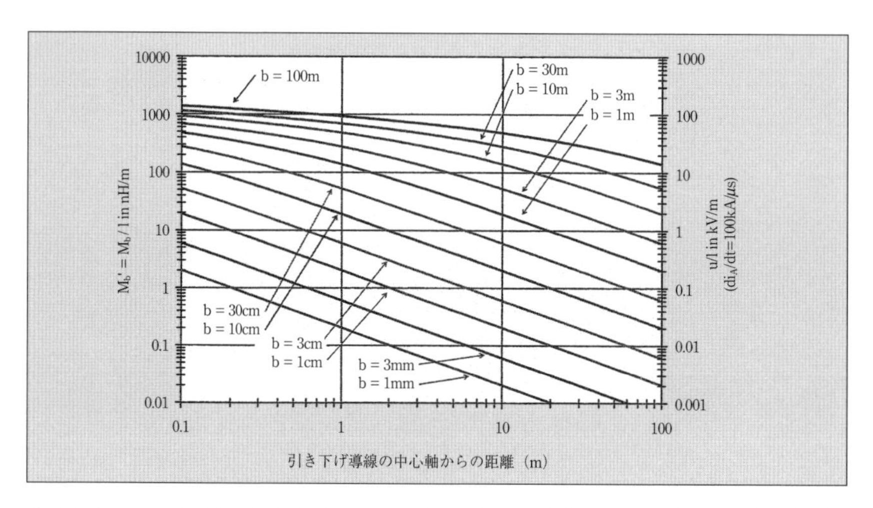


〔図 14〕図 13 の種々の導体幅 b の矩形導体ループの場合、距離 d として関数としての、単位長当たりの相互インダクタンス $M_b'=M_b/l$ と $di_A/dt=100kA/\mu s$ の場合の単位長当たりの誘導電圧 u/l

◇棒電極間（s）のインパルス破壊電圧

$$U_d = s \cdot k_m \cdot 3000\ kV/m \quad \cdots\cdots (17)$$

$k_m$ は材料係数

$k_m = 1$　空気間隙の場合

$k_m = 0.5$ 固体材料の場合（木、コンクリート、石）

図 11 の形状、$a = 2$ m　$a \gg r$　の場合、図 12 によれば、$M_a'$ の最大値は $M_a'=1.2\mu H/m$ である。

図 11 によるループに誘起される(13)式の電圧を(17)式の絶縁破壊電圧に等しいとおけば

$$u = M_a' \cdot l \cdot k_c \cdot di/dt = s \cdot k_m \cdot 3000\ kV/m \quad \cdots\cdots (18)$$

表 3（第 4 回掲載）の雷保護レベルⅢの要求に対し、$(di/dt)_{max} = 100$ kA/μs とすれば、

◇最小の必要安全離隔距離 $S_{min}$ は

$$S_{min} = 0.04(k_c / k_m)l \quad \cdots\cdots (19)$$

$k_m$ は材料係数

$k_m = 1$　空気間隙の場合

$k_m = 0.5$ 固体材料の場合（木、コンクリート、石）

lは雷電流の流れる引き下げ導線のループの一部を構成する部分。雷保護レベルⅡの場合は(19)式の0.04は0.06に置き換えられる。雷保護レベルⅠが選定された場合には、この値は0.08となる。

図15に示すように雷保護設備が設置された比較的強い傾斜の屋根を持つ住宅の場合、太陽電池は雷保護設備の保護範囲内に組み込まれなければならない。受雷導線に対し、最小必要安全離隔距離 $S_1$、雷保護設備に接続された雨樋に対する安全離隔距離 $S_2$、並びに屋根を貫通して屋内に引き込まれた直流主回路に対する安全離隔距離 $S_3$ と $S_4$ を検討する。

図中、$l_1 = l_3$ m、$l_2 = 6$m、$l_3 = 7$ m とし、≒雷保護レベルⅢが要求され

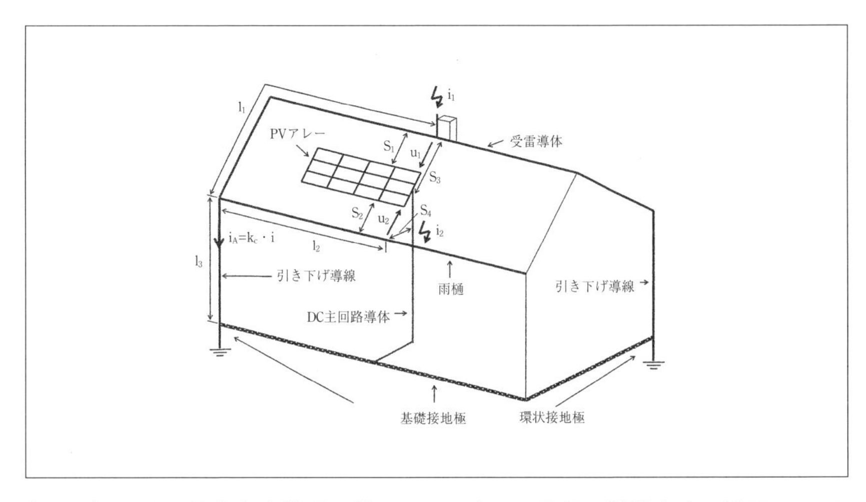


〔図15〕屋上の最小安全離隔距離 $S_1$ および $S_2$　雷撃の際発生する電圧 $u_1$ および $u_2$ 並びにDC主回路と受雷導体および雨樋との安全離隔距離 $S_3$ および $S_4$

ているとする。

$S_1$ と $S_3$ を決定する最大電圧 $u_1$ が煙突への雷撃 $i_1$ により発生する。この場合 $k_c \fallingdotseq 0.5$ および基準となる引き下げ導線の長さは（$l_1+l_3$）= 20m、(19)式より $S_{1min}$= 40cm（$k_m$ = 1 気中での絶縁破壊）および $S_{3min}$ = 80cm（$k_m$ = 0.5、個体を貫通しての絶縁破壊）右側の引き下げ導線がない場合には $k_c$ = 1、$S_{1min}$ = 80cm および $S_{3min}$ = 1.6m。

$S_2$ と $S_4$ を決定する最大電圧 $u_2$ は雨樋近辺の雷撃 $i_2$ により発生する。この場合には引き下げ導線の一部については $k_c \fallingdotseq 0.83$ である（両引き下げ導線の抵抗比率により算出)。引き下げ導線の一部 $l_2$ については $k_c$ = 1、$S_2$ については $k_m$ = 1（空気中での絶縁破壊）および $S_4$ については $k_m$ = 0.5（固体材料の絶縁破壊)。

$S_{2min}$ =0.04 × 6m+0.04 × 0.83 × 7m = 47cm および $S_{4min}$ = 2$S_{2min}$ = 94cm。第 2 引き下げ導線（右側）がない場合には、$S_{2min}$ = 52cm および $S_{4min}$ = 1.04m。

最小安全離隔距離 $S_{min}$ が確保できないか、または雷保護設備との接続が指定されているならば、雷保護設備と太陽電池モジュール枠との間を金属結合しなければならない。そうすると雷電流が分流するので、DC 主回路導体は雷電流分流分を通電できるシールドを持つ導体としなければならない。

第6章

# 太陽光発電システムの雷保護の基本事項　その4

# 15. 誘導電流の大きさ

導電回路が閉じられている場合、（例えば、短絡によって、一つのモジュールのバイパスダイオードによって、接続された負荷のインピーダンスによって、過電圧保護器によって、不十分な離隔距離の絶縁破壊によって）誘導電圧によって誘導電流が流れる。発生する電流についての情報は、このような回路において、サージ防護デバイスの放電電流選定のために特に重要である。本章においては、バリスタの必要な公称放電電流 $I_{8/20}$ を決定する一つの方法が紹介される。その際にまず、容易に計算される無損失回路（$R_S = 0$）の短絡電流 $I_{S0}$ が算定される。それから M、$k_c$、$R_S$ およびバリスタの DC 運転電圧 $U_{VDC}$ に依存する修正係数 $k_v$ の助けにより、必要な公称放電電流 $I_{8/20}$ が決められる。高い誘導電圧は非常に短い時間（一般に＜ 10$\mu$s）しか発生しない。雷電流が上昇する期間、ある閉じられた回路の誘導電流 $i_s$ は、回路の抵抗 $R_S$ に付属するインダクタンスは通常無視できるので、回路の自己インダクタンス $L_S$ により決まる。図 13（前章掲載）の右側部分に従って導体半径 $r_o$、軸間距離 b および長さ l を持つ 2 本線で、l ≫ b であり、内部インダクタンスの小さな影響は無視すれば

◇長い 2 本線の自己インダクタンスは

$$L = 0.4 \log (b - r_o)/ r_o \quad \cdots\cdots (21)$$

もしすべての長さ（導線長 l、軸間距離 b、導体半径 $r_o$）が単位 m で与えられるならば、インダクタンス L の単位は $\mu$H である。一般的な適用可能性のためには、図 16 に、長い 2 線導体について単位長当たりのインダクタンス L' = L/ l が示されている。2 本の導線の軸間距離を決めれば L' が求まり、これに電線長 l を掛ければ、その回路の L が求まる。

雷保護手段を実施する場合、l ≫ b なる条件が満足されない導体ループもしばしば発生する。このような場合には長さ l のみでなく、幅 b もかなりインダクタンスに影響を与えることになる。しかし比較的複雑で正確な計算式に代わり、非常に簡単な近似式が用いられる。この場合、

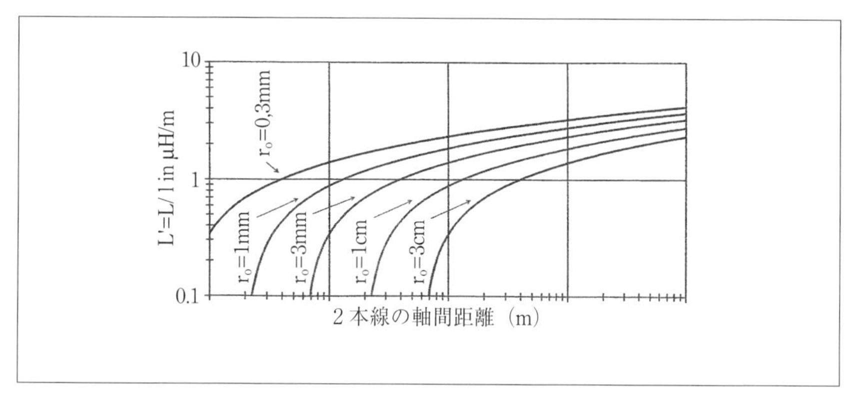


〔図 16〕 2 本線の単位長当たりのインダクタンス L' = L/ l
（$r_o$= 電線半径、b= 電線軸間距離、長さ l ≫ b）

l ≧ b および b ≫ $r_0$ ならば極めて小さな誤差しか生じない。

◇四角形のループのインダクタンス

$$L \fallingdotseq 0.4 \cdot (l+b) \cdot \log(b - r_0)/ r_0 - 0.55b \quad \cdots\cdots (22)$$

上式において各寸法単位が m で与えられたならば、インダクタンスの単位は μH である。

## 15—1　エネルギー損失のないループに誘導される短絡電流

インダクタンス $L_S$ で抵抗のないループにおける短絡電流の計算は簡

〔表 3〕種々の雷保護レベルにおいて、設計に際し使用されるべき限界値と回転球体 $r_S$ を持つ雷保護設備（再掲）

| 雷保護レベル | 有効性 | $i_{max}$ | $(di/dt)_{max}$ | W/R | Qs | $Q_L$ | $r_B$ |
|---|---|---|---|---|---|---|---|
| Ⅰ | 84% | 100kA | 100kA/μs | 2.5MJ/Ω | 50As | 100As | 60m |
| Ⅱ | 91% | 100kA | 100kA/μs | 2.5MJ/Ω | 50As | 100As | 45m |
| Ⅲ | 97% | 150kA | 150kA/μs | 5.6MJ/Ω | 75As | 150As | 30m |
| Ⅳ | 99% | 200kA | 200kA/μs | 10MJ/Ω | 100As | 200As | 20m |

Qs：第 1 雷撃の運ぶ電荷　$Q_L$：長時間雷撃の運ぶ電荷

単である。

相互インダクタンス $M = M_b$ により短絡電流 $i_{s0}$ が計算され、図13の配置において、一本の引き下げ導線に流れる（部分）雷電流 $i_A$ によって、$R_S = 0$ で自己インダクタンス $L_S$ の閉鎖導体ループに発生する誘導電流は、

◇ループ（$R_S = 0$）の誘導短絡電流

$$i_s \fallingdotseq (M / L_S) \cdot i_A = (M / L_S) \cdot k_c \cdot i = (M_i / L_S)i \qquad (23)$$

上式において $M_i = k_c \cdot M$ であり、これは全雷電流 i とループ間の実効相互インダクタンスである。

最大値 $i_{max}$（表3による100 kA ～ 200 kA）を代入することによって、簡単に、抵抗ゼロのループに発生する短絡電流の最大値 $i_{somax}$ が計算できる。

◇導体ループ（$R_S = 0$）における誘導最大短絡電流

$$i_{somax} \fallingdotseq (M_i / L_S)i_{max} \qquad (24)$$

## 15―2　SPDを持つループにおける誘導電流

ループの抵抗がゼロでない場合、誘導電流 $i_s$ は波高値 $i_{smax}$ に達した後に、インダクタンス $L_S$ が小さいほど、またループに存在する抵抗およびバリスタ電圧が高いほど、急速に減衰する。当該電流についてSPD

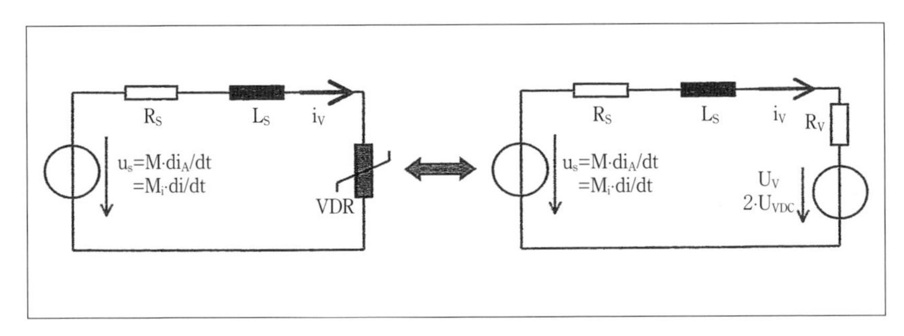


〔図17〕雷電流 i と誘導結合する回路において発生するバリスタ電流の計算のための等価回路（左は元の図、右は $i_V$>0 について線形化したもの）

の正しい容量選定にはバリスタを持つ回路に流れる電流の十分に正確な計算が必要とされる。バリスタは非直線抵抗エレメントであり、また誘導電流は種々のパラメタに依存するので、この電流の計算は簡単ではない。従って計算のコストを合理的な限界に納めるために、特定の簡略化と安全性を持った見積もりが必要である。雷電流の数式表現は次式のとおりである。

$$I(t)= I(e^{-\sigma_1 t}- e^{-\sigma_2 t}) \qquad (\sigma_2 \gg \sigma_1) \quad \cdots\cdots (25)$$

それらの式は、計算に大きなコストを掛けずに、実際に良く近似した値を算出することができ、$i_{max}$、$(di/dt)_{max}$、および Q について、規格にて推奨される最大値に容易に適合することができ、高圧実験室のインパルス電流発生器によって発生されるインパルス電流の波形に正確に対応している。

SPD については、そのタイプにより、またメーカーによってはしばしば少ないデータしか提供されないので、実際にすべてのメーカーから提出される非常に少ない製品特有のデータで間に合わせる等価回路が必要となる。これらのデータはバリスタの最大運転直流電圧 $U_{VDC}$ および波形 8/20$\mu$s の場合の最大許容インパルス電流 $I_{8/20}$ である。ネットワーク理論の通常の手法が適用できるようにするためには、当該回路の非直線要素を削除することが目的に適っている。

雷電流は外部から侵入する電流であり、理想的な電流源の特性を持っているので、バリスタを持つ回路に流れる電流 $i_V = i_S$ の一次電流への作用は無視することができる。それによって雷電流が流れる SPD を持つ回路について、次の等価回路が得られる。

もし線形化した回路におけるバリスタが、$U_V = 2 \cdot U_{VDC}$ および内部抵抗 $R_V = U_{VDC} / i_{somax}$ を持つ実際の電源と置き換えられた場合、いかなる場合も電流値の計算は多めな値となり安全側となる。実効相互インダクタンス $M_i = k_c \cdot M$（典型的な値は $M_i >$ 約 1$\mu$H）の比較的大きな値の場合には 0 に達した後に負となる。この場合 $i_V$ の負の範囲の計算では、直線化した等価回路において電源の記号が逆になる。

## ラプラス変換による iv の計算

図 17 による線形化した回路により $i_V$ はラプラス変換により計算することができる。
雷電流$i(t)=I(e^{-\sigma_1 t}-e^{-\sigma_2 t})$のラプラス変換された$I(s)$は

$$I(s)=\frac{I}{s+\sigma_1}-\frac{I}{s+\sigma_2}=\frac{I\cdot(\sigma_2-\sigma_1)}{(s+\sigma_1)(s+\sigma_2)} \quad \cdots\cdots (26)$$

回路に誘導発生する電圧は

$$U_S(s)=s\cdot M_i\cdot I(s)=\frac{s\cdot M_i\cdot I\cdot(\sigma_2-\sigma_1)}{(s+\sigma_1)(s+\sigma_2)} \quad \cdots\cdots (27)$$

図17の回路において、$\sigma_3=(R_S+R_V)L_S$を含むバリスタ電流$I_V(s)$は

$$I_V(s)=\frac{U_S(s)-\frac{U_V}{s}}{R_S+R_V+s\cdot L_S}=\frac{U_S(s)-\frac{U_V}{s}}{L_S(s+\sigma_3)} \quad \cdots\cdots (28)$$

(26) 式の$U_S(s)$を代入して

$$I_V(s)=\frac{M_i\cdot I\cdot s\cdot(\sigma_2-\sigma_1)}{L_S(s+\sigma_1)(s+\sigma_2)(s+\sigma_3)}-\frac{U_V}{L_S\cdot s\cdot(s+\sigma_3)} \quad \cdots\cdots (29)$$

時間変数に変換して

$$i_V(t)=\frac{M_i\cdot I}{L_S}\left[\frac{\sigma_1\cdot e^{-\sigma_1\cdot t}}{(\sigma_1-\sigma_3)}+\frac{\sigma 2\cdot e^{-\sigma_2\cdot t}}{(\sigma_3-\sigma_2)}+\frac{\sigma_3\cdot(\sigma_1-\sigma_2)\cdot e^{-\sigma_3\cdot t}}{(\sigma_1-\sigma_3)(\sigma_2-\sigma_3)}\right]-\frac{U_V\left(1-e^{-\sigma_3\cdot t}\right)}{L_S\cdot\sigma_3} \quad \text{(30)}$$

$t = t_0$において$i_V(t) = 0$、$t>t_0$では$i_V <0$、$i_V<0$の負の範囲の計算では図17における電源$U_V = 2 \cdot U_{VDC}$の記号が逆となる、すなわち$U_V' =-U_V$ 実際の雷電流の場合は、$\sigma_2 \gg \sigma_1$なので、i(t)については$t>t_0$が適用される。

$$i(t)\approx I\cdot e^{-\sigma_1 t}=I\cdot e^{-\sigma_1\cdot t_0}\cdot e^{-\sigma_1\cdot\tau},\quad \tau=t-t_0 \quad \text{(31)}$$

それゆえ、電圧$U_S(t) = M_i \cdot di/dt$は

$$u_S(t)=-\sigma_1\cdot M_i\cdot I\cdot e^{-\sigma_1 t}=-\sigma_1\cdot M_i\cdot I\cdot e^{-\sigma_1\cdot t_0}\cdot e^{-\sigma_1\cdot\tau} \quad \text{(32)}$$

それについてラプラス変換されたものは（時間ゼロ、$\tau = 0$）

$$U_S(s)=\frac{-\sigma_1\cdot M_i\cdot I\cdot e^{-\sigma_1\cdot t_0}}{\left(s+\sigma_1\right)} \quad \text{(33)}$$

（27）式に代入することによって、$U_V$を$-U_V$に置き換えることによって、$I_V(s)$は

$$I_V(s)=\frac{-\sigma_1\cdot M_i\cdot I\cdot e^{-\sigma_1\cdot t_0}}{L_S(s+\sigma_1)(s+\sigma_3)}+\frac{U_V}{L_S\cdot s\cdot(s+\sigma_3)} \quad (34)$$

時間関数に戻すと、$t>t_0$について

$$i_V(t)=-\sigma_1\cdot M_i\cdot I\cdot e^{-\sigma_1\cdot t_0}\frac{e^{-\sigma_1\cdot(t-t_0)}-e^{-\sigma_3\cdot(t-t_0)}}{L_S(\sigma_3-\sigma_1)}+\frac{U_V\left(1-e^{-\sigma_3\cdot(t-t_0)}\right)}{L_S\cdot\sigma_3} \quad (35)$$

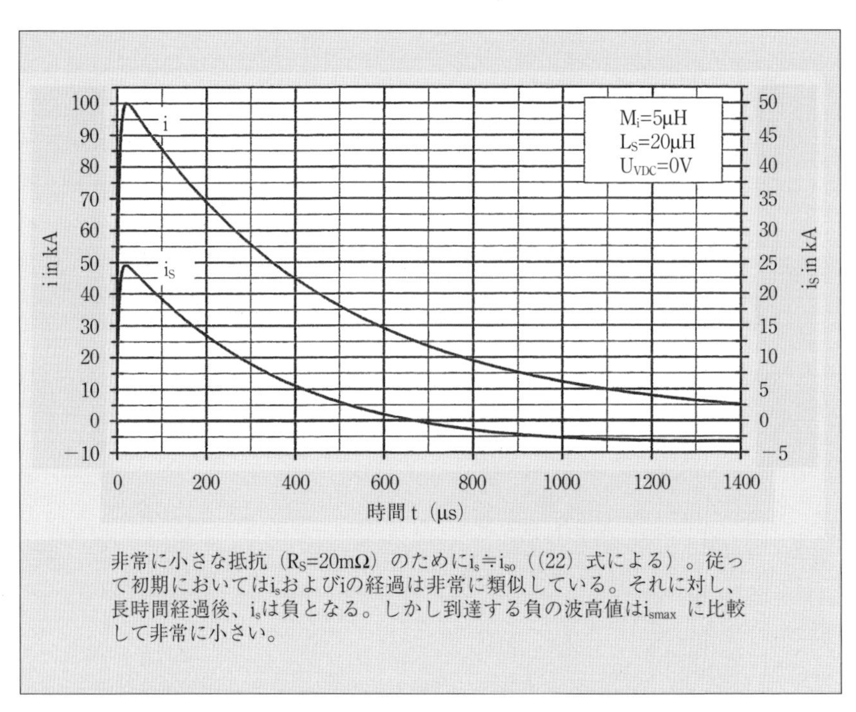


〔図 18〕比較的大きなループ $M_i$ = 5 $\mu$H および $L_S$ = 20 $\mu$H（バリスタなし）において $i_{max}$ = 100kA の第 1 雷撃により誘導される短絡電流 $i_s$

$$i(t) \approx I \cdot e^{-\sigma_1 t} = I \cdot e^{-\sigma_1 \cdot t_0} \cdot e^{-\sigma_1 \cdot \tau}, \quad \tau = t - t_0 \quad \text{(35)}$$

この解は $i_V$ <0 である限り、$t>t_0$ に適用される。もし $i_V$ が0値に達したならば、図17の元の等価回路にもどることになる。しかし、$u_s$ は雷電流の波尾において負となっているので、$i_V$ >0 を新たに発生するような電圧は存在しない、すなわち $i_V$ は0に止まる。

最悪条件で算出するためには、$R_S = R_V$ の比較的小さな値で調査すれば十分である。それゆえコンピュータでシミュレーションするためには、$R_S$ および $R_V$ の次の値が用いられる。$R_S = L_S \cdot 1\ \mathrm{m\Omega/\mu H}$、$R_V = U_{VDC} / i_{somax}$、すなわち $i_{somax}$ の場合、バリスタにおける全電圧降下は $3U_{VDC}$ であ

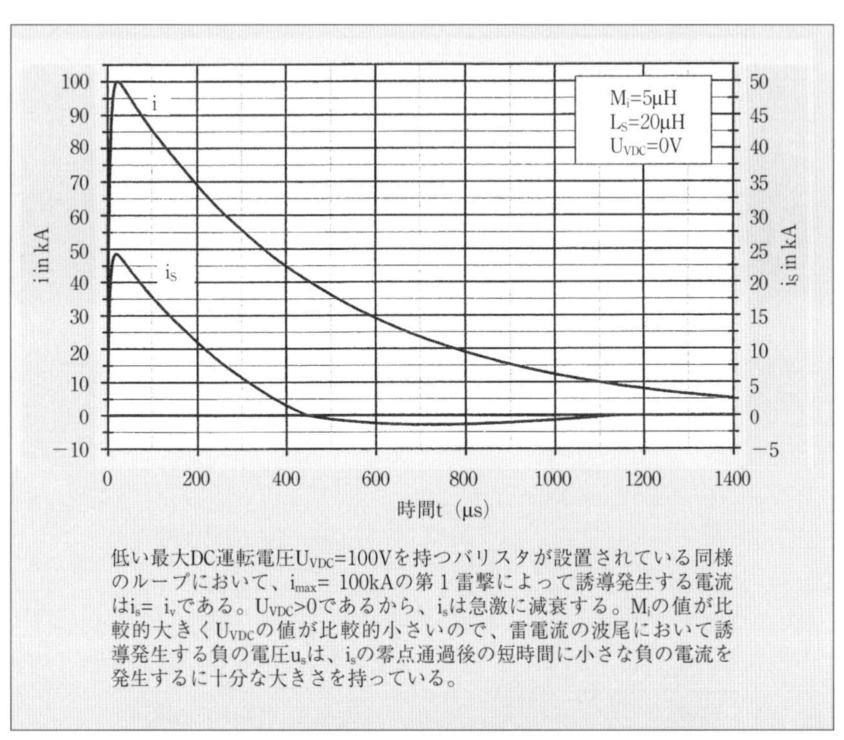


低い最大DC運転電圧 $U_{VDC}$=100Vを持つバリスタが設置されている同様のループにおいて、$i_{max}$= 100kAの第1雷撃によって誘導発生する電流は $i_s$= $i_v$ である。$U_{VDC}$>0であるから、$i_s$は急激に減衰する。$M_i$の値が比較的大きく $U_{VDC}$の値が比較的小さいので、雷電流の波尾において誘導発生する負の電圧 $u_s$は、$i_s$の零点通過後の短時間に小さな負の電流を発生するに十分な大きさを持っている。

〔図19〕$i_{max}$ = 100kA の第1雷撃 10/350μs　i および $i_s$

る。

図18から図23までは、比較的小さい、また比較的大きい$M_i$および$U_{VDC}$の値を用いて上記の前提条件で計算されたバリスタ電流のいくつかの事例を示している。なおすべての事例において、$M_i$ / $L_S$ = 1/4の同一比率が適用されている。

図18から図20までは、まず$M_i$ = 5$\mu$Hおよび$L_S$ = 20$\mu$Hの比較的大きなループにおいて、$i_{max}$ = 100kA（I = 106,5kA、$\sigma_1$ = 2150$s^{-1}$、$\sigma_2$ = 189900$s^{-1}$）を持つ第1雷撃によって発生する誘導電流を示している。

図19および図20の比較的大きな相互インダクタンス$M_i$の事例の場合、インパルス電流$i_s$は一般のインパルス電流に規定されている波形

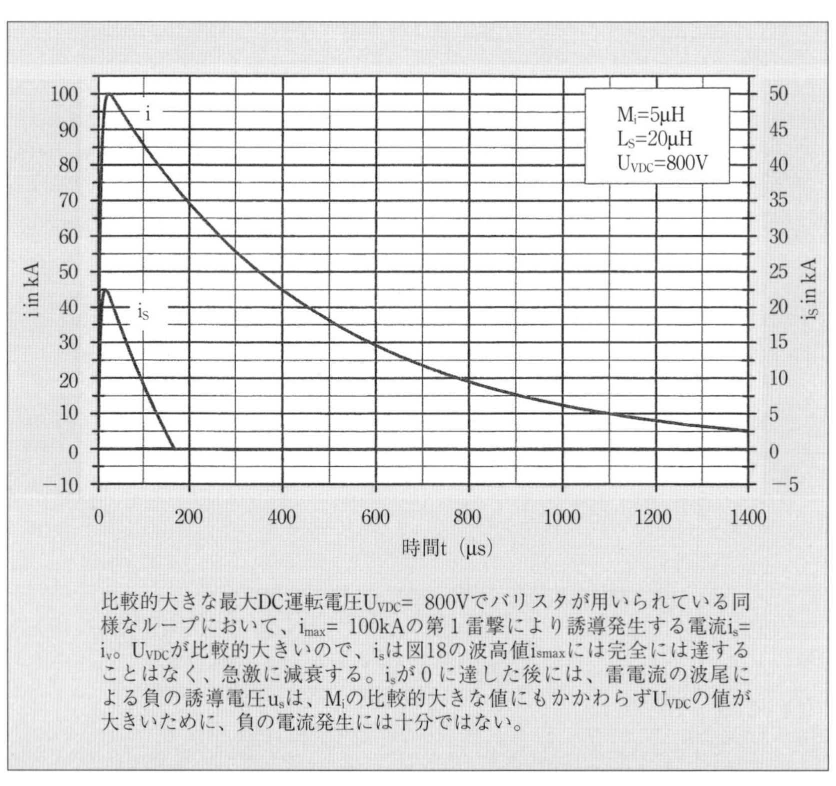


〔図20〕第1雷撃10/350$\mu$s　$i_{max}$ = 100kAの場合のiおよび$i_s$

8/20$\mu$s のインパルス電流 $I_{8/20}$ よりも非常に長く続く。SPD が障害を受けないようにするには、図 19 および図 20 において発生する最大電流 $i_{smax}$ より大きなインパルス電流について対応しておかなければならない。その場合、保守的な仮定としては、$i_s$ によってバリスタを通過する電荷 Q（正および負の半波を加えている）はインパルス電流 $I_{8/20}$、その場合 $Q_S \fallingdotseq I_{8/20} \cdot 20\mu s$ と同様の大きさでよい。小さい電流ではバリスタの電圧およびそれによって変換されるエネルギーは小さいので、この前提条件は安全側にある。それによって、この場合について、無損失のループの容易に計算されるべき最大短絡電流値 $i_{somax}$ に関する修正係数が決められる（図 24 参照）。

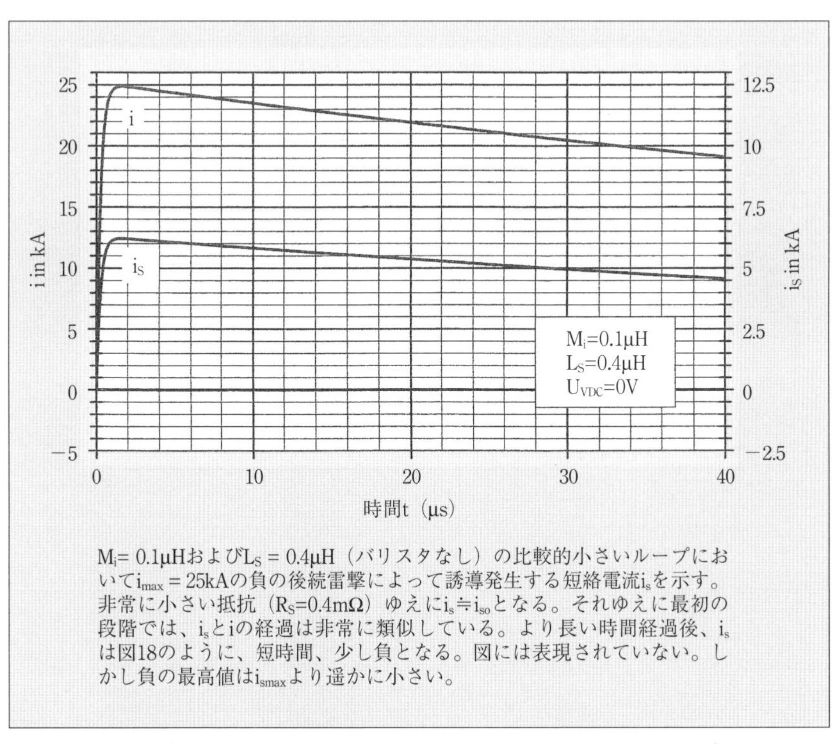


$M_i$= 0.1μHおよび$L_S$ = 0.4μH（バリスタなし）の比較的小さいループにおいて$i_{max}$ = 25kAの負の後続雷撃によって誘導発生する短絡電流$i_s$を示す。非常に小さい抵抗（$R_S$=0.4mΩ）ゆえに$i_s \fallingdotseq i_{so}$となる。それゆえに最初の段階では、$i_s$とiの経過は非常に類似している。より長い時間経過後、$i_s$は図18のように、短時間、少し負となる。図には表現されていない。しかし負の最高値は$i_{smax}$より遥かに小さい。

〔図 21〕負の後続雷撃 0.25/100 $\mu$s　$i_{max}$ = 25kA の i および $i_s$

図 21 から図 23 までは、$M_i$ = 0.1$\mu$H および $L_S$= 0.4$\mu$H の比較的小さなループにおいて、$i_{max}$ = 25kA（I = 25.2 kA、$\sigma_1$ = 6931$s^{-1}$、$\sigma_2$ = 3975000$s^{-1}$）によって誘導発生する電流を示している。

図 22 および図 23 による比較的小さな相互インダクタンス $M_i$ を持つ事例におけるインパルス電流は、波形 8/20$\mu$s のインパルス電流よりも、遙かに短くしか続かない。それゆえ変換された電荷はインパルス電流 $I_{8/20}$ によって変換される電荷よりも遙かに小さい。それゆえ、バリスタも小さいものを選ぶことができる。

定格電流よりも大きな電流の場合、電圧が上昇し、損傷も可能なので、同様に変換された電荷に対しての設計は保守的であってはならない。

それに対し、この場合には、用いられるべきバリスタに規定された最大電流 $I_{8/20}$ は、実際に発生する最大電流 $i_{smax}$ に合わせて選定され、その

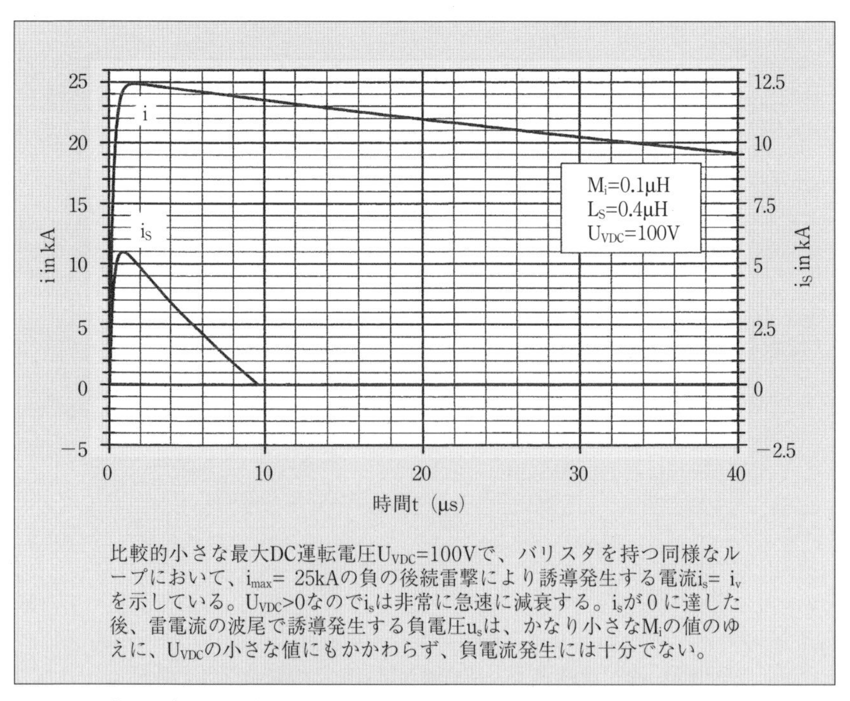


比較的小さな最大DC運転電圧$U_{VDC}$=100Vで、バリスタを持つ同様なループにおいて、$i_{max}$= 25kAの負の後続雷撃により誘導発生する電流$i_s$= $i_v$を示している。$U_{VDC}$>0なので$i_s$は非常に急速に減衰する。$i_s$が 0 に達した後、雷電流の波尾で誘導発生する負電圧$u_s$は、かなり小さな$M_i$の値のゆえに、$U_{VDC}$の小さな値にもかかわらず、負電流発生には十分でない。

〔図 22〕負の後続雷撃 0.25/100 $\mu$s　$i_{max}$ = 25kA の i および $i_s$

電流はここでは、無損失のループ（図21および図23と比較すること）の容易に計算される最大短絡電流 $i_{somax}$ より幾分小さい。それによって、この場合についてもまた、無損失ループの、容易に計算される最大短絡電流 $i_{somax}$ に関する修正係数を決定することができる（図24参照）。

$M_i$ が非常に小さい場合には、非常に高い $(di/dt)_{max}$ 値（100kA/$\mu$s ～ 200kA/$\mu$s まで、表3による）が、バリスタを導通状態にするために、十分に高い電圧を発生する。

しかし、負の後続雷は、多重に発生する可能性があるので、バリスタの放電容量の決定は、第1雷撃（表3による100kA ～ 200kA）と同じ最大電流 $i_{max}$ から決めるのが目的に適っている。そこで、短時間内に4個までの、後続雷（表3による最大電流25kA ～ 50kAまでの最大電流を持つ）が相次いで発生する。

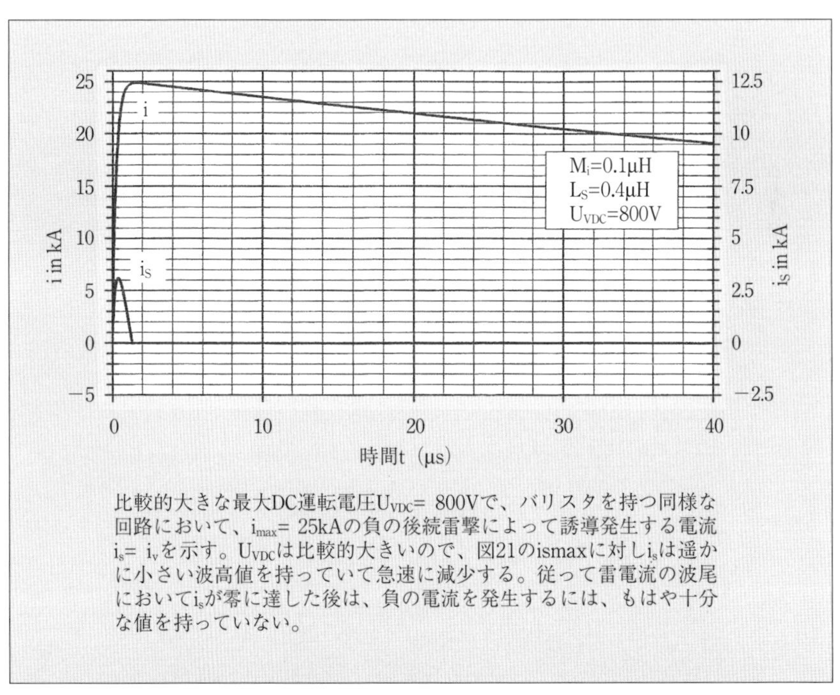


比較的大きな最大DC運転電圧 $U_{VDC}$= 800Vで、バリスタを持つ同様な回路において、$i_{max}$= 25kAの負の後続雷撃によって誘導発生する電流 $i_s$= $i_v$を示す。$U_{VDC}$は比較的大きいので、図21のismaxに対し $i_s$は遥かに小さい波高値を持っていて急速に減少する。従って雷電流の波尾において $i_s$が零に達した後は、負の電流を発生するには、もはや十分な値を持っていない。

〔図23〕負の後続雷撃0.25/100 $\mu$s　$i_{max}$ = 25kAの i および $i_s$

特定の適用に必要な波形8/20μsのバリスタ公称放電電流決定のために、簡単な取り扱い方法を取得するには、バリスタDC定格電圧$U_{VDC}$の種々な値について記述の前提条件のもとに、バリスタ修正係数$k_V$は相互インダクタンス$M_i = k_c \cdot M$の関数として算定される。$k_V$は$L_S$には依存せず、また図24に示されている。それによって、無損失ループの$M_i$および$L_S$から容易に計算される最大短絡電流$i_{somax}$から必要なバリスタ公称放電電流$I_{V8/20}$が計算される。

◇必要なバリスタ公称放電電流（8/20μs）

$$I_{V8/20} = k_v \cdot i_{somax} = k_v(M_i/L_S)i_{max} \quad \cdots\cdots (36)$$

【事例】

通常の雷保護条件は：雷電流$i_{max}$=100kA、$k_c$=0.5、M=10μH、$L_S$=20μH、

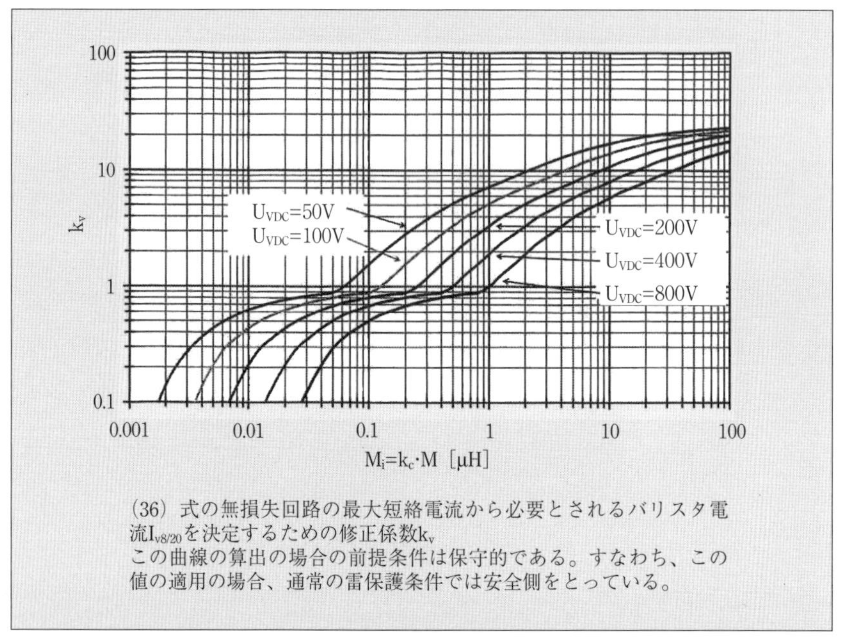


〔図24〕必要とされるバリスタ電流波高値8/20μsの計算のための$k_v$

$U_{VDC}$=800V

以上から無損失ループの最大短絡電流$i_{somax}$並びに必要なバリスタ電流波高値を決める（図20参照）。

【解】

$k_c$=0.5→$M_i$=$k_c$・M=5μH→$i_{somax}$=$i_{max}$・$M_i$/$L_S$=25kA（(24）式による）

図24から$M_i$=5μHで$U_{VDC}$=800Vの場合は$k_v$=4

それゆえ（36）式から$I_{V8/20}$=100kA

第7章

# 太陽光発電システムの雷保護の基本事項　その5

## 16. バイパスダイオードを流れる誘導電流

PV設備の近傍に落雷があった場合、バイパスダイオードが損傷する可能性がある。太陽電池モジュールの枠に雷電流分流分が流れると、大きな誘導電圧と誘導電流のために、バイパスダイオードは破壊される。現行のモジュールにおいては小さな順方向電圧降下（forward voltage drop）とするために通常はショットキーダイオードが用いられているが、これらのダイオードは40～100Vの比較的小さな逆方向電圧（reverse voltage）を持っている。

モジュール・ループを流れる雷電流による誘導電圧は、雷電流の流れる場所からの距離があっても容易に大きな値となってしまう。

幸いなことに、多くのダイオードは極めて短時間にアバランシェ（電子なだれ）領域で運転され、その結果、当初考えられたほど不利な状態にはなっていない。しかしバイパスダイオードは、雷電流上昇時に発生する誘導電圧の極性により、逆方向のみでなく順方向においてもストレスを受ける。両方向のそれぞれの極性の際にバイパスダイオードが受けるストレスを評価するために、この問題の詳細な調査が報告されている。

実験によれば、枠なしモジュールの場合の誘導電圧は、計算された電圧値と良く一致していることを示している。このようなモジュール・ループでは雷電流分流分$i_A=k_c \cdot i$と当該ループ間の相互インダクタンスは容易に計算することができる。金属枠付きモジュールの場合には、誘導電圧は枠による低減係数$R_R$分だけ、さらに低減される。$R_R$は個々のモジュールにおいて、2.5～5の間にある。この$R_R$を考慮した相互インダクタンス$M_i$は

$$M_i = (k_c \cdot M)/R_R \quad \cdots\cdots (37)$$

合理的な雷保護は太陽光発電設備の太陽電池モジュールが外部雷保護設備の保護範囲に配置されている場合にのみ可能である。その場合、雷電流の流れる引き下げ導線とモジュールの間は、安全離隔距離を確保するため、常にある一定の最小離隔距離を確保しなければならない。それ

は一般に約 50cm となる。

ソーラーセルの $n_z$ ケを直列接続したモジュール内部のバイパスダイオード導体ループの間隔 b はソーラーセルの大きさにより 10 ～ 20cm の間で変化し、このような長さ l は一般に 0.8 ～ 2m の間にある。それゆえ、$M_i$ の非常に大きな値はあり得ない。雷電流分流分 $i_A$ に対する比較的小さな間隔のモジュールについての $M_i$ の現実的値は 10nH ～ 80nH の範囲にある（「太陽光発電システムの雷保護の基本事項その 3」の図 14 参照）。

ループインダクタンス $L_S$ を計算する場合、導体半径 $r_0$ の値がわからないので前回掲載の（22）式を直接用いることはできない。しかし個々のモジュールについて、実測と良く一致する値を得る $L_S$ の近似式を用いることは可能である。

結晶系モジュールではソーラーセルは離隔 b、そして一般に 2 本の平行導体（導体幅は約 0.02b）の間隔は 0.48b である（図 25 参照）。これら 2 本の平行導体は近似的に 2 本の結束線と見なすことができ、それを 1 本とした場合の等価半径は導体間隔の幾何学的中心からの寸法として計算される。ソーラーセルの場合は、結束線の半径としては、帯状導体と同一の表面積を持つ円形断面を持つ導体の半径と仮定するのが目的に適っている。

図25より、

$$2ac = 2\pi r^2$$

とおく。ただし、a≒0.48b、c≒0.02b。

バイパスダイオード—ループインダクタンスを$L_S$とすれば、$L_S$を計算するための等価半径は、

$$\begin{aligned} r &= \sqrt{2ac/2\pi} \\ &= \sqrt{0.48b \times 2 \times 0.02b/2\pi} \fallingdotseq 0.055 \cdot b \end{aligned} \quad \cdots\cdots (38)$$

導体軸に直角の接続は小さな等価半径となり、また、そこからバイパ

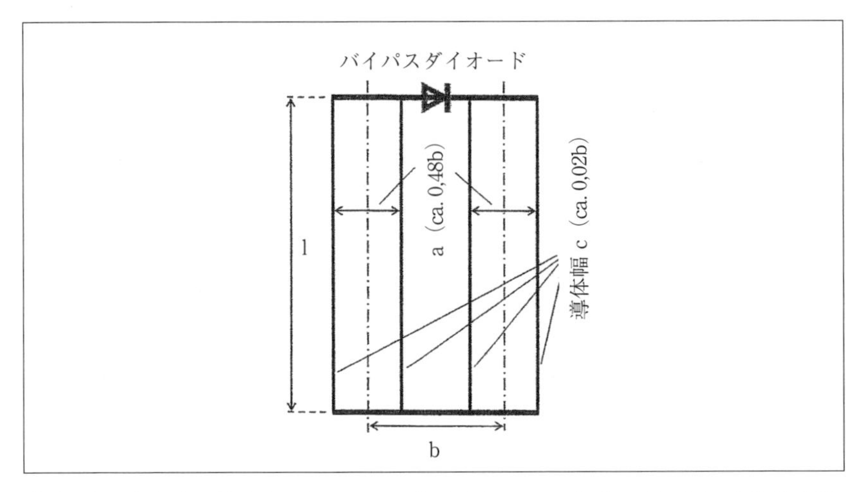


〔図25〕バイパスダイオード・ループにおけるループインダクタンスの近似計算のための図

スダイオードを持つモジュール接続端子まで、さらに0.5b ～ 1.5bの導体長を追加して考慮しなければならない。そうすることにより、バイパスダイオードのために、約50nHが追加されることになる。この修正によってループインダクタンス$L_S$（μH）の近似式は、

◇バイパスダイオード・ループインダクタンス

$$L_S \fallingdotseq 1.2 \cdot (l+2b)+0.05 \quad \cdots\cdots (39)$$

上式の$L_S$はバイパスダイオードのストレスを決める上での決定的役目をするループインダクタンスであり、すべての寸法、長さlおよびセル間隔bがメートルで与えられれば、単位はμHとなる。$L_S$の典型的な値は1μH ～ 3μHの間にある。これらの値はいくつかのモジュールについて測定によって確認されている。

$M_i$はlに比例するので、比率$M_i$ / $L_S$は距離dにより定まる。dは金属枠の存在と$k_c$によって定まるが、lには無関係である。雷電流を流す引き下げ導線とモジュール内部のループの相対位置と方向により、二つの異なったケースが区別される。それらは雷電流の波頭において誘導され

る電圧の極性により区別される。これらの極性によって、二つの異なったケースが区別されるが、それぞれのケースにおいて、バイパスダイオードおよびソーラーセルダイオードが逆方向（図26）または順方向（図27）でストレスを受ける。

バイパスダイオードに流れる電流を計算するために（第6章の図17のように）それに対応して直線化された等価回路を作成して、(26)式から(35)式までを用いて、そこに結果として発生するバイパスダイオ

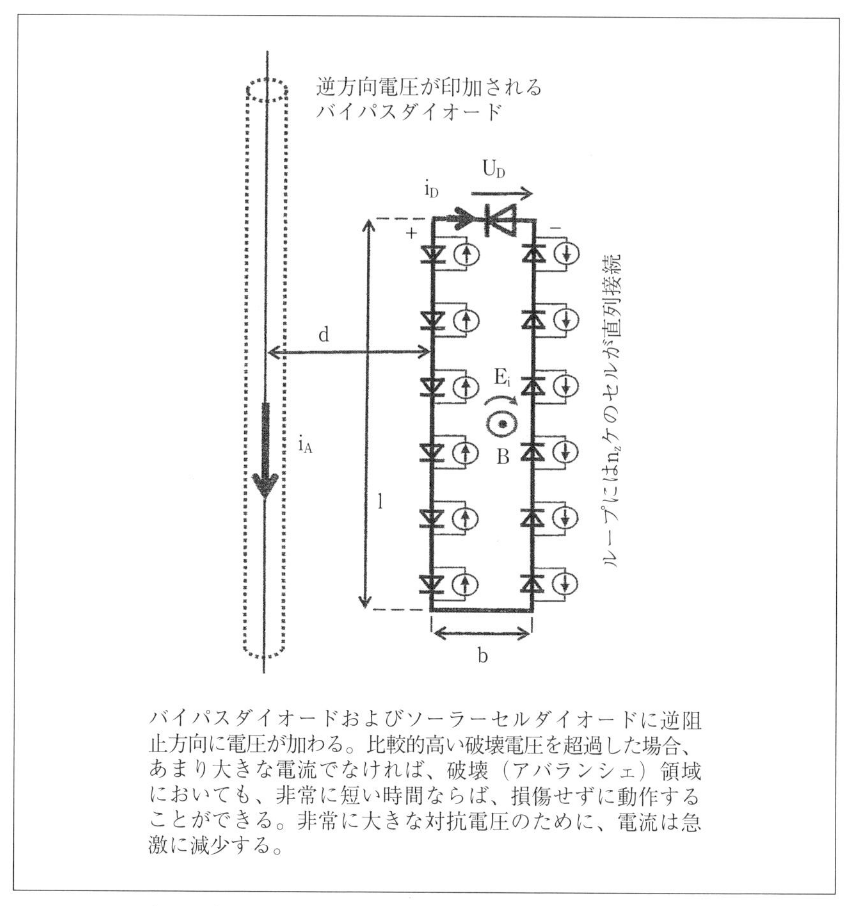


〔図26〕逆方向電圧が印加されるバイパスダイオード

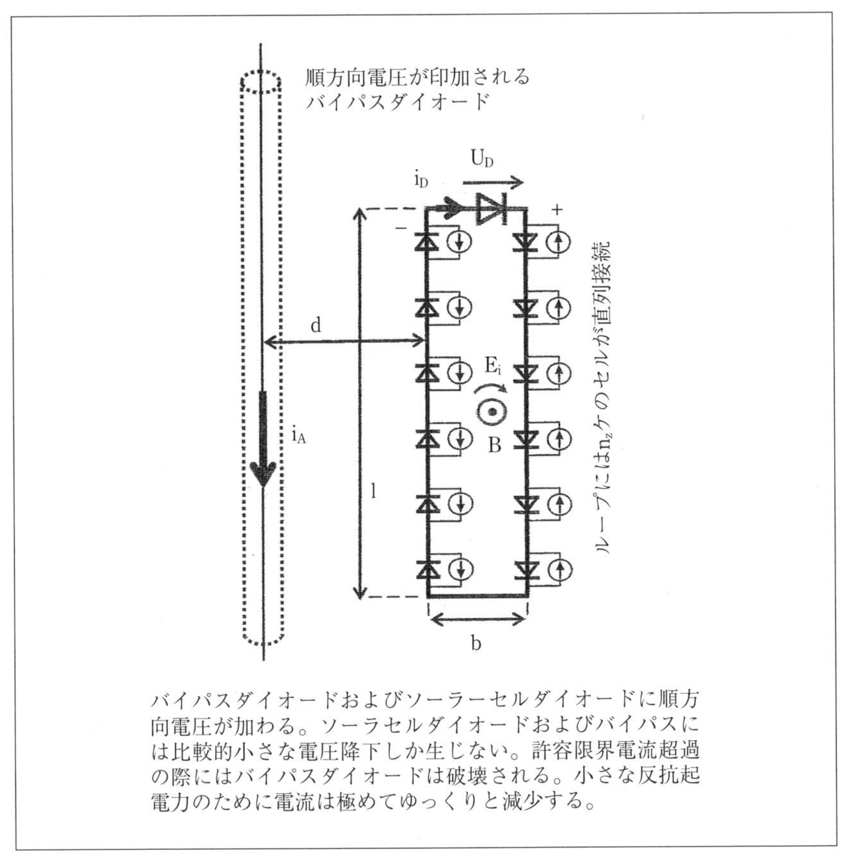


〔図 27〕順方向電圧が印加されるバイパスダイオード

ード電流を計算することができる。

順方向の運転の際に $n_z$ ケのソーラーセルのそれぞれについて直線化されたモデルにおいて降服電圧（breakdown voltage）$U_{ZA}$ および抵抗 $R_{ZA}$ を前提条件とする。典型的な値として $U_{ZA}$ =20 V および $R_{ZA}$ = 5mΩ を用いる。バイパスダイオードは降服電圧 $U_{BA}$ および抵抗 $R_{BA}$ で表される。典型的な $U_{BA}$ の値は（40）式および（41）式の通りである。

◇ショットキーダイオード

$$U_{BA} \fallingdotseq (1.5....2)U_{RRM} \quad \cdots\cdots (40)$$

◇通常のシリコンダイオード

$$U_{BA} \fallingdotseq (1.2....1.5)U_{RRM} \quad \cdots\cdots (41)$$

上式において $U_{RRM}$ はダイオードの技術仕様書による周期的尖頭ブロッキング電圧である。

電子なだれ降服（アバランシェ）運転状態において発生するバイパスダイオード電流の計算のために、もし図28に従って $U_V$ および $R_V$ について下記の値を用いるならば、

$$U_V = U_A = n_z U_{ZA} + U_{BA} \quad \cdots\cdots (42)$$
$$R_V = R_A = n_z R_{ZA} + R_{BA} \quad \cdots\cdots (43)$$

すでに第6章の「15. 誘導電流の大きさ」で導出した(26)式から(35)式までが用いられる。

例として Mi（10nH、20nH、40nH、80nH）のいくつかの典型的な値および平均値 $L_S = 2\mu H$、並びに $R_{ZA} = 5m\Omega$ および $R_{BA} = 50m\Omega$ を用いて降服運転中に流れる電流 $i_{BR}$ が算出される。

図29から図31までにおいて個々の電流時間曲線には、ダイオードを

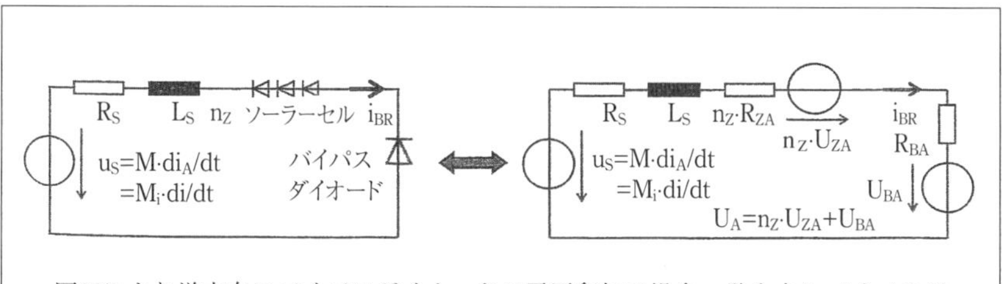

図26により逆方向にバイパスダイオードに電圧印加の場合、発生するバイパスダイオード電流 $i_D = i_{BR}$ を計算するための等価回路（図29、図30および図31参照）

〔図28〕逆方向電圧が印加される場合のバイパスダイオードとソーラーセル

経由して流れる電荷およびバイパスダイオードにおいて変換されるエネルギーが示されている。

ショットキーダイオードでは、約300V～550Vの比較的高い逆起電力のために、バイパスダイオード電流$I_{BR}$は比較的急激に減少する。

$U_{RRM}$ = 1kVを持つblockシリコンダイオードでは$M_i \leqq 80nH$の場合、降服を起こすには第1雷撃の場合に誘導で発生する電圧は小さすぎる、すなわち$I_{BR} \fallingdotseq 0$である。

なお負の後続雷撃の場合、$M_i \leqq 20nH$に対して$i_{BR} \fallingdotseq 0$である（図31参照）。

$M_i$が増加するにつれて、バイパスダイオード電流も増加し、それによってダイオード損傷のリスクも増大する。小さな$M_i$値（≦約20nH）

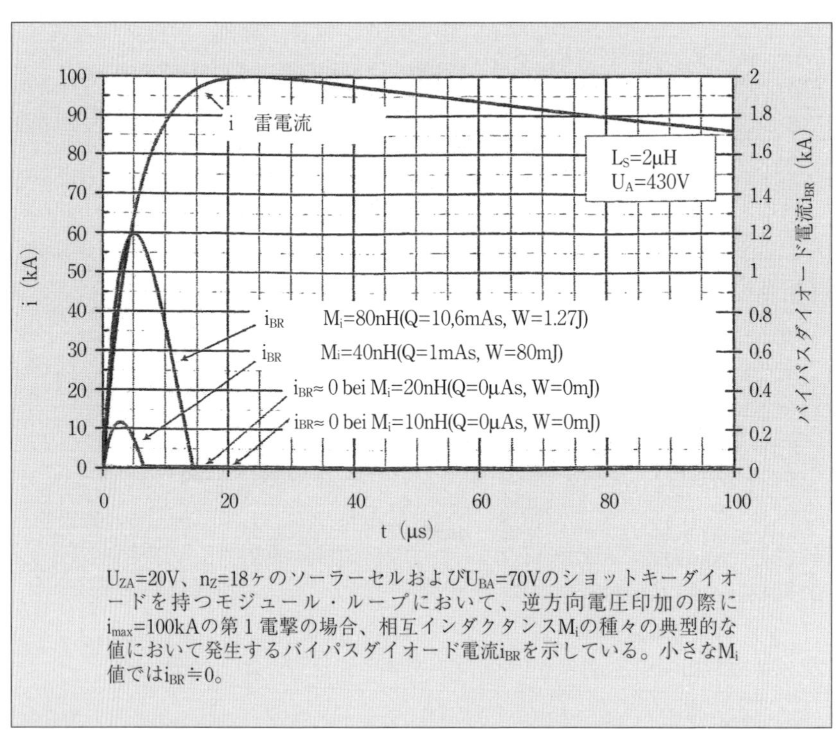


$U_{ZA}$=20V、$n_Z$=18ヶのソーラーセルおよび$U_{BA}$=70Vのショットキーダイオードを持つモジュール・ループにおいて、逆方向電圧印加の際に$i_{max}$=100kAの第1雷撃の場合、相互インダクタンス$M_i$の種々の典型的な値において発生するバイパスダイオード電流$i_{BR}$を示している。小さな$M_i$値では$i_{BR} \fallingdotseq 0$。

〔図29〕第1雷撃10/350μs、$i_{max}$=100kA：バイパスダイオード逆方向電流$i_{BR}$

では、まだ一般にダイオードの損傷は発生しない。特別な降服挙動を持つダイオードでも、まだいくらか大きな負荷に耐えることができる。多くのショットキーダイオードは、それらの技術仕様書によれば、数十mJまでのアバランシェエネルギーに耐えることができる。

$M_i$ も $L_S$ もループごとのソーラーセルの数が増大するにつれて増加するから、$M_i/L_S$ の比率はバイパスダイオードループごとのセル数 $n_z$ に少しだけ依存する。

(42) 式による降服電圧 $U_A$ は $n_z$ と共に増加するから、特に比較的小さな $U_{BA}$ を持っているショットキーダイオードの場合、$n_z$ がより大きな値の場合は、降服領域において電流 $i_{BR}$ を制限するというよりも、むしろ好ましく作用する。あるモデルにおいてバイパスダイオードごとの電

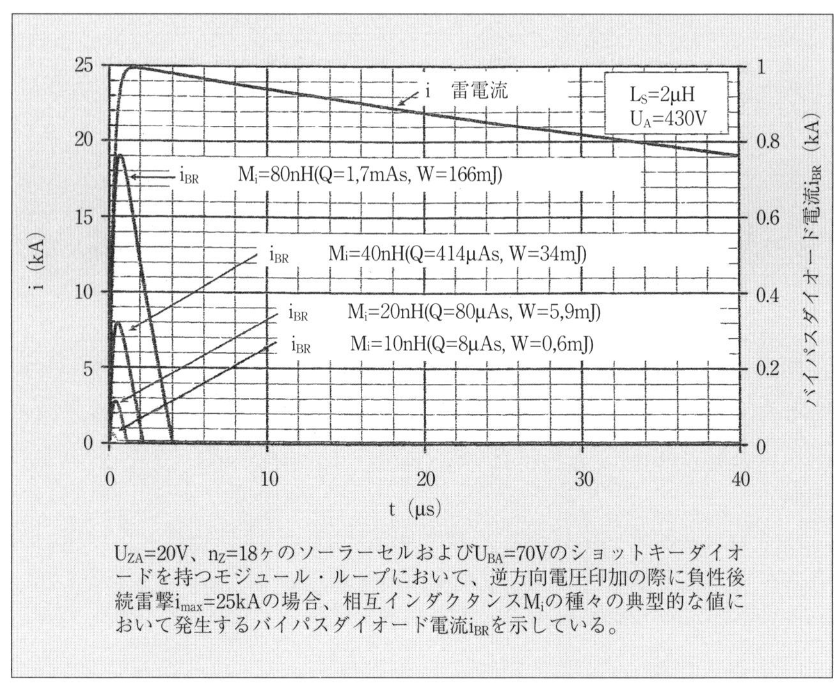


〔図 30〕負性後続雷撃 0.25/100 $\mu$ s、$i_{max}$=25kA：バイパスダイオード逆方向電流 $i_{BR}$

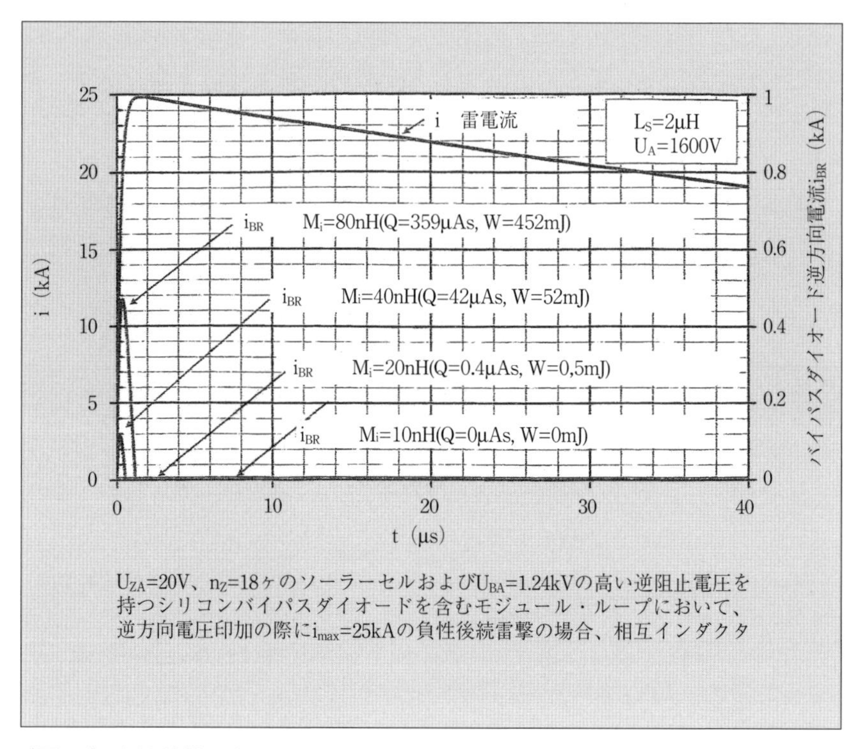


〔図 31〕負性後続雷撃 0.25/100 $\mu$ s、$i_{max}$=25kA：バイパスダイオード阻止電流 $i_{BR}$

圧制限によって、ほぼ $U_{BA}$ 相当の電圧が発生する。$n_z$ ヶのソーラーセルのそれぞれについて線形化されたモデルにおいて 降服領域での運転の際には、順方向電圧 $U_{ZF}$ と抵抗 $R_{ZF}$ を持つ電源として検討される（図 32 参照）。

バイパスダイオードは同様に順方向電圧 $U_{BF}$ および抵抗 $R_{BF}$ で表示される。典型的な値として $R_{ZF}$ には約 4mΩ が用いられる。$U_{BF}$ および $U_{ZF}$ の典型的な値は下記の通りである。

◇ショットキーダイオード

$$U_{BF} \fallingdotseq 0.7 \sim 1 \text{ (V)} \quad \cdots\cdots (44)$$

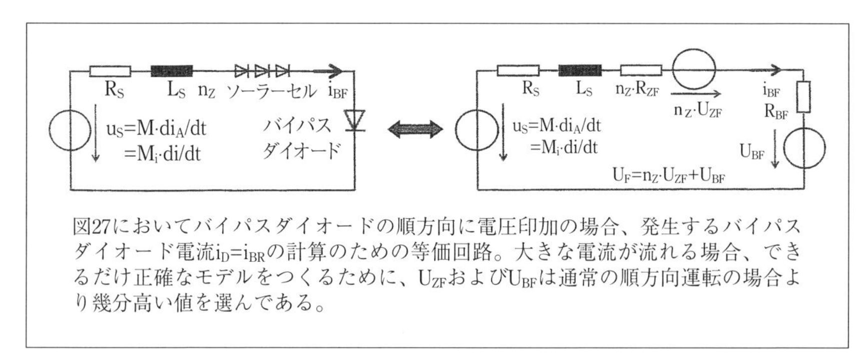


図27においてバイパスダイオードの順方向に電圧印加の場合、発生するバイパスダイオード電流$i_D=i_{BR}$の計算のための等価回路。大きな電流が流れる場合、できるだけ正確なモデルをつくるために、$U_{ZF}$および$U_{BF}$は通常の順方向運転の場合より幾分高い値を選んである。

〔図 32〕順方向に電圧が印加される場合のバイパスダイオードとソーラーセル

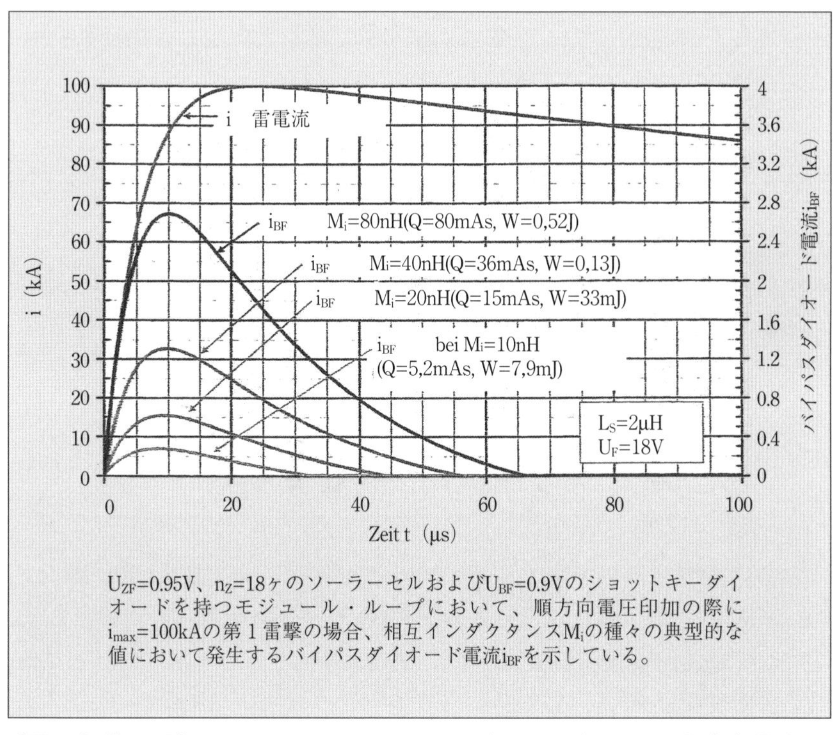


$U_{ZF}$=0.95V、$n_Z$=18ヶのソーラーセルおよび$U_{BF}$=0.9Vのショットキーダイオードを持つモジュール・ループにおいて、順方向電圧印加の際に$i_{max}$=100kAの第１雷撃の場合、相互インダクタンス$M_i$の種々の典型的な値において発生するバイパスダイオード電流$i_{BF}$を示している。

〔図 33〕第１雷撃 10/350 $\mu$ s、$i_{max}$=100kA：バイパスダイオード順方向電流 $i_{BF}$

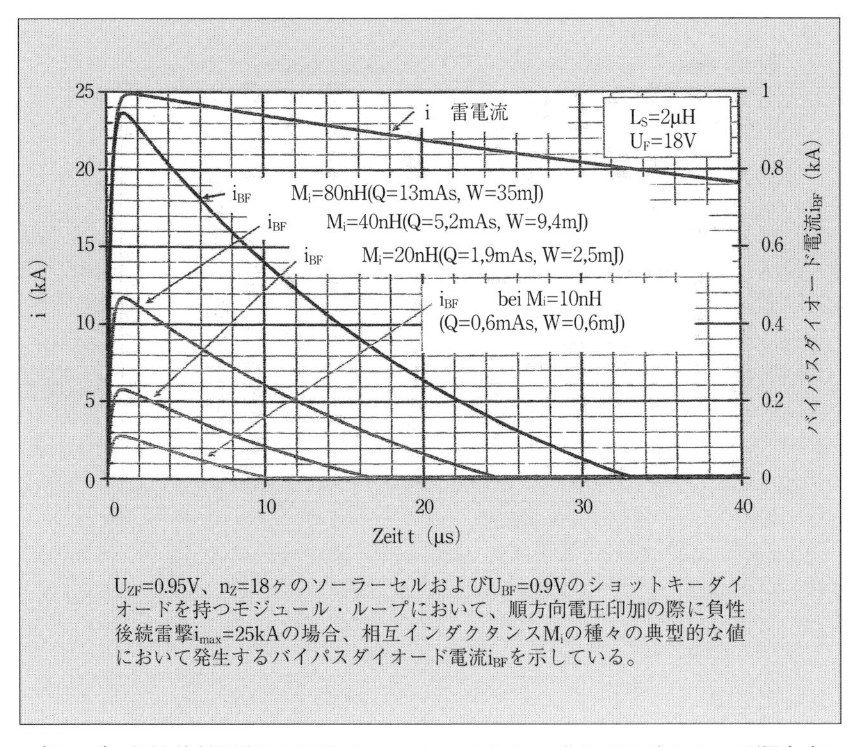


〔図 34〕負性後続雷撃 0.25/100 μs、$i_{max}$=25kA：バイパスダイオード順方向電流 $i_{BF}$

◇通常のシリコンダイオードおよびシリコンソーラーセル

$$U_{BF} \fallingdotseq U_{ZF} \fallingdotseq 0.8 \sim 1.1 \text{ (V)} \quad \cdots\cdots (45)$$

順方向運転において発生するバイパスダイオード電流 $i_{BF}$ の計算のために、もし図 32 に従って $U_V$ および $R_V$ の下記の値が用いられるならば、すでに「15. 誘導電流の大きさ」において導出された (26) 式から (35) 式までが使用される。

$$U_V = U_F = n_z U_{ZF} + U_{BF} \quad \cdots\cdots (46)$$

$$R_V = R_F = n_z R_{ZF} + R_{BF} \quad \cdots\cdots (47)$$

例として、Mi（10nH、20nH、40nH、80nH）および平均値として$L_S$ = 2$\mu$H並びに$R_{ZF}$ = 4mΩおよび3mΩについて順方向電流$i_{BF}$が計算される。図33および図34参照のこと。

順方向領域における運転の際には、バイパスダイオード当たりの電圧は$U_{BF}$より少し高いだけである。すなわちモジュールに加わる電圧は最高でも数Vにすぎない。

順方向領域での運転の際にはブロッキング領域の場合に比較して本質的に大きな電流と電荷を発生する。大きな電流波高値ではバイパスダイオードは破壊される。

特定のタイプのダイオードの最大許容電流は実験により定められる。最大許容短時間～波高値電流の測定値が得られない場合には、ダイオードの技術仕様書に記載の1回の波高値電流$I_{FSM}$を選定することもできる。$I_{FSM}$は8.3ms（60Hz）または10ms（50Hz）の正弦半波に対して決めてあり、通常のバイパスダイオードでは300A ～ 600Aの範囲にある。

損傷したダイオードは短絡状態となり、場合により危険な加熱状態となり、アークを発生する可能性もある。

# 第8章
# 太陽光発電システムの雷保護の基本事項　その6

# 17. 雷電流を流すシリンダーの内部に発生する電圧

図35(a)に示す金属製シリンダーの表面に雷電流が流れると、これらの金属シリンダーの（例えば金属管、雷電流を通電可能なシールド）内側には磁界は存在しない。したがって、このような金属製シリンダーの内側の導体ループにも誘導電圧は発生しない。このような雷電流通電可能な共通のシールド（10mm², Cu）を持つペアー電線は市販されていて、PV設備の直流主回路の雷保護に使用すれば最適である。また単線のシールド電線もあるので、その場合には図35(b)のように雷電流の通過するシールドが両端で接続されていれば、図35(a)と効果は同じである。しかしシールド抵抗 $R_M$ に電流 $i_A$ が流れることにより電圧降下 u が発生し、内部導体の片側がシールド端に接続されていれば、他端においてシールドと内部導体の間に次式の電位差が発生する。

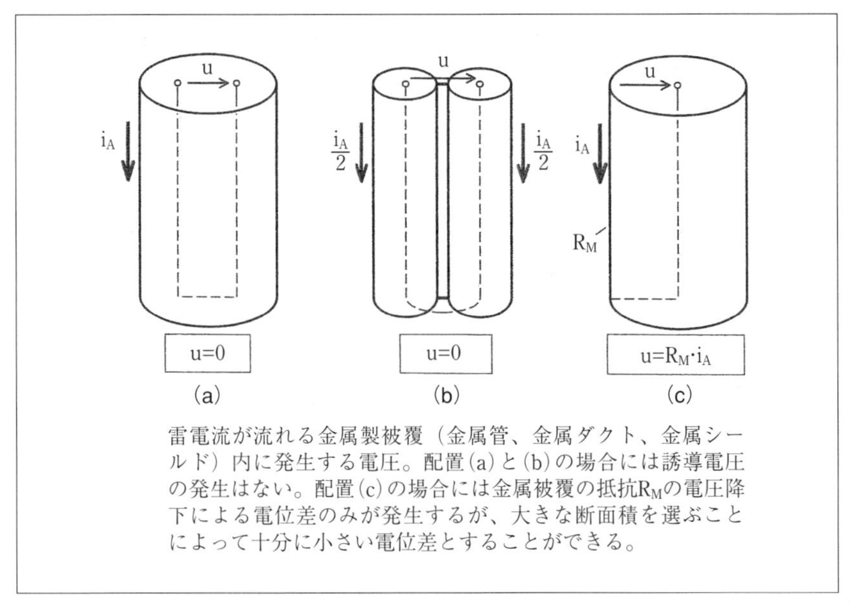


雷電流が流れる金属製被覆（金属管、金属ダクト、金属シールド）内に発生する電圧。配置(a)と(b)の場合には誘導電圧の発生はない。配置(c)の場合には金属被覆の抵抗$R_M$の電圧降下による電位差のみが発生するが、大きな断面積を選ぶことによって十分に小さい電位差とすることができる。

〔図35〕シリンダー状の金属被覆に流れる雷電流

◇雷電流が流れるシールドにおける抵抗電圧降下

$$u = R_M \cdot i_A \quad \cdots\cdots (48)$$

個々にシールドされた導体の代わりに多数の導体を、雷電流を流すことのできる金属製のケーブル・トランキングまたはチャンネルに収納する方法もある。これはシールドの断面積が十分でないケーブルを用いる場合に採用される方法である。

電線のシールドまたは金属製のチャンネルを雷電流分流分が通過する場合は、シールドされていない電線部分には、シールドに流れる雷電流に接近しているために高い誘導電圧を誘起するので、シールドまたはチャンネルの入り口と出口において、シールドに対しSPDを設置すべきである。系統連携された太陽光発電設備の場合には、SPDはアレイの接続箱とインバータのところに設置する。雷撃の全期間中の雷電流分流分を、これらのSPDにより防ぐために、雷電流分流分が流れるシールドにおいて発生する最大電圧 $u_{max}$ が両バリスタの定格電圧の和の2倍より大きくなければ、通常のバリスタは問題なく適用できる。すなわち(49)式を満足していること。

◇雷電流分流分が貫流する金属製シールドにおける最大電圧

$$u_{max}=R_M \cdot i_{Amax}=R_M \cdot k_c \cdot i_{max} < 2(U_{VDC1}+U_{VDC2}) \quad \cdots\cdots (49)$$

(49) 式において

$U_{VDC1}$：太陽光発電側のバリスタ1の最大許容運転電圧

$U_{VDC2}$：インバータ側のバリスタ2の最大許容運転電圧

$i_{Amax} = k_c \cdot i_{max}$：シールドに流れる最大雷電流分流分

$R_M$：金属シールドの抵抗

(49) 式の条件が満足されない場合には、$u_{max}$ はシールド断面積の増加によってまたは十分な断面積を持つ導体をシールド導体に並行して布設することによって、または、より高い定格運転電圧のSPDを選択することによって、満足することができる。

## 18. 個々のモジュールにおける誘導電圧

### 18—1　雷電流導体に対し平行配置された直列モジュールの場合の誘導電圧

雷電流の流れる初期にはdi/dtが最大なので、最大の電圧が発生する。この最大電圧により最大の問題と侵害が発生することが予想される。金属製の枠がある場合には、この枠に短絡電流が誘導発生し、この短絡電流は誘導磁界を弱める。本項では、わが国で非常に普及している多結晶型モジュールで実験測定した結果を説明する。

図36は測定に用いられた試験回路を示し、図37は枠なしのモジュー

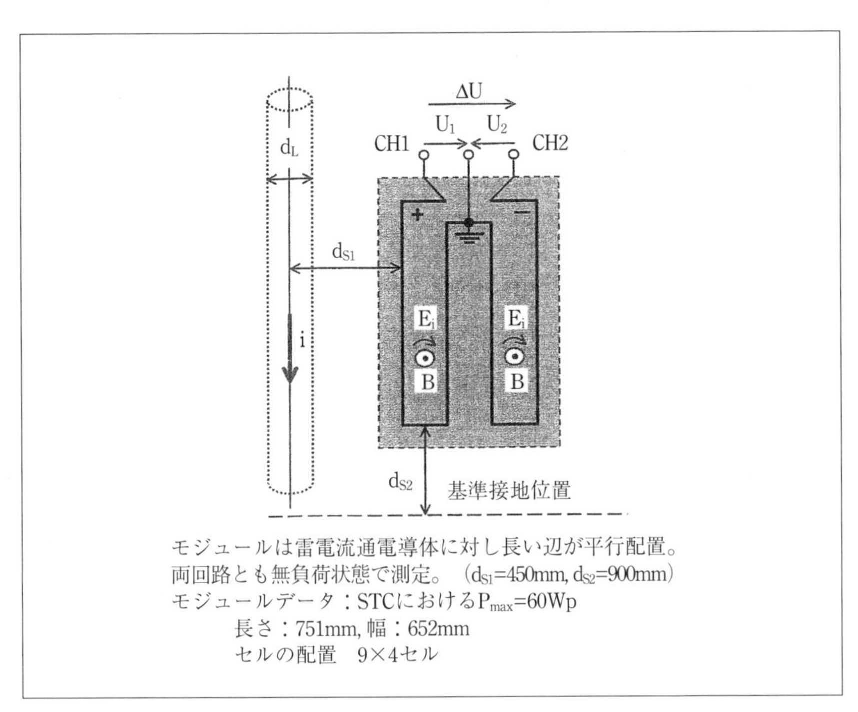


モジュールは雷電流通電導体に対し長い辺が平行配置。
両回路とも無負荷状態で測定。（$d_{S1}$=450mm, $d_{S2}$=900mm）
モジュールデータ：STCにおける$P_{max}$=60Wp
長さ：751mm, 幅：652mm
セルの配置　9×4セル

〔図36〕

ル、図38は枠付きのモジュールで、両者とも雷電流の流れる導体から40mm離れており、導体に平行に配置されている。なお雷電流は（di/dt）$_{max}$=25 kA/$\mu$sの初期値を持っている。

図39は図36に示す雷電流通電導体とモジュールとの関係位置の状態で、雷電流通電導体とモジュールの間隔$d_{S1}$を変化させた場合のモジュールの最大誘導電圧の変化を枠付きモジュールと枠なしモジュールについて示している。ただし実線がモジュール端子に発生する全電圧を示し、点線は内部回路の電圧を示す。なお三角印と四角印は測定値であり、間隔1m以上の曲線は計算により求めたものである。

## 18—2　雷電流導体に対し通常の配置の場合のモジュールの誘導電圧

図40は全く同様な寸法で90度回転したモジュールの関係位置での誘

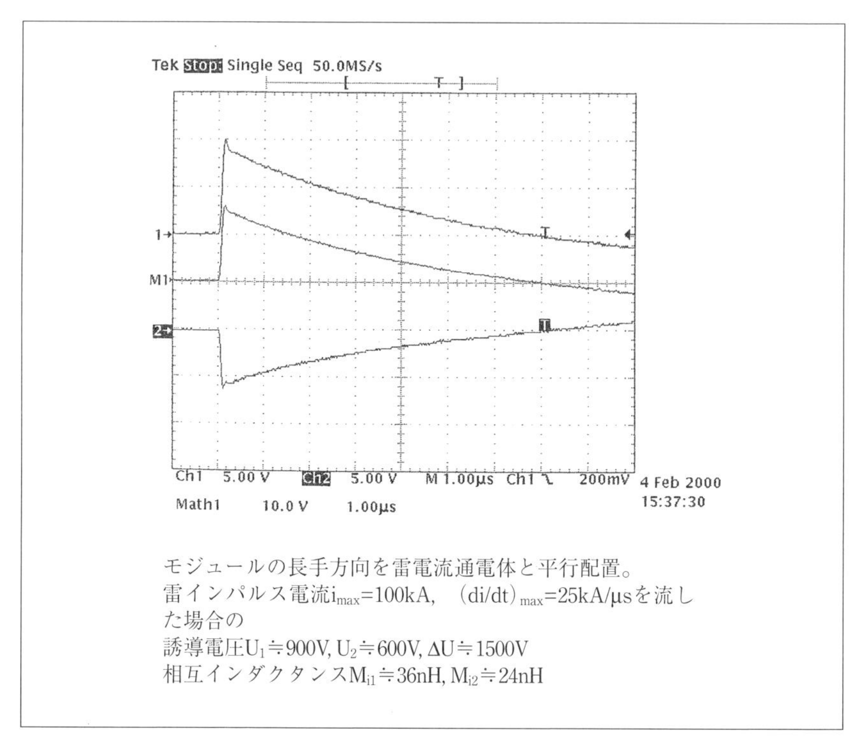


モジュールの長手方向を雷電流通電体と平行配置。
雷インパルス電流$i_{max}$=100kA, （di/dt）$_{max}$=25kA/µsを流した場合の
誘導電圧$U_1$≒900V, $U_2$≒600V, $\Delta U$≒1500V
相互インダクタンス$M_{i1}$≒36nH, $M_{i2}$≒24nH

〔図37〕枠なしモジュールの場合（モジュールデータと回路は図36参照）

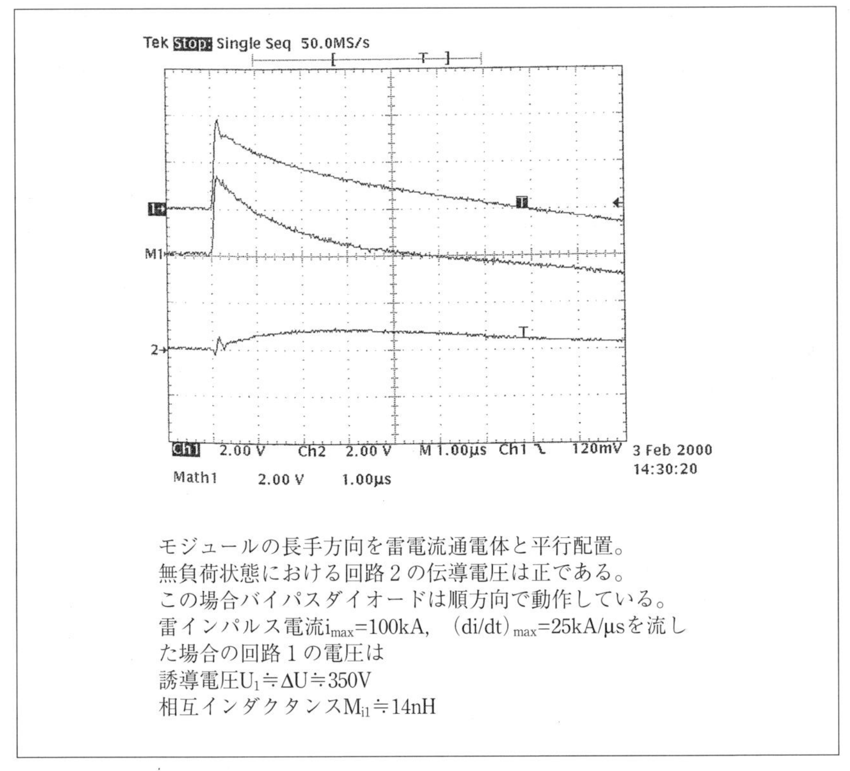


〔図38〕枠付きモジュールの場合（モジュールデータと回路は図36参照）

導電圧についてである。図40はそれに対応した配置および図41は雷電流通電導体とモジュールの間隔$d_{S1}$を変化した場合の誘導電圧を計算し、また測定したものである。

## 18—3　枠低減係数

金属製枠による低減係数を（50）式のように定義する。

$$R_R = 枠なしの場合の最大電圧／枠付きの場合の最大電圧$$
$$= U_{max} 枠なし／U_{max} 枠付き \quad \cdots\cdots (50)$$

図39および図41の結果をまとめてみると誘導電圧を計算する場合、枠低減係数の推奨値は表のとおりとなる。

〔表〕誘導電圧を計算する場合、枠低減係数の推奨値

| 平行配置のモジュール（図36） | $R_R$=3 |
|---|---|
| 平行配置のモジュールにおけるバイパスダイオード回路 | $R_R$=2.5 |
| 通常配置のモジュール（図40） | $R_R$=4 |
| 直角配置のモジュールにおけるバイパスダイオード回路 | $R_R$=4 |

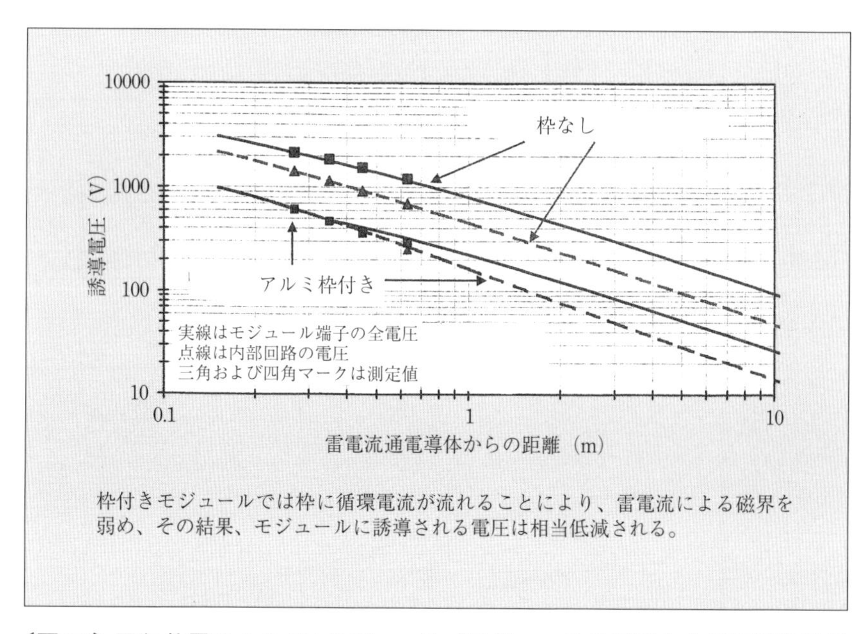


〔図 39〕平行位置にある PV モジュール（モジュールの長手方向が雷電流通電導体と平行位置にある）で枠付きと枠なしの場合の誘導電圧 $(di/dt)_{max}$ = 25kA/μs

## 18—4　モジュール裏面のアルミ薄膜の影響

モジュールメーカーの数社は裏面からの蒸気侵入防止の目的でモジュール裏面にアルミフォイルを装着している。雷撃があった場合、このアルミフォイルには渦電流が誘導発生し、磁界とそれによる誘導電圧を低減する。この効果を確認するために以前、枠付きと枠なしモジュールで

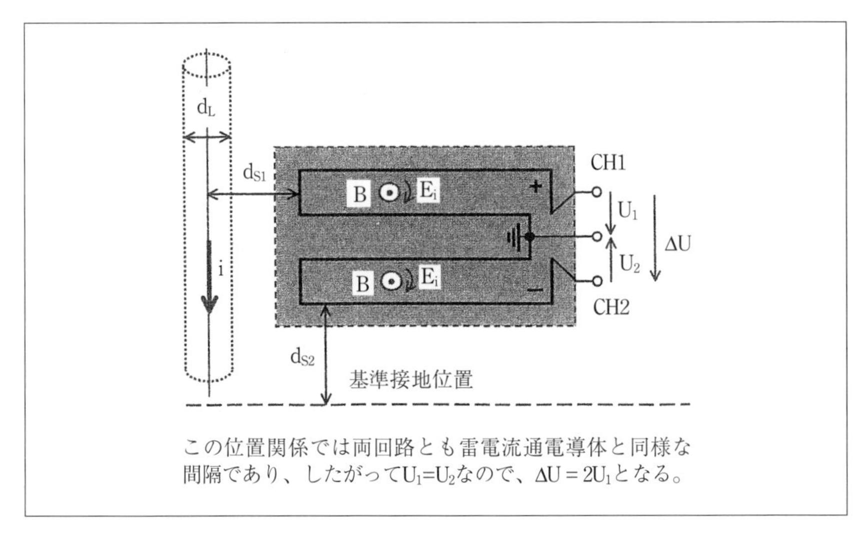


〔図 40〕通常配置（直角配置）の場合の無負荷状態の多結晶太陽電池モジュール（$d_{S1}$=450mm, $d_{S2}$= 900mm）

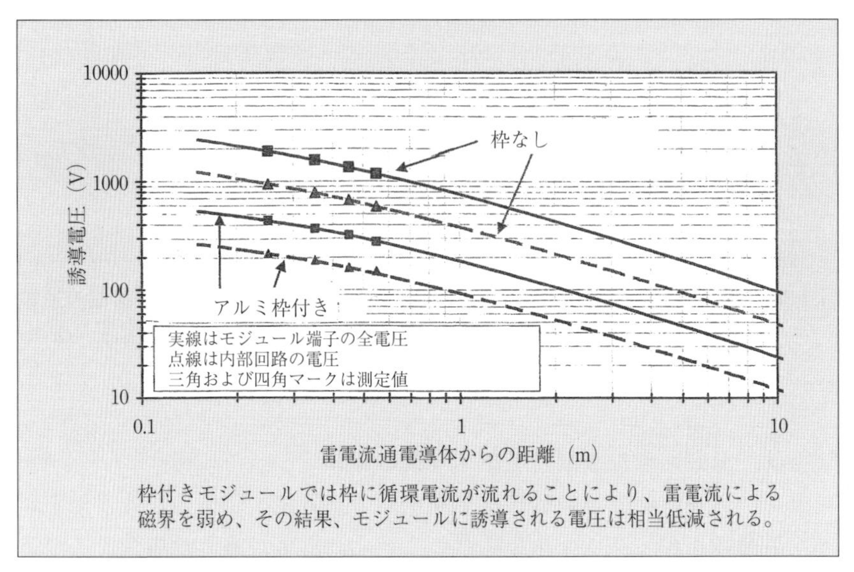


〔図 41〕通常のモジュール配置（モジュールの長手方向を雷電流通電導体と直角配置）の場合、枠なしと枠付きの誘導電圧（di/dt）$_{max}$=25kA/μs

裏面にアルミフォイルを接着し（その際に枠とアルミフォイルの間は5mm 間隔を空けた）、磁界低減率を測定した。その結果、アルミフォイルは磁界を大きく低減することがわかった。アルミフォイル低減係数 $R_F = 7 \sim 10$ である。この低減係数は、枠低減係数 $R_R$ に加えられるものである。しかしアルミフォイル付きモジュールの場合はクラスⅡの絶縁とすることは極めて困難である。

## 18—5　バイパスダイオードの雷電流による影響の測定

すでに「16. バイパスダイオードを流れる誘導電流」において述べたが、太陽光発電設備の近傍に雷撃があると、バイパスダイオードが破損する可能性がある。雷撃によって損傷したバイパスダイオードは後刻、しばしば短絡状態（完全短絡ではないが）となり、特にPV 設備で多くの並列分岐がヒューズなしで接続されている場合には危険な状態となる。その際に発生する電流は「16.」に記述された近似式により算出される。本項では、上記の計算の正当性を確認するために実施した測定結果が示されている。この測定に用いられたインパルス電流の波形は6/350$\mu$s であり、枠なしモジュールを図36 に示すように、雷電流通電導体に平行配置して測定が実施されたものである。

図42 および図43 は上記の二つの試験結果を示している。太陽電池セルおよびバイパスダイオードは逆方向に加電圧され、その際、短時間にアバランシェ通電が発生している。

図42 では大きな誘導電圧にもかかわらず電流は比較的小さく、ダイオードはまだ健全な状態であるが、図43 は破損状態となっている。

供試ダイオードはアバランシェ状態で運転され、アバランシェ・エネルギーは78mJ であった。インパルス電流は $i_{max} \fallingdotseq 240A$ である。その際の有効な相互インダクタンスは、$M_i \leqq 20nH$ であり、第1 雷撃でも、また負の後続雷撃においても破損から免れている。

図44 および図45 に示す両試験の際には、PV セルおよびバイパスダイオードは順方向で加圧されている。雷電流の波頭部においては、ダイオードにおける電圧降下が小さいにもかかわらずダイオード電流は非常に大きい。図44 ではダイオードは破損から免れているが、図45 では大

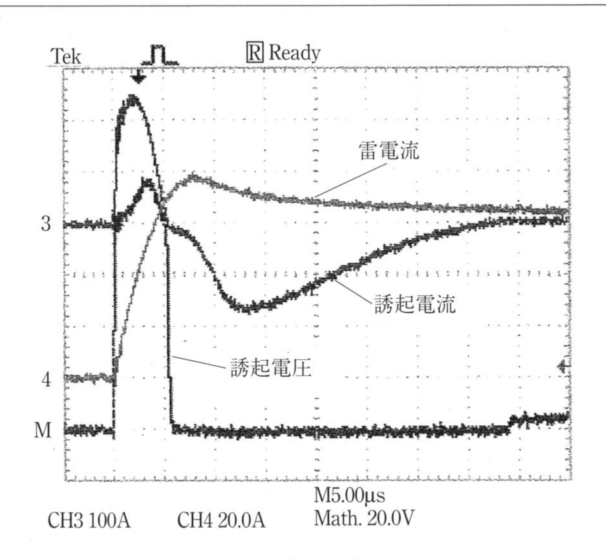


図42は$d_{S1}$=40cm（$M_i$=46nH）の平行配置にあり、$i_{max}$=79kA, di/dt=20kA/µsの雷電流により、$n_z$=18のソーラーセルを持つモジュール回路のバイパスダイオードに流れる（アバランシェ）逆方向電流を示す。
試用されたバイパスダイオードの定格阻止電圧は$U_{RRM}$=45V。この場合、ダイオードは耐えることができている。アバランシェ動作においては、電圧は5µsの間、90Vに制限されている。電流波高値は約240Aで計算されたアバランシェエネルギーは約78mJであった。雷電流は最大値通過後、短時間幾分大きな負のdi/dtを持つので、バイパスダイオードとソーラーセルダイオードは雷電流の波尾においては順方向に課電される。

〔図 42〕

きなインパルス電流により破壊された。

供試ダイオードには順方向に $i_{max}$ ≒ 1.95kA のインパルス電流が流れ、その場合の有効な相互インダクタンスは $M_i$ ≒ 52nH であった。

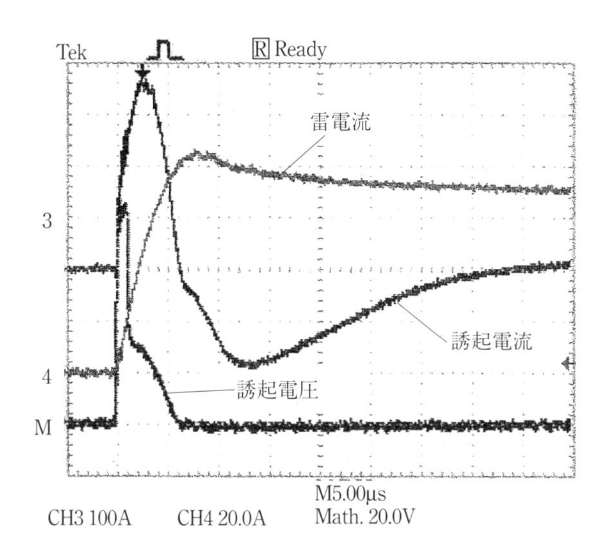


図43は$d_{S1}$=40cm（$M_i$=46nH）の平行配置にあり、$i_{max}$=86kA, di/dt=22kA/μsの雷電流により、$n_z$=18のソーラーセルを持つモジュール回路のバイパスダイオードに流れる（アバランシェ）逆方向電流を示す。
試用されたバイパスダイオードの定格阻止電圧は$U_{RRM}$=45V。この場合にはダイオードは1μsですでに損傷した。アバランシェ動作において電圧は1μsの間、約80Vに制限されたが、その後、ダイオードは破損し、電流は360Aにまでに増加した。破損の後、ダイオードは溶融し、両方向に導通状態となったが、完全な短絡状態ではない。図42に示すように雷電流の波尾においてバイパスダイオードとセルダイオードを通じて順方向電流が流れる。

〔図 43〕

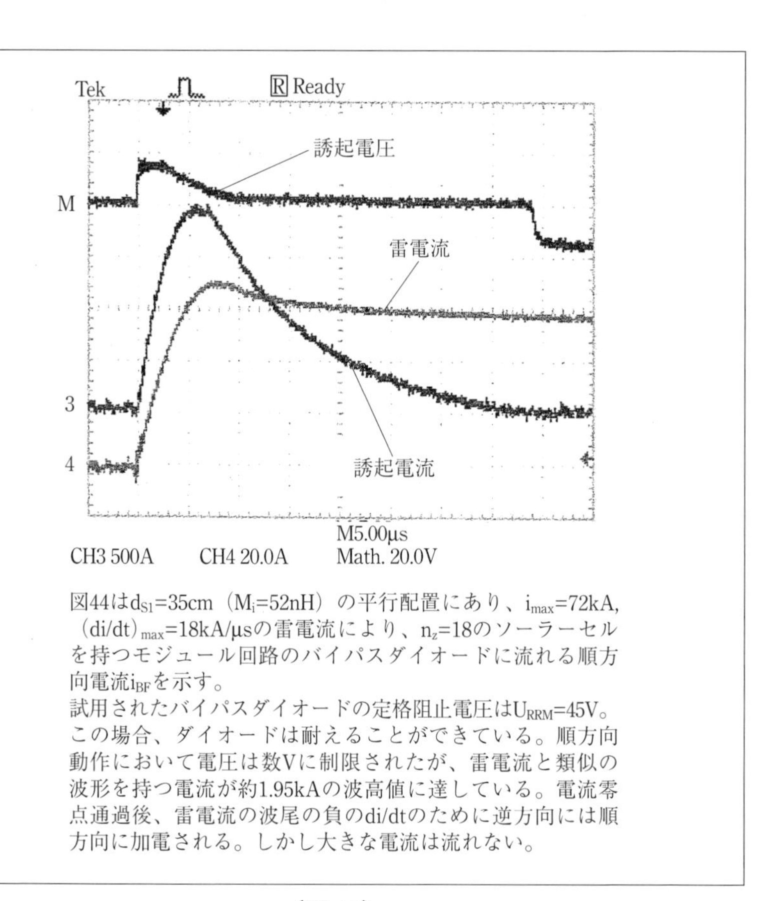


図44は$d_{S1}$=35cm（$M_i$=52nH）の平行配置にあり、$i_{max}$=72kA,（di/dt)$_{max}$=18kA/μsの雷電流により、$n_z$=18のソーラーセルを持つモジュール回路のバイパスダイオードに流れる順方向電流$i_{BF}$を示す。
試用されたバイパスダイオードの定格阻止電圧は$U_{RRM}$=45V。この場合、ダイオードは耐えることができている。順方向動作において電圧は数Vに制限されたが、雷電流と類似の波形を持つ電流が約1.95kAの波高値に達している。電流零点通過後、雷電流の波尾の負のdi/dtのために逆方向には順方向に加電される。しかし大きな電流は流れない。

〔図 44〕

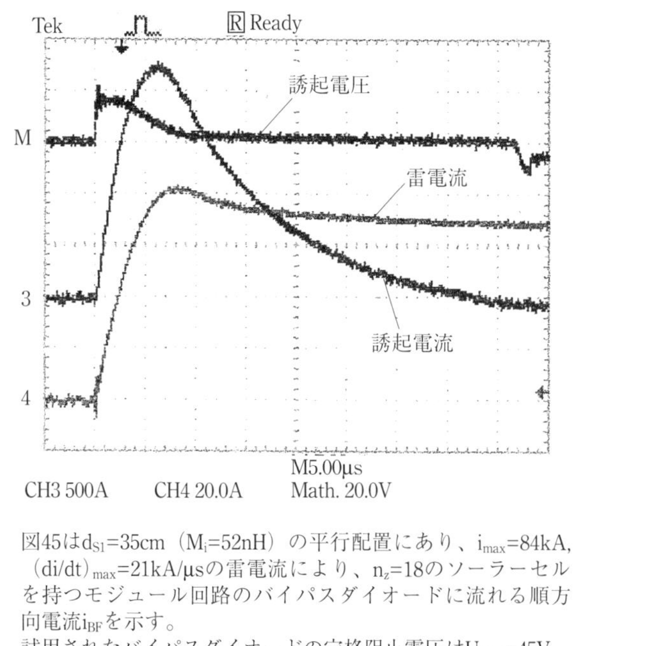


図45は$d_{S1}$=35cm（$M_i$=52nH）の平行配置にあり、$i_{max}$=84kA,（di/dt)$_{max}$=21kA/μsの雷電流により、$n_z$=18のソーラーセルを持つモジュール回路のバイパスダイオードに流れる順方向電流$i_{BF}$を示す。
試用されたバイパスダイオードの定格阻止電圧は$U_{RRM}$=45V。この場合、ダイオードは破損し、順方向電圧は数Vに制限された。雷電流と類似の波形を持つ電流は波高値は約2.25kAに達している。ダイオードは破損し、その祖止能力を失い、電流零点通過後にもさらに通電を続けている。

〔図 45〕

# 第9章
# 太陽光発電システムの雷保護の基本事項　その7

# 19. 配線された太陽光発電システムの誘導電圧

本章で記述される測定結果は、「20.」以降で記述されるPV設備の雷保護の実施のための理論的根拠に役立つものである。本章に記述される測定はバイパスダイオードなしで実施されたものである。

## 19―1　誘導最大電圧の重畳ルール

ソーラーセルの内部ダイオードおよびバイパスダイオードの非直線特性にも拘わらず、近傍雷の場合に発生する最大電圧決定のために、重畳のルールが適用される。最大誘導電圧は雷電流波形の波頭で発生する。阻止状態のソーラーセル・ダイオードはその低い阻止能力のために、小さな電流の場合には、発生する電圧降下は小さく、かなりの阻止キャパシタンス（無負荷状態で1セル当たり数$\mu$F）により橋絡されている状態となる。導通状態のダイオードは比較的大きな誘導電圧に比較すれば、ほとんど短絡状態となる。従って、バイパスダイオードなしの最大発生電圧（雷電流の波頭において）は多くの非直線エレメントにも拘わらず重畳の原理が適用される。しかしながら既存のバイパスダイオードの場合、モジュール当たりの最大発生電圧は、$U_M = n_B \cdot U_{BA}$ に制限される。（「16. バイパスダイオードを流れる誘導電流」および「18. 個々のモジュールにおける誘導電圧」参照）

一つの配線されたストリングにおける最大発生電圧$U_S$は、最悪の場合、モジュール配線に誘導される配線電圧$U_V$、および個々のモジュールに誘導発生する電圧$U_M$（場合によってはバイパスダイオードにより$n_B \cdot U_{BA}$に制限される）の総和から成る。これらの電圧は、モジュールの＋－間の電圧、給電線導体間または端末接続器具（例えばインバーの＋－間の電圧である。

◇一つのストリングにおける最大誘導電圧

$$U_S = U_V + \Sigma U_M \quad (U_M \leqq n_{BA} \cdot U_{BA}) \quad \cdots\cdots (51)$$

ストリング配線およびモジュール内部の接続により発生する誘導電圧が、実際上は支配的となり、または両者がかなりの程度、総合電圧に影響を与えている。もちろん、配線に発生する電圧とモジュールの電圧が部分的に打ち消し合うことも考えられるが、それについては一般には考慮されていない。もしモジュール配線ループにより囲まれる面積をできる限り小さくするならば、最小可能な配線による誘導電圧 $U_V$ とすることができるが、これは常に可能とは言えない。

太陽光発電モジュールのストリングの近傍に接地された構造体があり、非常に大きなループを構成する可能性があると、そのループには近傍に流れる雷電流により極めて大きな誘導電圧が誘起される可能性がある。この種の電圧はソーラーモジュール内部間またはインバータと接地された構造体（例えば意識的または無意識的に接地された金属製アレイフレーム、金属製のモジュール枠またはインバータ･エンクロージャー）間に発生する。適切な対策を行わなければ、これらの過電圧は容易にモジュールまたはインバータの絶縁を破壊し、損傷と火災を引き起こす。この種の過電圧の作用を制御するためには、正しい接地の考え方および適切な SPD を適用することが必要である。

## 19―2　枠付きモジュールの場合、誘起する配線ループ過電圧の低減

枠付きモジュールでの（バイパスダイオードなし）実験では、ソーラーモジュール・ストリングと同レベルに存在する、ある広がったモジュール配線ループにおいて、誘起過電圧 $U_V$ はモジュール電圧 $U_M$ のように、低減係数 $R_R$（約３～４）だけ低減する。

図 46 は実験に用いられた配線を示している。

それぞれのモジュールタイプについて二種類の異なった配線方法が用いられる。

◇配線ループの面積を最小にする。それにより $U_V$ をできるだけ小さく抑制する。

◇配線ループの面積は着目すべき大きさとなり、$U_V$ も重要な値となる。

配線ループを最小の面積とする場合、ストリングに誘起する最大電圧は、枠なしの場合も枠ありの場合にも、450mm の間隔をおいて「18．個々のモジュールにおける誘導電圧」で示した図 37 および図 38 による最大誘導電圧の約３倍となる。拡張された配線ループ（図 46 の寸法）での

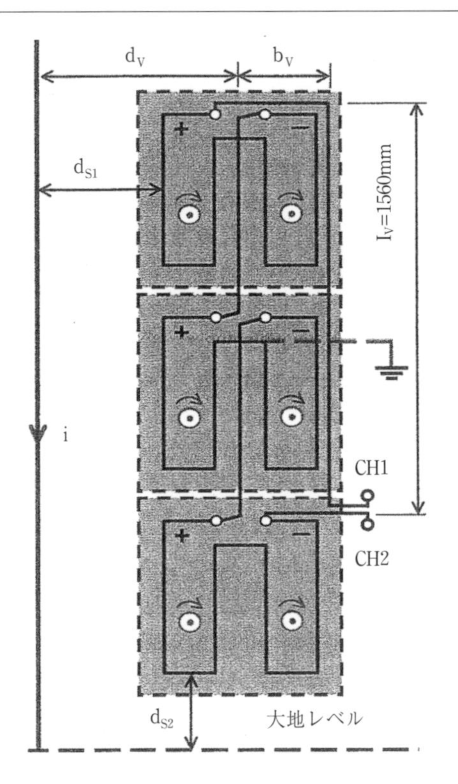


雷電流通電路と平行位置にある3個のモジュールにより構成される一つのストリングに配線された太陽光発電器で、誘起される最大電圧について、重畳のルールの確認のために用いられたもの。その寸法は、$d_{S1}$=450mm、$d_V$=735mm、$b_V$=255mm、$I_V$=1560mm。

使用されたモジュールの絶縁に不必要に電圧ストレスを加えないために、いくつかの測定に際しては、低減された$di/dt_{max}$（25kA/μsの代わりに15kA/μs）が使用された。$d_{S1}$は大部分の試験が450mmであったが、他の寸法でも実施された。

モジュールは金属枠なしと枠付きI（点線で示す）の両者で実験した。モジュールの金属的接続またはモジュールの接地は実際的には誘導ストリング電圧$U_S$（CH1とCH2間の電圧）に影響を及ぼさなかった。CH1はストリングの＋端子に、CH2は－端子に接続されている。図の寸法の場合、雷電流と枠なしモジュールの場合の配線ループ間の相互インダクタンスは$M_V$≒93nH。

〔図 46〕

実験では、雷電流と配線ループ間相互インダクタンスは(「14．雷電流によって誘導される電圧と電流」で示した（16）式

$$M_b = 0.2 \cdot (l \cdot b)/d_s = 0.2 \cdot A_s/d_s$$

により $M_V$ ≒ 93nH である。供試コンポーネントの絶縁に過大な電圧ストレスが加わらないようにするために、この実験のための電流上昇率は、14.2kA/$\mu$s ~ 14.6kA/$\mu$s に低減された。

図 47 は図 46 の平行配置において、$di/dt_{max}$ ≒ 14.6kA/$\mu$s の場合、3 個の枠なしモジュールから成るソーラー発電器に誘起する電圧を示している。

$M_V$ ≒ 93nH および与えられた $di/dt_{max}$ により $U_{Vmax}$ ≒ 1.36kV が求められる。図 37 により、$di/dt_{max}$ =25kA/$\mu$s の場合に同じ離隔距離におけるモジュールの電圧は 1.5kV となる。$di/dt_{max}$ =14.6kA/$\mu$s の場合のモジュール電圧の総和は $\Sigma U_{Mmax}$=3・（14.6/25）・1.5kV=2.63kV。$U_{Smax}$ について計算された和は 3.99kV。図 47 から初期値 4kV が得られるので、計算値と良く一致することがわかる。

図 48 は図 46 による平行配置にある 3 個の枠付きモジュールから成るソーラー発電器の $di/dt_{max}$ ≒ 14.2kA/$\mu$s の場合の誘起電圧を示している。

図 38 によれば、同一離隔距離にある一つのモジュールの電圧は約 350V である。従ってモジュール電圧の総和は $\Sigma U_{max}$=3・(14.2/25)・350V= 596V。図 48 によれば最大電圧は $U_{Smax}$ ≒ 920V である。この場合、配線に誘起される最大電圧は

$$U_{Vmax}=U_{Smax}-\Sigma U_{Mmax} \fallingdotseq 324V$$

この値は、金属製枠が配線に誘起する電圧 $U_V$ になんの影響を及ぼさないという前提のもとでの $U_{Vmax}$ の理論的計算値よりはるかに小さい。この前提のもとでは $M_V$=93nH および $di/dt_{max}$ ≒ 14.2kA/$\mu$s の場合、$UV_{max}$ ≒ 1.32kV の結果を得るが、この値は高すぎる。したがって、この場合、配線に誘起される最大電圧 $U_V$（有効な配線相互インダクタンス $M_{Vi}$）に対し枠低減係数は $R_R$=1320/324 ≒ 4.1 となる。

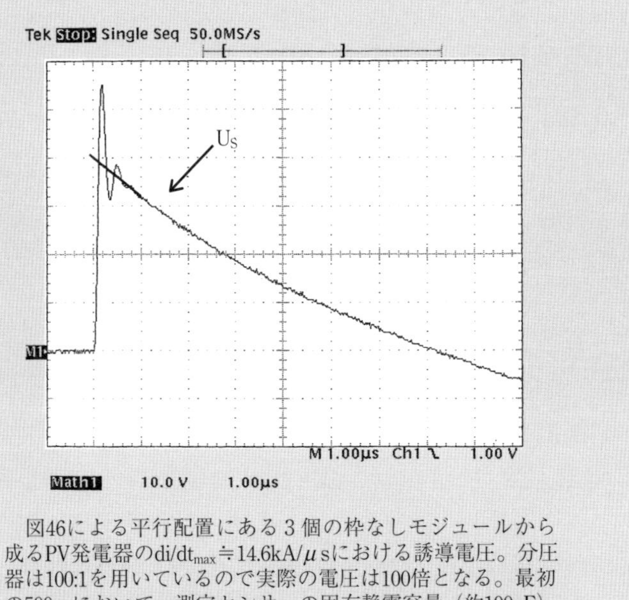


図46による平行配置にある3個の枠なしモジュールから成るPV発電器の$di/dt_{max}$≒14.6kA/μsにおける誘導電圧。分圧器は100:1を用いているので実際の電圧は100倍となる。最初の500nsにおいて、測定センサーの固有静電容量（約100pF）およびより大きなループインダクタンスのためにRLC振動現象が発生する。

誘導初期電圧の実際の値は、この振動現象の終端からインパルス電圧の開始点に至るまで$U_S$の傾斜を延長することにより求まる。

〔図 47〕

もしモジュール配線のすべてが金属製枠に沿って布設されていると金属製枠に流れる環状電流が配線における磁束を実際上零とするので、その結果、配線に誘起される電圧も零となる。配線ループの面積の最小化は確かに簡単ではあるが、実際上は必ずしも常に実現できるとは限らない。もしモジュールが極めて接近して組み立てられていれば、モジュール間の金属的接合があるかないかは問題ではなくなる。

## 19―3　ソーラー発電器の接地の影響

通常の安全規格によれば、枠付きモジュールを持つソーラー発電器の場合、金属枠は接地されなければならない。もしインバータが直流側と

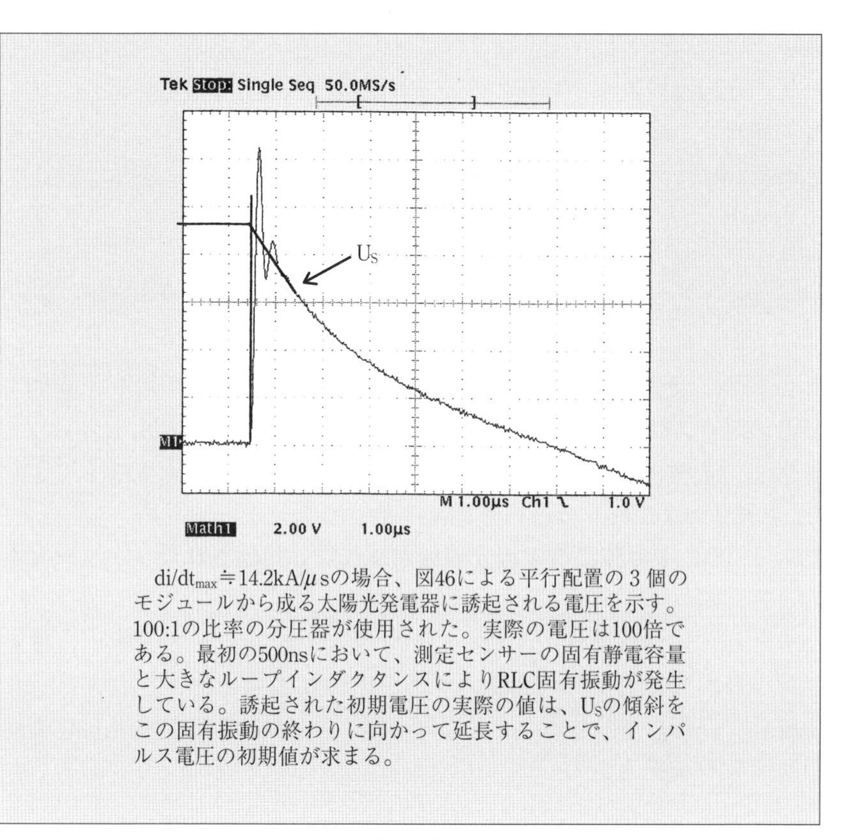


$di/dt_{max}$≒14.2kA/$\mu$sの場合、図46による平行配置の３個のモジュールから成る太陽光発電器に誘起される電圧を示す。100:1の比率の分圧器が使用された。実際の電圧は100倍である。最初の500nsにおいて、測定センサーの固有静電容量と大きなループインダクタンスによりRLC固有振動が発生している。誘起された初期電圧の実際の値は、$U_S$の傾斜をこの固有振動の終わりに向かって延長することで、インパルス電圧の初期値が求まる。

〔図 48〕

交流側間の絶縁分離なしに用いられているならば、（保護クラスⅡのモジュールを使用していても）枠の接地は特別に推奨されなければならない。金属枠の接地により（または枠なしモジュールを持つソーラー発電器の金属製フレーム）大きな地絡ループが発生し、近傍雷電流 i により極めて高い誘導電圧 $U_{ES}=M_{ES}\cdot di/dt$ が発生する可能性がある（$M_{ES}$ ＝雷電流～地絡ループ間の相互インダクタンス）。このような地絡ループは通常小さな（絶縁された）開口部を持っている（例えばソーラーセルとモジュール枠間の絶縁またはインバータの電子部とケース間の絶縁）が、この部分については気が付かないことが多い。近傍雷の場合には、このループに誘起する電圧 $U_{ES}$ のすべてまたは一部が地絡ループ開口部に加わる。適切な対策がとられていなければ、このような過電圧はモジュールの絶縁またはインバータの絶縁に過度な電圧ストレスを与えるので最悪の場合には火災を引き起こす。このような過電圧による損害を防止するために、正しい接地と適切なSPDの適用が不可欠である。この種の地絡ループが（例えばバリスタによって）閉じられるならば、このループに鎖交する全磁束を零にするような雷電流分流分が流れる。それゆえ、ループ開口部に発生する電圧は非常に小さい、しかしループのすべてのエレメントは雷電流分流分を流すことができなければならない。適切な設計の場合には並列接地導体（ケーブルシールドのほうがなお良い）を追加し、雷電流分流分の大部分を受け持たせる、そうすることによりDC主導体およびバリスタの通電電流を軽減できる。

## 19—4　DC主導体に雷電流分流分が流れない接地されたソーラー発電器

もし導体に雷電流分が流れることを想定する必要がない場合、（例えばソーラー発電器が外部雷保護システムの保護領域内にあるので）DC主導体に平行に布設された十分な断面積（≧ $6mm^2$ Cu）の接地導体の助けにより接地をとるのがベストである。図49は、そのように接地されたソーラー発電器のモデルを示している。

このモデルについて測定はDC主導体に平行に布設された接地導体の有無およびすべての可能なバリスタの接続方式（＋と－および接地間のバリスタごとに両側に、バリスタはソーラー発電器側にのみ設置、バリスタはインバータ／充電制御器（右）側のみに、バリスタなし）により実施された。紙面の関係上すべての結果は記載していない。

図50はインバータ側にのみバリスタが接続された場合の試験結果を示している。

＋および－電線の電圧は大地に対してほとんど対称となっている。充電器／インバータ側のバリスタは最大電圧を250 ～ 300Vに制限する。電線インダクタンスにおける電圧降下があるので、他端に接続されているバリスタがPV発電器側への電圧に及ぼす影響は比較的少ない。そこに発生する最大電圧 $U_{Smax}$ は約 1kV であり、誘起される約 1.2 kV の最大無負荷電圧より少し小さい。ストリングごとに多くのモジュールを持つ大型の PV 発電器の場合には、電圧 $U_{Smax}$ はもっと大きくなり、絶縁破壊を発生する。それゆえ、大型ソーラー発電システムの場合には電線の両側に、インバータ／充電器側と同様な電圧に制限するバリスタを接続すべきである。

もしソーラー発電器側にのみバリスタが接続されている場合には、バリスタはソーラー発電器側の電圧しか制限しない。その場合には DC 回路の RLC 振動現象のために、電線端にソーラー発電器側の電圧の最大２倍の電圧が発生する。その結果、電線端に接続されている電子機器の保護が困難となる。

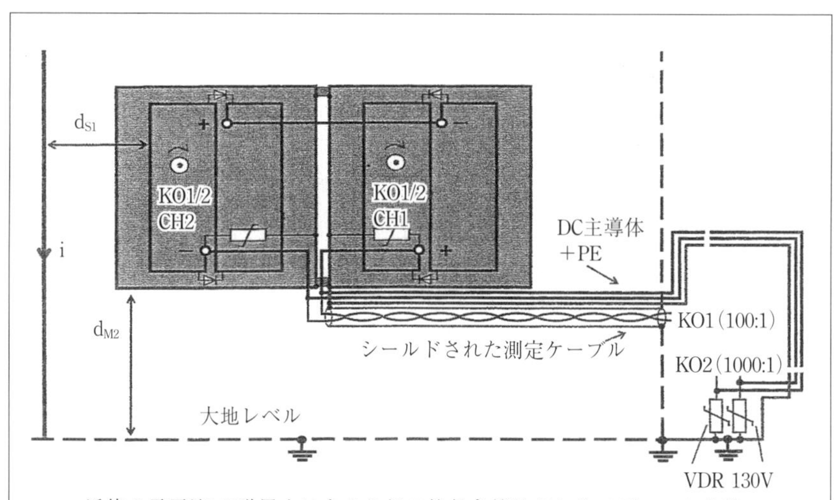


近傍の雷電流iの磁界中にある２個の枠付き接地されたモジュールを持つソーラー発電器のモデル。接地導体（測定ケーブルのシールド）はDC主導体に接近して布設されているので、接地ループを構成することはない。それゆえ $U_{ES}$ を誘起することはないし、接地導体に雷電流分流分が流れることもない。すべての測定は $di/dt_{max}$ ≒25kA/μs、$d_{S1}$=350mmおよび $d_{M2}$=900mmで実施された。この条件下ではストリングに誘起される電圧は $U_{Smax}$=1.2kVでケーブル長は約10mであった。

〔図 49〕

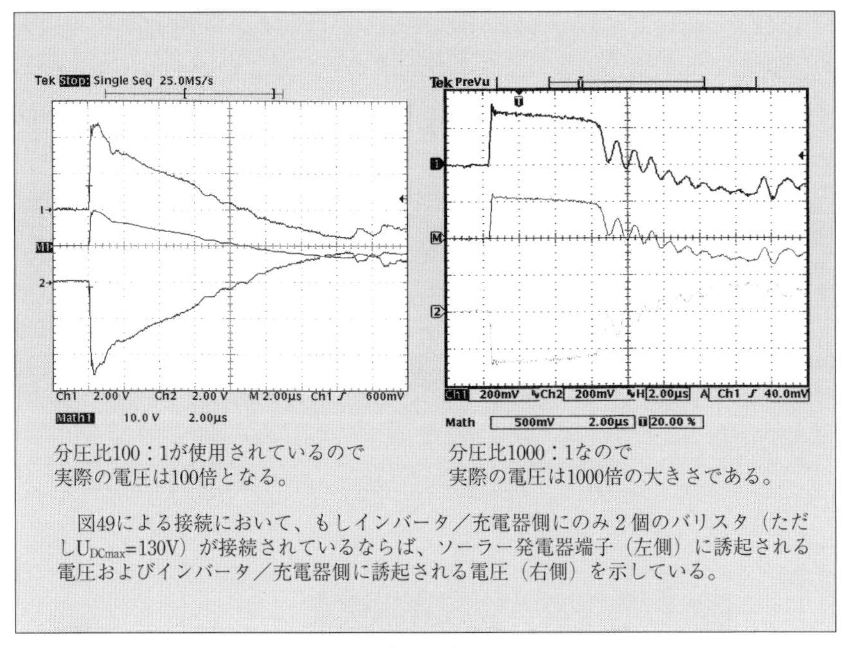


分圧比100：1が使用されているので
実際の電圧は100倍となる。

分圧比1000：1なので
実際の電圧は1000倍の大きさである。

図49による接続において、もしインバータ／充電器側にのみ2個のバリスタ（ただし$U_{DCmax}$=130V）が接続されているならば、ソーラー発電器端子（左側）に誘起される電圧およびインバータ／充電器側に誘起される電圧（右側）を示している。

〔図 50〕

DC 回路の電線の両端にバリスタが欠落している場合には、電線端のみならず電線の出発端にもこの種の振動現象が発生し、ソーラー発電器側に無負荷電圧よりも高い電圧が発生する。

## 19―5　シールドされたDC主回路に雷電流分流分が流れる接地されたソーラー発電器

図 51 は供試設備の構成を示している。このモデルの場合にも測定は、4 種類のバリスタの接続回路（すなわち、＋および－と接地間の両側にバリスタを接続、ソーラー発電器側にのみバリスタを接続、インバータ／充電器側（右側）にのみバリスタを接続、バリスタなし）を用いて実施された。誤った接地が行われた場合の問題を示すために、これらのすべての測定は片端接地のシールド線を用いて実施された。紙面の都合上、すべての測定結果を記述することはできないが、図 52 は両端接地のシールド線を用い、インバータ側にのみバリスタを接続した場合の試験結

果を範例として示している。図 53 は電線端のみを接地したシールド線で同様の試験をした結果が示されている。

図 52 はDC 主回路のシールドの際に両端で正しく接地する場合を示している。

＋－導体の電圧は大地に対しほとんど対称である。充電器／インバータ側のバリスタ最大電圧を 250V ～ 300V に制限する。電線のインダクタンスにおける電圧降下のために他端に接続されたバリスタのソーラー発電器側の電圧への影響は比較的小さい。そこで最大に発生した電圧

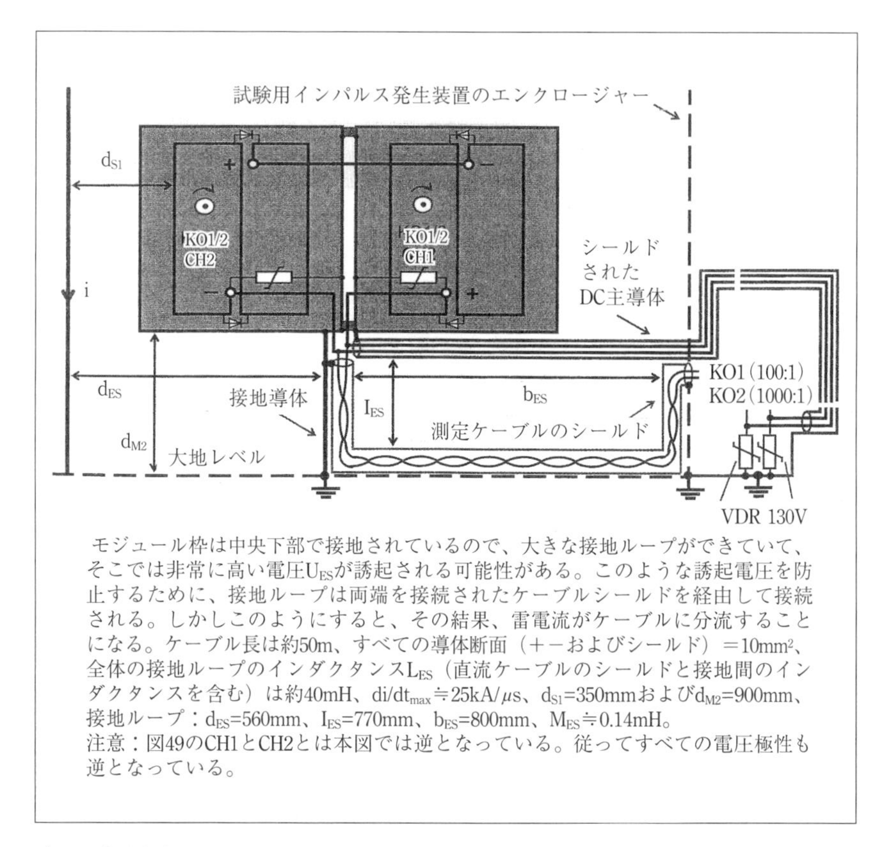


モジュール枠は中央下部で接地されているので、大きな接地ループができていて、そこでは非常に高い電圧$U_{ES}$が誘起される可能性がある。このような誘起電圧を防止するために、接地ループは両端を接続されたケーブルシールドを経由して接続される。しかしこのようにすると、その結果、雷電流がケーブルに分流することになる。ケーブル長は約50m、すべての導体断面（＋－およびシールド）＝10mm²、全体の接地ループのインダクタンス$L_{ES}$（直流ケーブルのシールドと接地間のインダクタンスを含む）は約40mH、$di/dt_{max}$≒25kA/μs、$d_{S1}$=350mmおよび$d_{M2}$=900mm、接地ループ：$d_{ES}$=560mm、$I_{ES}$=770mm、$b_{ES}$=800mm、$M_{ES}$≒0.14mH。
注意：図49のCH1とCH2とは本図では逆となっている。従ってすべての電圧極性も逆となっている。

〔図 51〕近傍に流れる雷電流による磁界中にある 2 個の個別に接地された枠付きモジュールのモデル

$U_{Smax}$ は約 1kV となり、また約 1.2kV の誘起最大無負荷電圧より少しばかり小さい。シールドに流れる雷電流分流分にも拘わらず、それによって発生した電圧は図 50 におけるものと類似している（注意：CH1 および 2 はそれぞれ取り替えられている。また図 50 と比較して左の図は他の電圧目盛りとなっている）。

ストリングごとにより多くのモジュールを持つ大型のソーラー発電器の場合は、ともかく電圧 $U_{Smax}$ は非常に大きくなり、絶縁破壊を引き起こす。それゆえ、大型ソーラー発電器の場合には、特別に電線の両端に、そこで電圧を、インバータ／充電器側と同様の値に制限するバリスタを設置することが忠告される。

もしソーラー発電器側にのみバリスタが取り付けられるならば、ソーラー発電器側の電圧は、そのバリスタによって制限される。しかしこの場合は電線側での RLC 振動現象のために、電線端末でソーラー発電器側のほぼ 2 倍の電圧が発生し、その結果、電線端末に接続されている電

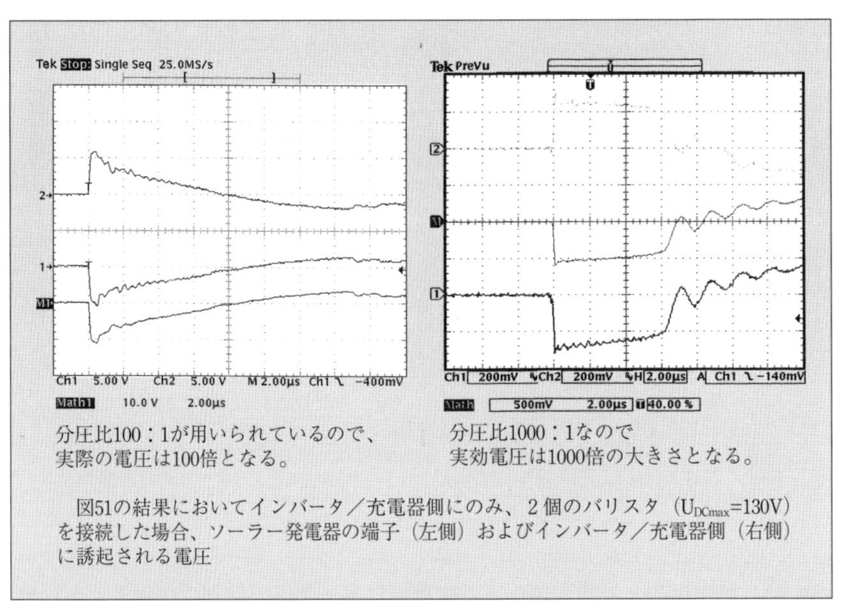


図51の結果においてインバータ／充電器側にのみ、2 個のバリスタ（$U_{DCmax}$=130V）を接続した場合、ソーラー発電器の端子（左側）およびインバータ／充電器側（右側）に誘起される電圧

〔図 52〕

子機器は保護が困難となる。

電線の両端にバリスタが接続されていない場合には、電線端末のみでなく電線の出発点でもこのような振動現象が発生し、ソーラー発電器側にも無負荷におけるよりもさらに高い電圧が発生する。

図53はDC主導体のシールドが導体端末のみで接地されている場合の状態を示している。+および−導体間の電圧は接地に対して対称ではない。インバータ／充電器側のバリスタは大地に対する最大電圧を250V〜320Vに制限する。ソーラー発電器の端子では、DCケーブルはほとんど無負荷状態であり、それゆえ、接地ループに誘起された非常に高い対称電圧 $U_{ES}$ が追加して現れている。+および−間の差電圧が実際上は図52と同じである。この場合には、非常に小さなソーラー発電器でも大地に対し約5.4kVの最大電圧を発生している。もしモジュールがこの種の電圧に耐えなければ、このような電圧波高値によって容易に損傷が発生する可能性がある。大きく広がった接地ループを持つ大型の太

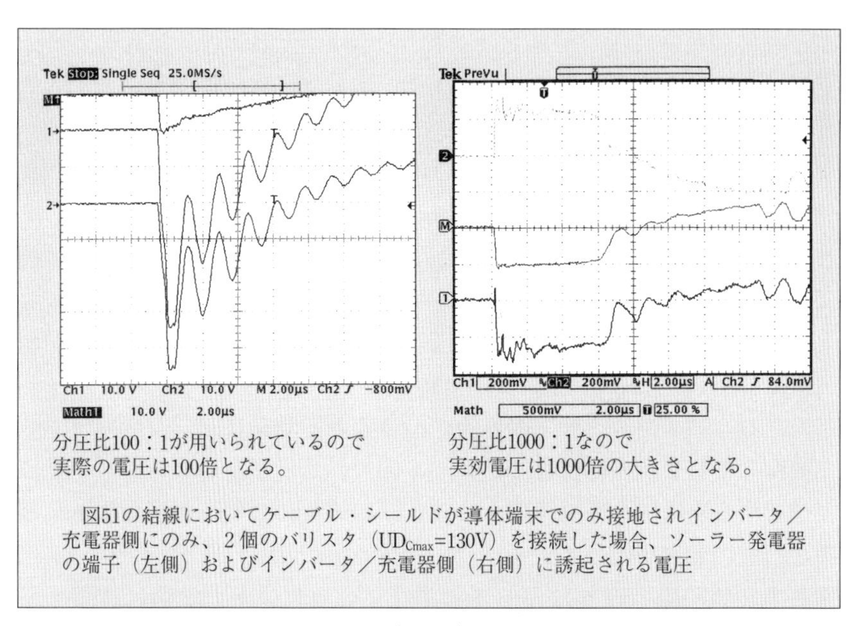

分圧比100：1が用いられているので
実際の電圧は100倍となる。

分圧比1000：1なので
実効電圧は1000倍の大きさとなる。

図51の結線においてケーブル・シールドが導体端末でのみ接地されインバータ／充電器側にのみ、2個のバリスタ（$UD_{Cmax}$=130V）を接続した場合、ソーラー発電器の端子（左側）およびインバータ／充電器側（右側）に誘起される電圧

〔図53〕

陽光発電システムでは、この過電圧はもっと極端に大きい。

シールドDC主導体は雷電流分流分を制御するうえで極めて有効な手段である。シールドが、その効果を発揮できるようにするために、それは両端で接地されなければならない。でなければ全く効果がない。

## 19—6　平行接地導体を持つDC主導体に雷電流分流分が流れる接地されたPV回路

コスト低減の目的で、シールドされたDC主導体の代わりに、主導体と平行に近接して（理想的にはツイストされている）両側が接地されている十分な断面積を持つ接地導体を一緒に布設する。この場合の試験回路は図51と類似のものであるが、シールドされたDCケーブルの代わりに、それぞれ断面積6mm$^2$でツイストされ、同一断面積の接地導体に平行して近接布設されている。このモデルにおいても、4種類のバリスタ結線（+および−と大地間にバリスタを、そして両側に接続、バリスタはPV発電側、バリスタはインバータ／充電器側＝右側、バリスタなし）で試験された。誤って接地の問題を提起するために上記のすべての測定が片端接地導体によって繰り返された。図54は接地導体が両端で接地されている場合およびインバータ側にのみバリスタが接続されている場合の結果を示している。

図52および図53と比較すると、両側に接続された接地導体の場合に発生した電圧は、シールド導体の場合よりも明らかに大きい。しかしそれらは完全に接地接続が欠如するかまたは片端接地の場合よりも本質的に小さい。

以上、実施された実験から言える結論をまとめてみると、PVモジュールは、モジュールフレームに模擬雷電流を流した場合の損傷は小さい。しかしバイパスダイオードの容量が小さ過ぎる場合には、それらはすべて損傷してしまう。枠付きモジュールはモジュール自身のみならず配線に誘起する過電圧も低減する。モジュールの背面に貼付された金属製薄膜も類似の効果を持っている。シールドされた直流主導体のPV発電器側および負荷側の両方にSPDを設置することにより、負荷に作用する過渡過電圧と過渡電流を本質的に低減できる。適切な受雷装置を設置す

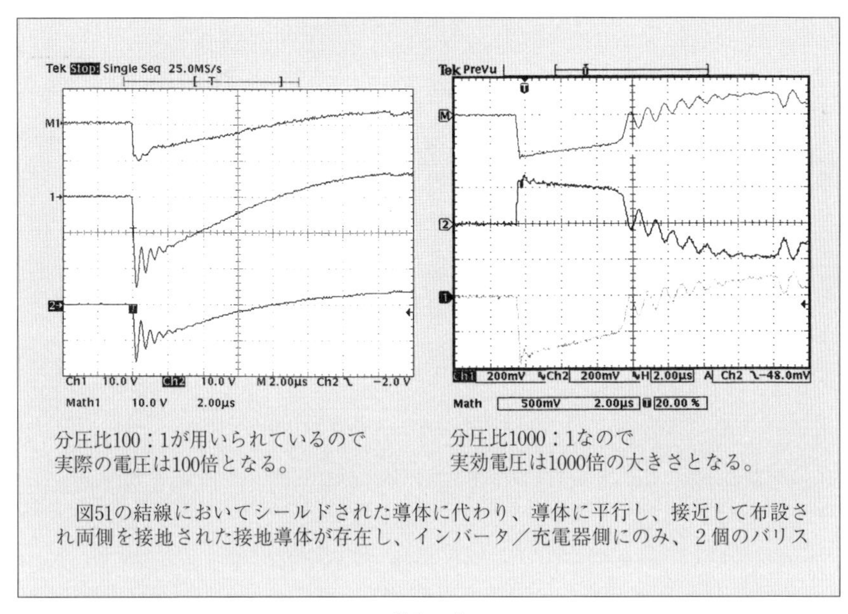


分圧比100：1が用いられているので
実際の電圧は100倍となる。

分圧比1000：1なので
実効電圧は1000倍の大きさとなる。

図51の結線においてシールドされた導体に代わり、導体に平行し、接近して布設され両側を接地された接地導体が存在し、インバータ／充電器側にのみ、2個のバリス

〔図 54〕

る場合、引き下げ導線は PV モジュールから少なくとも、数十 cm の距離を確保すること。もし配線が相互インダクタンスが小さくなるように布設され、正しい場所に適切なバリスタが接続され、接地が正しく設計されていれば、枠付きモジュールから成る PV 発電設備の完全な雷保護のためのコストは十分に償われるものである。

次の第 10 章では上記により獲得された結論を実技術に反映するため、まずは PV 発電システムの雷保護に関する最適設計のためのルールを説明する。次に PV 設備の直撃雷に対する最適保護を実現するための方法を説明する。

# 第10章
# 太陽光発電システムの雷保護の基本事項　その8

## 20. 太陽光発電設備の雷保護技術上最適な設計

太陽光発電設備を雷害から有効に保護するために、まずは効果的な外部雷保護によって太陽電池モジュールへの直撃雷を防止することが必要である。もし太陽光発電装置を雷保護設備の保護範囲内に設置することができ、モジュールの直近に（例えば離隔距離 <1m）雷電流が流れることがなければ、それは理想的である。建物または設備への直撃雷の場合には、雷電流の波頭における誘導電圧によって、近接導体ループに危険が発生する。これらの電圧があまり高くならないように、太陽電池ストリング（太陽電池アレイが所定の出力電圧を満足するよう、太陽電池モジュールを直列に接続した回路）の配線 と雷電流 $i_A=k_c \cdot i$ 間の相互インダクタンスをできるだけ小さく押さえると同時に、また適切なSPDによって、誘導電圧がモジュールおよび配線並びに、それに接続された電子装置（パワーコン、インバータなど）の損傷を防止しなければならない。しかしながら太陽光発電設備は、近接周辺（例えば隣接建物）への近接雷撃の場合ある程度危険に曝される。このような雷撃の場合、誘導電圧による危険はかなり小さい。遠隔雷撃の場合（離隔距離＞約100m）には誘導電圧はさらに低減される。しかしこのような遠隔雷撃の場合に、場合によっては、広大な太陽光発電の面積および、それによる接続配線との電磁結合に際し、急激な電磁界の変化による誘導電流によって、損傷を引き起こす可能性がある。

太陽電池ストリングの有効相互インダクタンス $M_{Si}$ は太陽電池ストリングの $n_{MS}$ ケ直列接続されたモジュールの相互インダクタンス $M_{Mik}$ と配線の相互インダクタンス $M_{Vi}$ から算出される。

◇太陽電池ストリングの実効相互インダクタンス

$$M_{Si} = \Sigma\ M_{Mik} + M_{Vi} \quad \cdots\cdots (52)$$

バイパスダイオードが無損傷状態ならば、通電状態のバイパスダイオードの場合にモジュールを経由しての誘導電圧は非常に小さいが、バイパスダイオードが阻止状態の場合には $n_B \cdot U_{BA}$ に制限される。それゆえ

(52)式および「14. 雷電流によって誘導される電圧と電流」で示した(13)式により$M_{Si}$を計算する場合にはより安全側となる。

非常に注意深い計画と施工の場合には、モジュールの相互インダクタンスの全部を、または部分的に配線の相互インダクタンスにより相殺することが可能である。しかし最悪条件を考慮するためには、モジュールの相互インダクタンスと配線の相互インダクタンスの和によって (52)式により計算するのが、より確実である。したがって太陽電池ストリングの相互インダクタンスをできる限り小さくするために、モジュールの相互インダクタンス$M_{Mi}$を小さく押さえることのみならず、配線の相互インダクタンス$M_{Vi}$もできるだけ小さくする努力をしなければならない。両者ともに固定された値ではなく、配線の状態、雷電流通電導体からの離隔距離、枠の有無、および「14. 雷電流によって誘導される電圧と電流」の$k_c$にも依存する。

20—1項および20—2項による計算手法の場合には、雷電流は太陽電池モジュールの高さで流れることを前提にしている。しかし、しばしば太陽電池モジュールは水平に対して角度$\beta$だけ傾斜している。この場合、数m離隔していて垂直に流れる雷電流の場合には、$M_{Mi}$および$M_{Vi}$に修正係数として$\sin\beta$を掛けなければならない。

### 20—1　太陽電池モジュールの相互インダクタンス

測定結果は枠なしモジュールの相互インダクタンス$M_{Mi}$が、相互に接続された太陽電池モジュールの重心を通る線状ループの相互インダクタンスに良く近似することを示している。したがってモジュールの内部での太陽電池セルの種々な接続方式について、一つのモジュールの相互インダクタンス$M_{Mi}$が近似的に計算できる。

補償型モジュール（個々のループの誘導電圧の極性が異なっているモジュール）の場合の$M_{Mi}$は、バイパスダイオードによって、モジュール内部のループの半分のみが動作するので、通常のモジュールの半分程度になる。補償型モジュールの使用により、同一の大きさの太陽光発電設備の場合に、通常のモジュールを使用する場合に比べて小さな相互インダクタンスとすることができる。

枠を流れる電流を正確に考慮して、すべてのモジュール内部のループを用いてモジュールの相互インダクタンスを計算することは手数がかかりすぎる。実用上には（53）式により、$M_{Mi}$の近似値を算出する方法を用いる。その方法は「14. 雷電流によって誘導される電圧と電流」で示した（15）式により簡単に計算されたモジュール枠の縁の相互インダクタンス$M_{MR}$および雷電流分流分$i_A = k_c \cdot I$、（6）式$k_c = 1/n$による修正係数$k_{MR}$および$k_c$により計算される。修正係数$k_{MR}$はモジュールの種類と枠に依存する。

◇モジュールの相互インダクタンス

$$M_{Mi} = k_{MR} \cdot M_{MR} \cdot k_c \quad \cdots\cdots (53)$$

実施された測定とシミュレーションに基づいて、$k_{MR}$の第1近似として表5の値を使用できる。

金属製薄膜を持つモジュールの場合、磁界の減少は薄膜に誘導される渦電流によりさらに追加される。表6に示される典型的な値は、これまでに記述された太陽電池モジュールにアルミフォイルを接着したもので確認された。

nケの並列ループを持つモジュールでは$k_{MR}$は並列ループの数に応じて低減することができる（通常取り付けの場合には係数nだけ、平行取り付けの場合にはさらに幾分小さい）。

例えば$di/dt_{max}$=100kA/μsに対する雷保護の場合、$k_c$=0.25、モジュールの寸法は我が国で従来、最も普及した多結晶モジュール（長さl=0.751m、幅b=0.635m 4列）で、「18. 個々のモジュールにおける誘導電圧」で示した図36の平行取り付けの場合、雷電流分流分$i_A = k_c \cdot i$の流通導体からの距離は0.8mとすれば、$M_{MR}$、$M_{Mi}$およびモジュールに誘起される最大電圧$u_{max}$はいくらになるかというと、（15）式から$M_{MR}$=86nH、（53）式から$M_{Mi} = k_{MR} \cdot k_c$=2.46nH、（13）式から$U_{max} \fallingdotseq$ 246Vであり図39の測定値と良く一致している。

〔表5〕モジュールの縁の相互インダクタンス $M_{MR}$ からモジュールの相互インダクタンス $M_M$ を計算するための修正係数 $k_{MR}$ の推奨値

| $k_{MR}$の典型的な値<br>モジュールごとの1総合ループ | 平行取り付け | | 通常の取り付け | |
|---|---|---|---|---|
| | 枠なし | 枠付き | 枠なし | 枠付き |
| 通常モジュール（2ループ4×9） | 0.38～0.42 | 0.1～0.12 | 0.39～0.41 | 0.1 |
| 通常モジュール（3ループ6×12） | 0.37～0.41 | 0.07～0.1 | 0.38～0.41 | 0.09～0.1 |
| 通常モジュールのための概算値 | 0.4 | 0.11 | 0.4 | 0.1 |
| 補償モジュール　3列 | 0.33 | 0.11 | 0.3 | 0.06 |
| 補償モジュール　4列 | 0.24 | 0.09 | 0.2 | 0.04 |

〔表6〕並列配置における金属薄膜を持つモジュールの場合の $k_{MR}$ の推奨値

| 薄膜を持つモジュールの場合の$k_{MR}$の典型的な値<br>モジュールごと1ループ | 平行配置モジュール+薄膜 | |
|---|---|---|
| | 枠なし | 枠あり |
| （多結晶＋薄膜付き）モジュール | 0.05 | 0.011 |

## 20―2　配線の相互インダクタンス

ストリングの配線は1個または多数の四角形のループで構成される。ストリング配線の相互インダクタンス $M_V$ の計算は（15）式または（16）式で行われる。$M_V$ をできるだけ小さな値とするために、配線ループによって広げられた面積 $A_S$ はできるだけ小さく、引き下げ導線からの距離はできるだけ大きくなければならない。往復線のツイストまたは導体ループの補償配置も $M_V$ を低減する。

さらに金属製枠付きのモジュールでは（37）式で示すように、配線の相互インダクタンス $M_{Vi}$ は $k_c$ によりまた3～5の枠低減係数分低減される。

例えば通常の雷保護の条件 $di/dt_{max}$=100kA/μs、$k_c$ =0.25、図55（a）による配線ループで $l_V$=5m、雷電流分流分 $I_A=k_c \cdot i$ からの距離d=1mの場合、

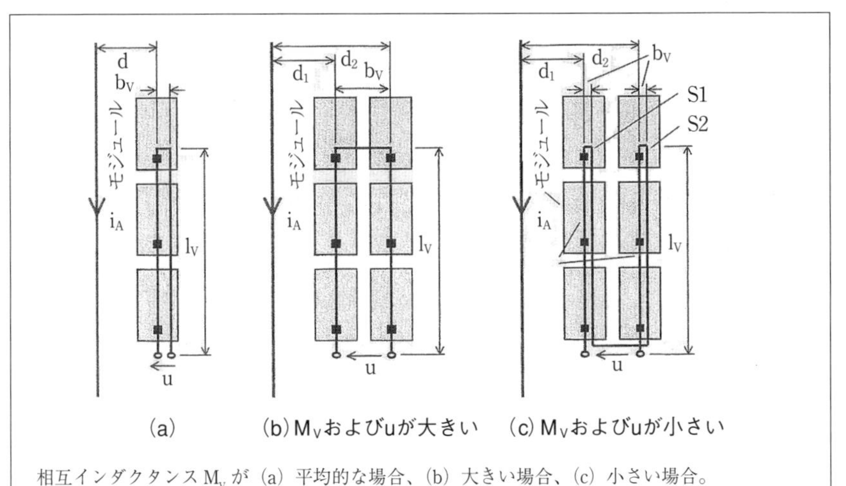


相互インダクタンス $M_V$ が（a）平均的な場合、（b）大きい場合、（c）小さい場合。
小さな $M_V$ とするためループ幅 b を最小にし、往復線をツイストし、ループを（c）により補償配置とする。

〔図55〕引き下げ導線に平行なストリング配線の例

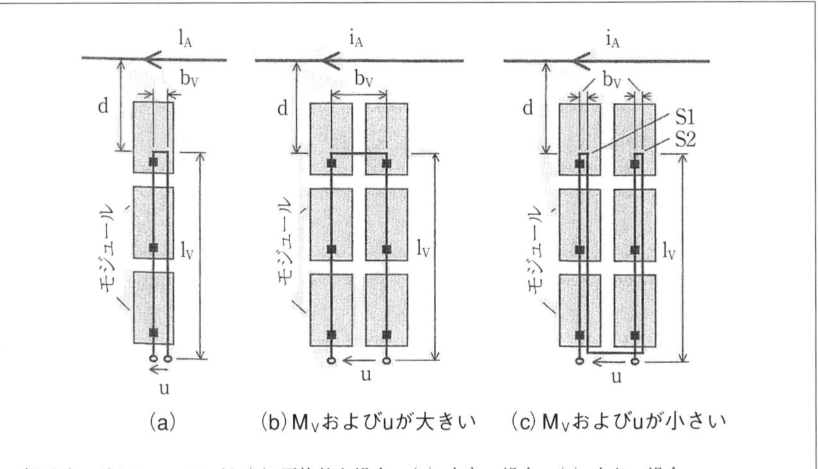


相互インダクタンス $M_V$ が（a）平均的な場合、（b）大きい場合、（c）小さい場合。
小さな $M_V$ とするためループ幅 b を最小にし、往復線をツイストし、ループを（c）により補償配置とする。

〔図56〕引き下げ導線に直角なストリング配線の例

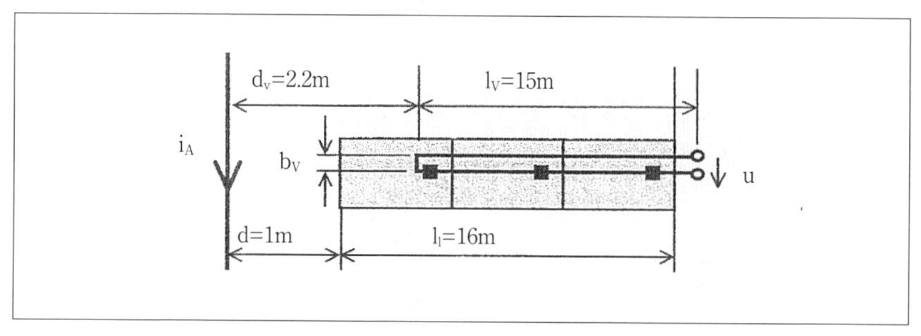


〔図 57〕【計算事例】による部分雷電流 $i_A$ とモジュール配置

$M_V$ および $u_{max}$ の大きさは？

(1) $b_V$=40cmの場合：$M_V$ =336nH、$M_{Vi}$=84nH
  (14) 式により$u_{max}$≒8.4kV

(2) 枠なしモジュールで$b_V$=0.8cmの場合：
  $M_V$≒8nHおよび$M_{Vi}$≒2nH
  (14) 式より$u_{max}$ ≒200V

(3)「19―2　枠付きモジュールの場合、誘起する配線ループ過電圧の低減」により、金属製枠がある場合には、枠低減係数$R_R$≒4を考慮する。したがって
  $M_{Vi}$=21nHおよび$u_{max}$ ≒2.1kV

## 20―3　一つの全ストリングにおいて発生する $M_S$ および $u_{max}$ についての計算例

【計算事例】

通常の雷保護要求、di/dt$_{max}$=100kA/$\mu$s、$k_c$=0.25、10 個のモジュール（長さ a=1.6m、幅 b=0.8m）が密着して通常の位置で取り付けられている。最も内側のモジュールの縁は雷電流分流分 $i_A$=$k_c$・i から 1m の距離にある。$l_V$=15m および $b_V$=3 の配線ループは $i_A$ から $d_V$=2.2m の距離から始まる。ストリングの総合相互インダクタンス $M_{Si}$ および誘起最大電圧 $u_{max}$ の大きさは？

(1) 枠なしモジュールの場合：モジュールは相互に密着して配置されているので、すべての 10 個のモジュールに共通に相互インダクタンス

$M_{MRtot}$ の計算をすれば十分である。

(16) 式により $M_{MRtot}$=453nH および (53) 式により $M_{Mi\text{-}tot}=K_{MR} \cdot M_{MR} \cdot k_c$ ≒ 45nH。同様にして $M_{Vi}$ ≒ 3nH、従って $M_{Si}=M_{Mi\text{-}tot}+M_{Vi}$=48nH および (13) 式より $u_{max}$=4.8kV。

(2) 枠付きモジュールの場合（モジュールにより制限される面積における全体の配線）：

枠低減係数 $R_R$ ≒ 4 により $M_{Si}$ ≒ 12nH および $u_{max}$ ≒ 1.2kV

適切な保護手段が採用されていなければ、20―2 項および 20―3 項の事例において計算された過電圧が太陽光発電設備のインバータまたは充電器に危険を及ぼす。

## 20―4　遠方雷撃の作用

### 20―4―1　遠方雷撃の場合、静電容量結合による変位電流

遠方雷撃の場合（距離 > 約 100 m）は建物または設備自体が直撃雷を受けることはあり得ない。しかし電界の短時間の急激な変化が発生する。大きな面積でかつ屋外露出されているために、この電界の変動は他の電気設備に比較して非常に大きい。もし電界が時間的に変化すると変位電流 $J_V$ が発生する。導体と接続されている受光面（例えば太陽電池）に変位電流密度が発生すると、変位電流 $i_V$ が流れる。一般に 2 本の導体（+ ―）が接続されている太陽光発電装置の場合には $i_V$ は両導体に半分ずつに分かれる。これらの導体は相互に密着して配線されており、発生する磁界の大きさの二つの導体への配分や誘起電圧はほとんどない。図 58 は上記の状態を示している。

太陽電池モジュール面に垂直な変位電流については次式が適用される。

◇変位電流（モジュール面に垂直）

$$J_{VG}=\varepsilon_0 \cdot \cos\beta \cdot (dE/dt) \quad \cdots\cdots (54)$$

上式において、

E：電界

$\varepsilon_0$：誘電率＝ 8.854pF/m

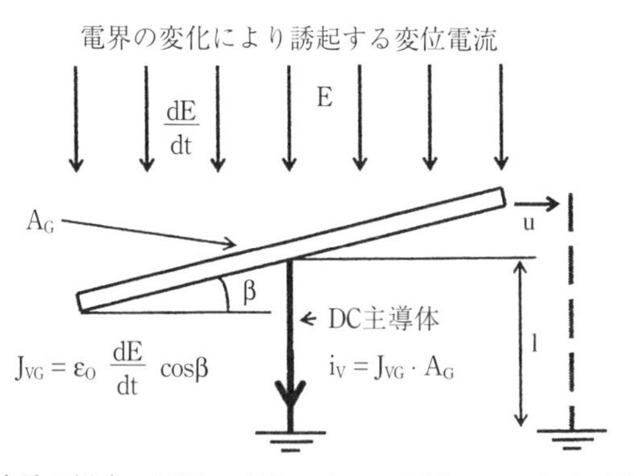


近接雷の場合、電界の変化によって面積 $A_G$ の太陽電池の接続線に変位電流 $i_V$ が太陽電池の接続線およびそれに接続されたSPDを経由して大地へと流れる。簡略化のために両導体は1本線で示している。

〔図58〕電界の変化により誘起する変異電流

dE/dt：電界の時間微分

$J_{VG}$：モジュールレベルにおける合成変位電流密度

$\beta$：太陽電池モジュールの設置角度

変位電流密度 $J_{VG}$ に基づき接続電線に電流 $i_V$ が発生する。電界Eが均質ならば、太陽電池面積 $A_G$ から

◇変位電流

$$i_V=J_{VG}\cdot A_G=\varepsilon_O\cdot\cos\beta\cdot(dE/dt)\cdot A_G \quad\cdots\cdots(55)$$

これらの変位電流は理想的な電流源のように作用し、あたかもそれ自身が全力をもって大地への経路を探し求めるかたちとなる。したがってインバータまたは充電器の直流側の各接続導体と大地間に、これらの電流を通電可能なSPDを接続する。

最大変位電流は負性後続雷撃時に発生する。危険の評価と発生する電流の近似計算のために、この雷のタイプに制限してみる。

これらの変位電流の通電期間は非常に短い($<0.5\mu s$)。それによって誘起される電圧の計算に重要な最大電流変化率 di/dt は $i_{Vmax}/0.05\mu s$ となる。DIN VDE 0185 Teil 103/8 によれば 100m までの離隔距離における雷撃の場合には $500kV/m/\mu s$ の $(dE/dt)_{max}$ が発生するとしている。ここでの予測値は大体の値で十分なので、$\cos\beta$ の影響は第 1 近似において無視しても差し支えない。大部分の太陽電池アレイは $\beta>25°$の値を持っているので、$J_{VG}$ の計算は次式を用いても安全サイドとなる。

◇遠方雷撃の場合の最大変位電流密度

$$J_{VGmax} \fallingdotseq 4A/m^2 \quad (56)$$

遠方雷撃（離隔距離≧ 100m）の場合、次式の値は安全サイドにある。

◇遠方雷撃の場合の最大変位電流

$$i_{Vmax} \fallingdotseq 4A/m^2 \cdot A_G \quad (57)$$

◇ 変位電流$i_V$の最大電荷

$$\Delta Q_{Vmax} \fallingdotseq 0.4\mu A_S/m^2 \cdot A_G \quad (58)$$

◇$i_V$の最大電流変化率

$$(di/dt)_{max} \fallingdotseq 80A/\mu s \cdot A_G/m^2 \quad (59)$$

(57) 式、(58) 式、(59) 式の太陽電池モジュール面積 $A_G$ の単位は $m^2$。(57)式は SPD の放電容量計算に用いる。(58) 式はコンデンサに発生する最大電圧の計算に用いる。(59) 式は (12) 式による誘起電圧の計算に用いる。

太陽光発電装置が受雷装置の保護範囲内にある雷保護設備を持つ建物の場合には、雷保護設備への直撃雷は明らかにより大きな変位電流を発生する。直撃雷からの平均離隔距離を 3m とした場合、(57) 式、(59) 式の値は約 10 倍、(58) 式の値は約 20 倍となる。

### 20—4—2　変位電流による SPD の選定

直撃雷の小さな発生確率のゆえに SPD は比較的まれに直撃雷電流に

よって負荷されるのとは対称的に、遠方雷撃は頻繁に発生する。すなわち設備の寿命期間中に多数回にわたりこのようなストレスを受ける。遠方雷撃による誘起電流の大きさは離隔距離に反比例し、太陽電池アレイの面積増大につれて増加する。変位電流の通電期間は非常に短いので（0.5μs）8/20μsの基準波形で規格化されたSPDであれば十分である。

（57）式、（58）式、（59）式で与えられた値は100m以上の離隔距離のものに適用する。簡略化のために100m～300mの距離におけるすべての雷撃が、この大きさの変位電流を発生すると仮定する。ということはSPDが年間0.25・Ngの遠方雷撃を受けるということであり、SPDが受けるストレスの評価としては安全側にある。

通常、太陽光発電装置の主導体の＋および－のそれぞれと大地の間にSPDを接続すれば、その結果、（57）式による最大変位電流の半分がSPDに流れる。なお、SPDを通過する電荷は、電流インパルスの通電時間が非常に短いために、波形8/20μsの場合よりも遙かに小さい。それゆえバリスタの公称放電電流は次式によれば十分と言える。

◇必要なバリスタ公称放電電流（8/20μs）

$$I_{V8/20} \geqq i_{Vmax} \fallingdotseq 4A/m^2 \cdot A_G \quad \cdots\cdots (60)$$

$i_{Vmax}$は（57）式により太陽電池のモジュールの面積から計算された最大変位電流である。

この適用のためには、数kA（8/20μs）の最大電流に対応するタイプ3（現状JISではタイプD）でも良い。ただしSPD劣化時に回路から切り離す遮断接点を持つものは、直流が確実に遮断できるものでなければならない。

**20―4―3　変位電流によって引き起こされる電圧の評価**

太陽光発電装置に発生する変位電流$i_{Vmax}$は通常の雷電流が流れる場合のように接地抵抗$R_E$との掛け算により電位上昇$V_{max}=R_E \cdot i_{Vmax}$を算出する。この電流は小さいので発生する電圧も小さい（典型的には100V～数kV）。大型設備の場合において、この過電圧に対する保護が用意されなければならない場合、クラスⅠのSPDは必要ではなくクラスⅡの

SPD（8/20μs）で十分である。

太陽光発電設備の接続線に流れる変位電流は、通常の雷電流のように時間的に急変する磁界を発生し、近接ループに（12）式、（13）式による電圧を誘起する。

変位電流の非常に短い上昇および下降時間のために、ともかく、雷保護技術における誘起電圧の計算のために一般的に用いられるモデルの限界に到達する。つまり、2m～3mより大きな距離の場合には対象範囲における磁界の変化は同時には起こらない。

大きな距離の場合には、このような変位電流によって発生する電圧は導体上の進行波理論によって計算する方が目的に適っている。

図59は遠方雷撃の場合に発生する電圧の計算のための等価回路を示している。これらの等価回路には、それぞれ変位電流 $i_V$ が流れている。その際に二つのケースが区別されなければならない。すなわち枠付きモジュールまたは金属製フレーム付きの場合、二つの静電容量 $C_1$（太陽電池セルとモジュール枠と金属製フレームを合わせた全体との間の静電容量）並びに $C_2$（モジュール枠および金属製フレームと大地との間の静電容量）が直列に接続されている。枠なしモジュールの場合には、太陽電池セルと大地間の静電容量 $C_3$ のみが考慮される。それらと並列に波動インピーダンス $Z_W$（図59（a））が接続される。時間の関数となる $i_V$ の経過が十分に把握されず、場合場合により変化する可能性があるので、発生する電圧と電流の正確な計算は非常に困難である。しかし特定の場所において発生する最大電圧を評価すれば十分である（例えば太陽電池セルとモジュールフレームまたは大地間）。

$i_V$ により運ばれる（58）式による全電荷 $\Delta Q_{max}$ はキャパシタンスCを充電するという仮定のもとで最高可能電圧 $u_{Cmax}$ は、

◇$i_V$ からの電荷による最大コンデンサ電圧

$$u_{Cmax}=\Delta Q_{Vmax}/C \qquad (61)$$

太陽電池セルレベルに取り付けられているフレーム付き枠付きモジュールまたは枠なしモジュールの場合、$C_1$ の値は通常 $100pF/m^2 \cdot A_G$ を超

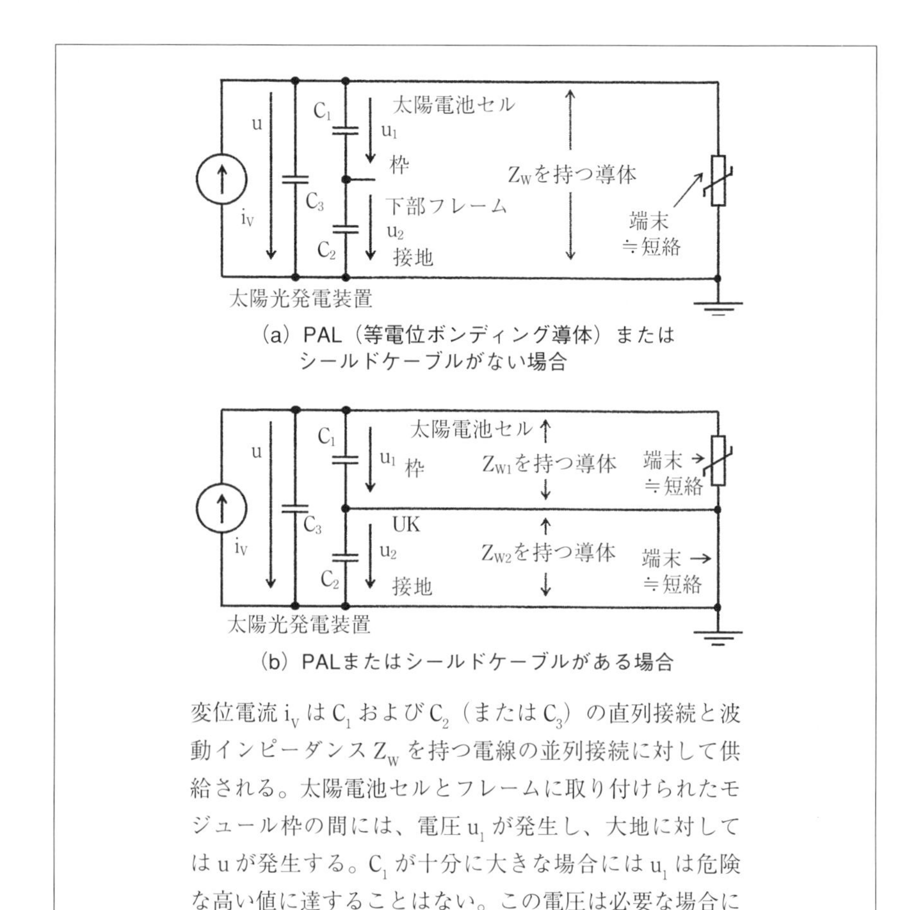

(a) PAL（等電位ボンディング導体）または
シールドケーブルがない場合


(b) PALまたはシールドケーブルがある場合

変位電流 $i_V$ は $C_1$ および $C_2$（または $C_3$）の直列接続と波動インピーダンス $Z_W$ を持つ電線の並列接続に対して供給される。太陽電池セルとフレームに取り付けられたモジュール枠の間には、電圧 $u_1$ が発生し、大地に対しては u が発生する。$C_1$ が十分に大きな場合には $u_1$ は危険な高い値に達することはない。この電圧は必要な場合には、(b) の $u_1$ は等電位ボンディング導体を並行布設するかまたはシールドケーブルの適用により、さらに低減することができる。この種の導体は $Z_{W1}$ を持つ導体の端末において最大発生可能な電圧およびバリスタで発生する反射も低減する。

〔図 59〕遠方雷撃の際に発生する電圧の計算のための等価回路
（図中の配線端末のバリスタは短絡状態と見なす）

過しており、したがって$C_2$より遙かに大きい。この場合には（61）式$u_{Cmax}<4kV$となり、太陽電池モジュールの絶縁にとっては問題はない。

遠隔の接地に対して発生する電圧uは（61）式においてCに大地に対する総静電容量（つまり$C_1$は$C_2$と直列接続され、さらに$C_3$と並列に接続されている）を代入する。ある建物の上の枠付きモジュールまたは絶縁された金属製フレームの場合は（62）式により$C \fallingdotseq C_2 \fallingdotseq C_E$（$C_1 \gg C_2$）接地された金属製フレームに取り付けられた太陽電池モジュールの場合は、$C_2$はほとんど短絡状態で$C \fallingdotseq C_1$。屋上において金属製フレームがなく、さらに枠なしモジュールの場合には、$C_1=C_2=0$および$C=C_2=C_E$。

太陽電池モジュールが地表に近く設置されている場合には$C_E$は比較的大きい。地表から中間的な高さhにあり、外周長がlおよび縁の高さd（枠付きモジュールの場合には枠の高さ）で面積$A_G$の太陽電池アレイの対地静電容量は（62）式により計算できる（左の項は平板電極コンデンサの静電容量、右側の項は地上の配線の静電容量）。

$$C_E \fallingdotseq \varepsilon_O (A_G/h) + \pi \cdot \varepsilon_O \cdot l/\log(4h/d) \quad \cdots\cdots (62)$$

すべての面積の単位は$m^2$、またすべての長さの単位はm、$\varepsilon_O$の意味は（54）式を参照。上記に対し、$C_E$が比較的小さい場合には、最大発生電圧uは太陽電池アレイから引き出される電線の波動インピーダンス$Z_W$により決められる。発生する電圧を予測するためには、太陽光発電設備に頻繁に用いられる数種の構成の波動インピーダンスの値がわかっていれば十分である（図60参照のこと）。

変位電流$i_V$は＋－の両電線に半分ずつ分流する。両電線は束縛を構成し、この急激な非対称妨害に対し波動インピーダンス$Z_W$の計算には並列接続と見なされる。それゆえ、合成波動インピーダンス$Z_W$は通常の2本線や同軸ケーブルよりも小さい。等電位ボンディング導体（PAL）またはシールドを持つ電線の場合には比較的大きな断面積を持ち相互に密着して布設された導体の小さな値となる。$i_V$による導体の最大電圧は（63）式による。

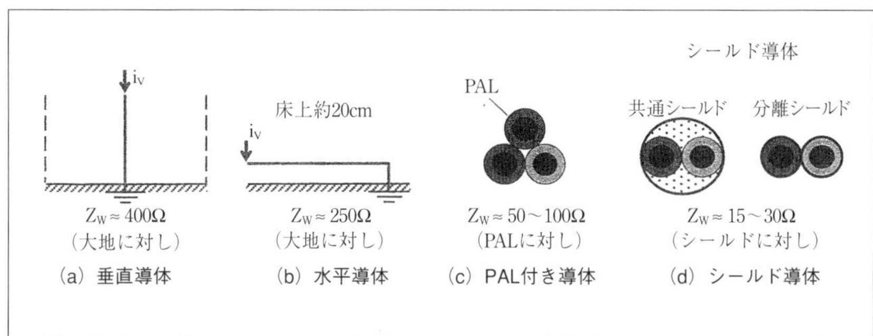


太陽光発電設備で用いられる数種の典型的な配線構成の場合の波動インピーダンス$Z_W$の近似値を示している。両電線は束線を構成し、これらの急激な非対称妨害に対して並列接続と見なして$Z_W$が計算される。（c）の記号PALは等電位ボンディング導体を意味する。合成$Z_W$は２本の束線の等価半径$r_E$により計算される（$r_E=\sqrt{ra}$、r＝導体半径、a= 導体中心間隔）。

〔図60〕２本配線の波動インピーダンス$Z_W$の近似値

◇$Z_W$に流れる$i_V$による最大電圧

$$u_{Lmax} \fallingdotseq k \cdot Z_W \cdot i_{Vmax} \quad (63)$$

係数kは１～1.8の値である。発生する進行波は、電線端末では通常、そこに設置されているバリスタを経由して大地へ放流される。その場合に進行波はそこでほとんど短絡状態となり大部分が反射される。

太陽電池セルと離隔した大地との間で発生する最大電圧$u_{max}$は（64）式により算定される。

◇最大電圧

$$u_{max} \leqq M_{in}(u_{cmax}, u_{Lmax})=M_{in}(\Delta Q_{Vmax}/C, k \cdot Z_W \cdot i_{Vmas}) \quad (64)$$

最大電圧$u_{max}$は、（57）式および（58）式による値を使用する条件でuについて（61）式、（63）式それぞれによって計算された電圧値を超過することはない。

太陽電池セルとフレーム付きモジュール枠との間に発生する電圧$u_1$は等電位ボンディング導体を並行布設するかまたはシールドケーブルを用いることにより、さらに低減することができる。図59（b）は、その場合に有効な等価回路を示しており、そこでは遠隔大地に対して、二つの波動インピーダンスが直列に接続されている。

＋－線間および並列布設された等電位ボンディング導体並びにシールドケーブル間の波動インピーダンス$Z_{W1}$は、大地に対する全導体の波動インピーダンス$Z_{W2}$よりも遙かに小さい。これらの手段によって（64）式による、これら導体上の最大電圧は明白に低減される。

$Z_{W2}$のフレームと組み合わせたモジュール枠の遠隔大地に対する電圧に決定的影響を与える$Z_{W2}$の値は、等電位ボンディング導体やシールドのない場合に比べて少し小さいだけである。

太陽電池セルと下部フレーム付きモジュール枠間に発生する最大電圧$u_{1max}$は次式により算定できる。

$$u_{1max} \leqq \mathrm{Min}(u_{C1max}, u_{L1max}) = \mathrm{Min}(\Delta Q_{Vmax}/C_1, k \cdot Z_{W1} \cdot i_{Vmax}) \qquad (65)$$

同様に下部フレーム付きモジュール枠と大地間に発生する電圧$u_{2max}$は次式により算定できる。

$$u_{2max} \leqq \mathrm{Min}(u_{C2max}, u_{L2max}) = \mathrm{Min}(\Delta Q_{Vmax}/C_2, k \cdot Z_{W2} \cdot i_{Vmax}) \qquad (66)$$

太陽光発電装置の絶縁された組み立てにより、太陽電池セルと下部フレーム付きモジュール枠間に遠隔雷撃の場合に発生する電圧$u_1$は本質的に低減される。しかし使用される絶縁は遠隔の接地された対象に対して発生する電圧に耐えなければならない。

すでに説明したように枠付きモジュールの場合には、モジュール枠全体と太陽電池セル間の静電容量は、全装置の大地に対する静電容量よりも明確に大きいので、太陽電池セルとモジュール枠間に発生する電圧は、太陽光発電装置の非接地組み立ての場合には、（61）式により比較的小さい。枠付きモジュールの場合、セルと金属製枠間の静電容量$C_1$の典型的な値は約$700pF/m^2 \cdot A_G$である。このような静電容量値ならば、（58）

式による電荷によって危険な電圧が加わることはないので、大地に対して絶縁された組み立ては、離隔距離が100m以上の遠方雷撃の場合、太陽電池セルとモジュール枠間の過電圧に対する最も簡単な保護手段と言える。

変圧器なしのインバータを持つ太陽光発電設備の場合、モジュール枠は感電保護の目的で常に接地されなければならない、すなわち大地（接地）に対して絶縁された組み立ては不可能である。$C_1$ が小さい場合には $u_1$ の低減のためには図65に従って等電位ボンディング導体（PAL）を経由して接地極への接続が実施され、このPALは直流主導体に直接並行して配置されているので、これらの結合は良好であり、それゆえ小さな波動インピーダンス $Z_{W1}$ を示す。図68によるシールドケーブルを使用すればもっと良いが、もちろん高価となる。

直流主導体が、保護導体（PE）と接続されるインバータに接続され、しかし接地されていないならば（例えばストリング—インバータ）、誘起される変位電流は保護導体を経由して需要家引き込み口へと流れて、そこで通常、建物の接地と接続される。その場合は図59（b）と同様な状況となる。導体の残りの線は、この極めて急速な非対称の妨害に対して並列に接続されたうえで、端末で接地されているとみなされる。PE導体と他の電線間の波動インピーダンス $Z_{W1}$ は比較的小さい（近似値は図60（c）による）。全体のケーブルと接地極間の波動インピーダンス $Z_{W2}$ は本質的に大きい。（近似値は例えば図60（b）による。）PEと残りの電線間の $u_1$ は（65）式により、PEと接地極間の $u_2$ は（66）式により算定できる。もし電流 $i_V$ が可能な限り短く、インバータのケースから接地設備へ直接接続されるならば、電圧 $u_2$ は低減される。このようにして発生する電圧は原理的には、接地抵抗における電圧上昇分 $V_{max}=R_E \cdot i_{Vmax}$ に追加される。この種の過電圧および電位上昇の結果発生する過電圧に対する保護のためインバータの回路網側にもまた、直流側と同様な放電容量を持つSPDが必要となる。

# 第11章
# 太陽光発電システムの雷保護の基本事項　その9

## 21. 太陽光発電設備の雷保護のためのSPDの適用方法

太陽電池モジュールに金属製の枠およびフレームが取り付けられている場合には、これらは、最短距離で良好な接地極と接続された十分な断面積を持つ保護導体に相当する最も簡単な保護手段の一部であると言える。これらの保護手段は雷撃の際に雷電流を接地極へと直結して流す電路となり、さらに接地極から大地へと放流する。系統連系された設備では、常に十分な断面積を持つ（例えば銅の場合で25mm$^2$）保護導体により適切な接地極（基礎接地極、環状導体）に接続しなければならない。

雷保護システムを装備した建物では、もし太陽電池モジュールが受雷装置の保護範囲になく、なおかつ近接箇所が存在するならば、そこで発生する火花閃絡を防止するために太陽電池モジュールから雷保護設備への直接の接続が必要となる（JIS A 4201 : 2003 3.1.4 項参照）。

雷保護設備の場合には一般的に通例になっているが、閃絡防止のために、常に隣接の大きな金属製部分と等電位ボンディングされなければならない。

雷撃を受けた場合には非常に大きな、急激に変化する電流が流れる。これらの電流は隣接する導体ループに非常に大きな電圧を誘起する（数十～100kV、「14—1　四角形の導体ループの場合の相互インダクタンスと誘導電圧」参照）。このような誘導過電圧に対してはバリスタベースのSPD（クラスⅡ、できれば温度監視装置付き）が接続される（「13.サージ防護デバイス」参照）。太陽電池アレイの接続箱から引き出される各導線は、太陽電池モジュールにできるだけ近く、SPDを経由してモジュール枠およびフレームに接続され、それによって接地極とも接続される。この手段によって、雷撃を受けた場合に、太陽電池モジュール内部の絶縁に加わる過電圧ストレスが軽減される。建物に引き込まれるまでの距離が大きい場合（数mを超える場合）建物の引き込み口でもう一度SPDを経由して接地をとることが必要である。今、図61に示すように太陽光発電システムの直流回路において、＋線と－線のそれぞれに最大連続使用電圧 $Uc=0.5Uoc_{STC}$ のクラスⅡのSPDを接続し接地極に連結

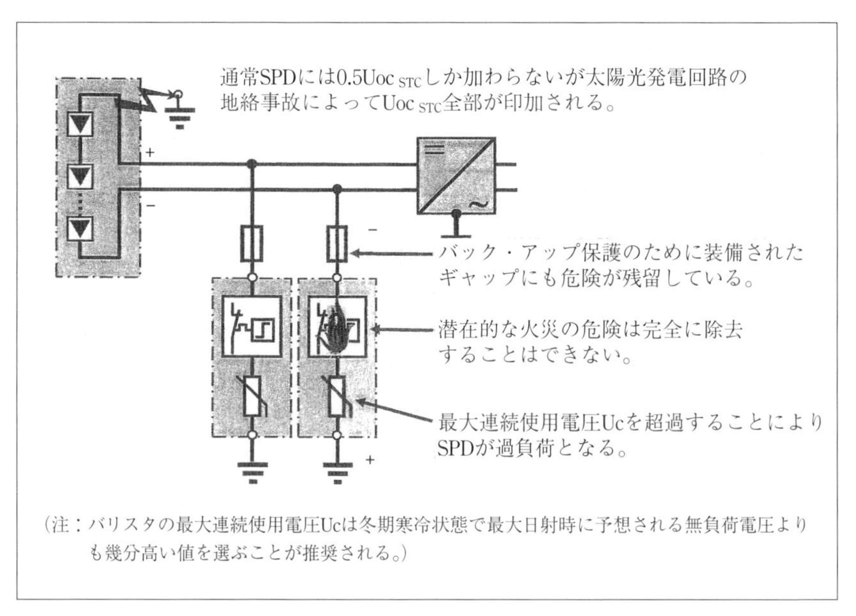


〔図61〕太陽光発電回路の地絡事故によりSPDが過負荷となる

している状態を考える（ $Uoc_{STC}$ は標準試験条件における開回路電圧）。通常 SPD には $0.5Uoc_{STD}$ しか加わらないが、図示のような太陽光発電回路の地絡事故によって $Uoc_{STC}$ の全電圧が反対側の SPD に加わり過負荷となるため焼損し火災事故へと発展する可能性がある。

なお 3 個の SPD を Y 接続することによって、半分の直流運転電圧以上の＋－端子間およびこれらの端子と大地間に発生する誘起電圧を同様に低減することが可能である（図 62 参照）。なお十分な最大放電電流 $I_{max}$ を持っている SPD を設置することも重要である。（最大誘起電流を「15. 誘導電流の大きさ」により算定する。）

次に直流用 SPD の特殊性について図 63 により説明する。一般にバリスタはベースの SPD マイクロバリスタの直並列接続により構成されているとたとえられている。インパルス電流が通過すると、このマイクロバリスタが、いくつか焼損短絡される。したがってバリスタ型 SPD は動作を繰り返しインパルス電流が通過するごとに常時（不動作時）の漏洩電流が増加し温度上昇が激しくなっていく。これは劣化の進行を意味する。そこでこの温度上昇を監視し許容値を超過した場合、直列接点を開路し増加した漏洩電流を遮断する機構を備えている。

ここで問題となるのは、交流回路用のSPDをそのまま直流回路用として使用者に提供しているメーカーのあることである。交流は半波ごとに電流零点が到来し、この瞬間を利用して遮断が行われる。しかし直流の場合は電流零点の到来はないから交流に比較して電流遮断は極めて困難である。交流用をなにも改良せずに直流用にそのまま使用した場合には、遮断不能となりSPDの焼損事故が発生する。

図63はDEHN&SOEHNE社の開発した直流回路用SPD（クラスⅡ）の保護モジュールの外観と内部の回路を示している。この場合、監視回路の指令によりバリスタの直列接点が遮断動作すると同時に太陽光発電回路を短絡してしまう。太陽電池の場合、短絡電流は定格電流の10%増に止まるので、短絡状態を継続しても何ら問題は発生しない。しかし保護モジュールを人手による交換時に1.1×定格電流を遮断するのは危険なので図64のように短絡回路にヒューズを挿入して遮断するように

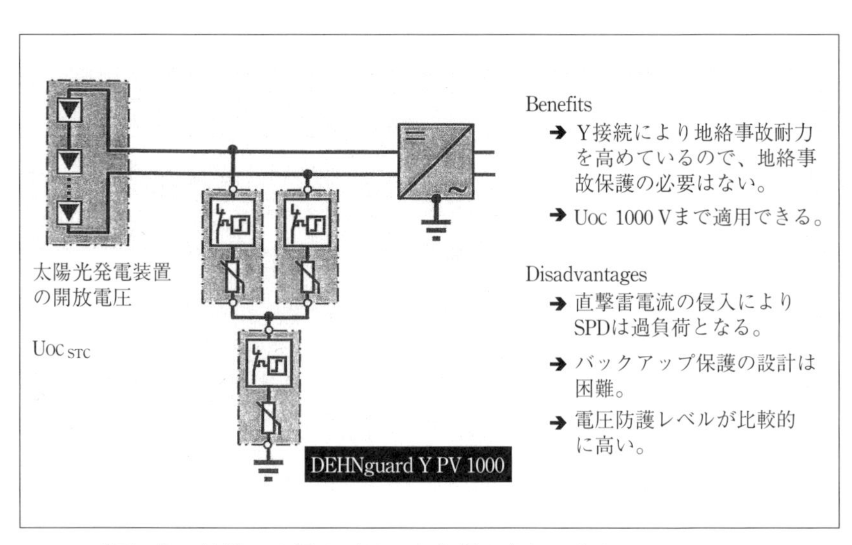


〔図62〕Y接続で3個のバリスタを組み合わせたクラスII　SPD

した。図64はその順次動作を説明している。

以上の機能をすべて組み込んだ状態の回路図と当該SPDの外観および主要性能を図65に示している。

過電圧保護の問題の解決方法を検討する上で、バリスタ技術に基づくSPDの適用は比較的小さなエネルギーの過電圧保護に限定すべきであり、もし直撃雷電流（10/350μs）がバリスタ技術に基づくSPDに流れるならば、そのSPDは破壊されてしまう。さらにこの場合、バリスタの限定された放電容量と、そのSPDの後段に接続される太陽光発電回路の部品、例えば太陽光発電用インバータに装備されたSPDとのエネルギー協調能力に限定があることが、決定的な弱点となっている。（太陽電池アレイの接地とインバータのD種接地が分離独立している場合は、図68のSPD2およびSPD3はクラスⅠでなければならない。第1章の5—2参照。）これまで実施された波形10/350μsの雷電流に対する放電容量を高めるために、複数のバリスタを並列接続する試みは不満足な結果に終わっている。

加えて太陽光発電直流回路に適用する場合は前述の直流電流の遮断が困難であるという特殊性を考慮しなければならない。太陽光発電回路に

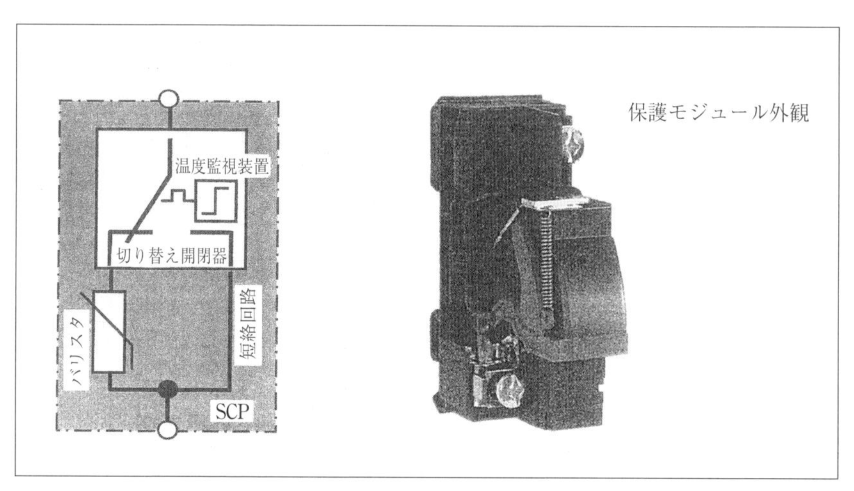


〔図63〕DEHNguard PV 500 SCP直流用SPDの保護モジュール外観と内部回路

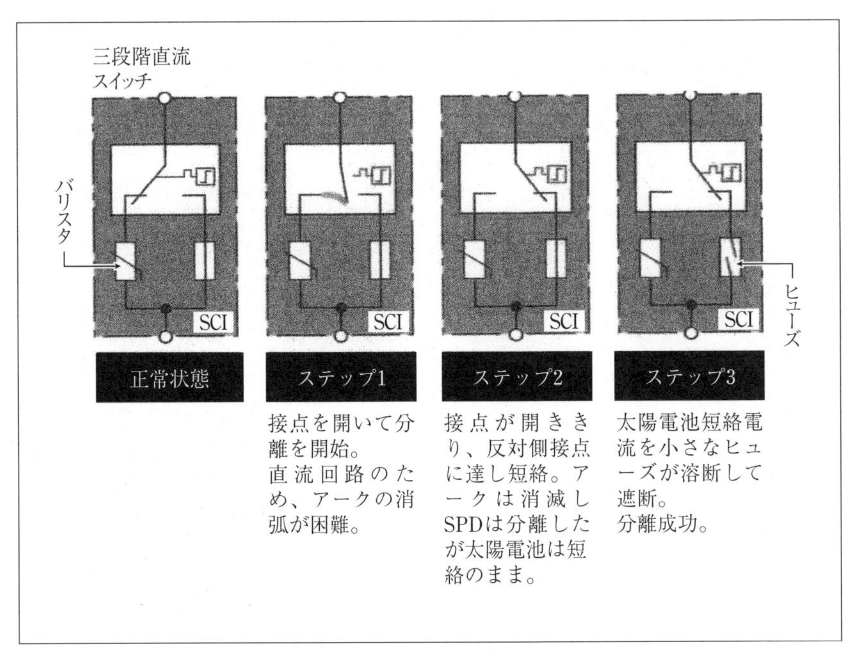


〔図64〕DEHN&SOEHNE社の開発した直流回路用SPD（クラスII）の遮断動作

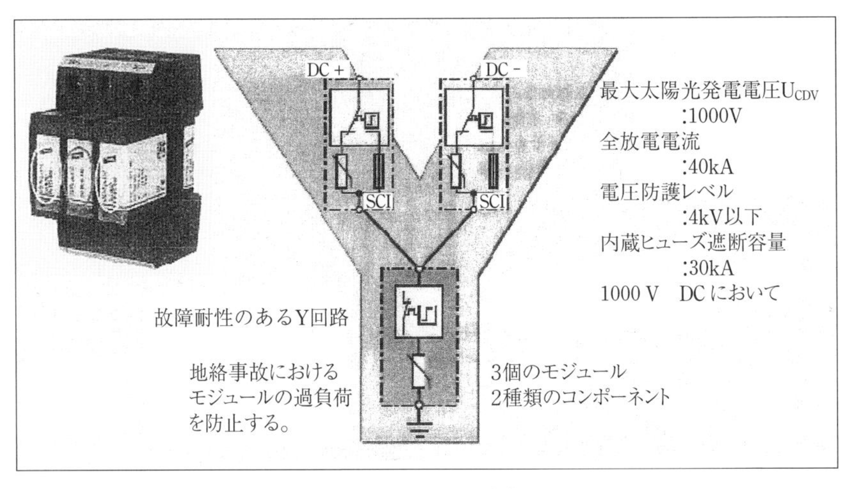


〔図65〕故障耐性のあるY結線の保護回路を構成するSPD DEHNguard M YPV SCI

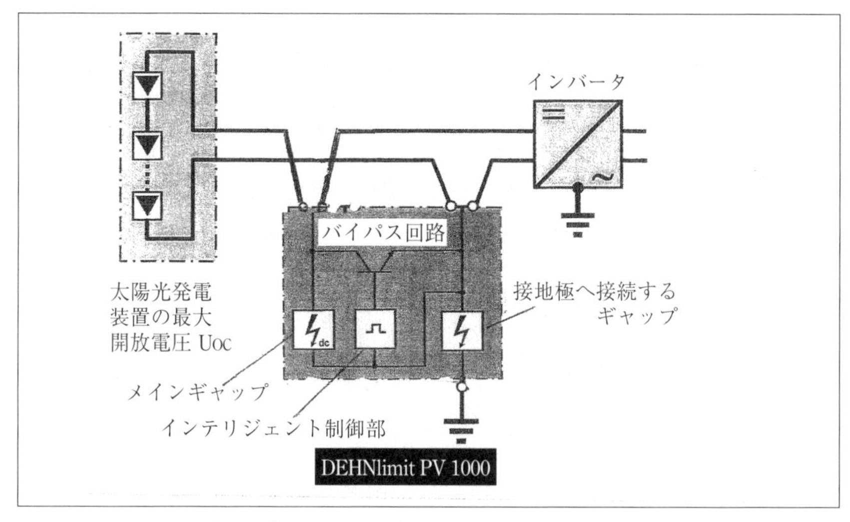


〔図66〕直流開閉容量を持つSPDクラスⅠ

おける直撃雷電流用SPD（クラスⅠ）には当然、火花ギャップが用いられるが、その直流通電および遮断時の特別な挙動を重点的に検討する必要がある。直流の場合の点弧ギャップの消弧は、これまで長年の間、懸案となってきた。それが太陽光発電回路に発生すると、これを遮断するのは困難である。なお太陽光発電のシステム電圧が年々増加していくのを考慮すると、従来の交流システム用で用いられてきた方法ではなく、実際上有効な解決方法を見つけなければならない。

その解決方法としては、並列消弧回路を持つギャップ型SPDの開発によって、ギャップ型SPDの利点を太陽光発電設備においても、利用することが可能となった。

図66は太陽光発電設備においてギャップを基本とした直撃雷電流対応のSPDの動作原理を示している。動作過程は次のとおりである。

①まずSPDのインテリジェント制御部が、SPDを通過する電流が雷放電に起因する直撃雷電流分流分か、または太陽光発電装置から供給される通常の直流の続流かを判別する。

②それが直撃雷電流の場合には、ギャップが全電流を受け持つ。

③SPDを流れる電流が太陽光発電装置が供給する通常の直流であることが確認された場合にはバイパス回路がギャップのアークが消弧するまで通電を受け持つ。アーク消弧後バイパス回路は遮断されSPDは再び完全に次の動作待機状態となる。

④上記のプロセスは100msの時間内のことなので、この現象はインバータの絶縁監視装置のデッドタイム内に収まっている。そのためインバータの運転停止が起こることはない。

図67は図66の原理により動作する直撃雷および誘導雷対応の複合型クラスⅠSPDの外観と主たる技術仕様を示している。

図68はビル屋上等に設置した一般的な系統連系太陽光発電システムの回路図を示している。太陽電池モジュールは避雷針により、$LPZ0_B$に設置され直撃雷を受けない。避雷針と太陽電池フレーム間の安全離隔距離は確保されている。太陽光発電回路は通常、電力会社の配電用変圧器のB種接地と接続されているため零電位に保持されている。

太陽電池フレームとSPD1、2および3並びにインバータが等電位面に接続されている。

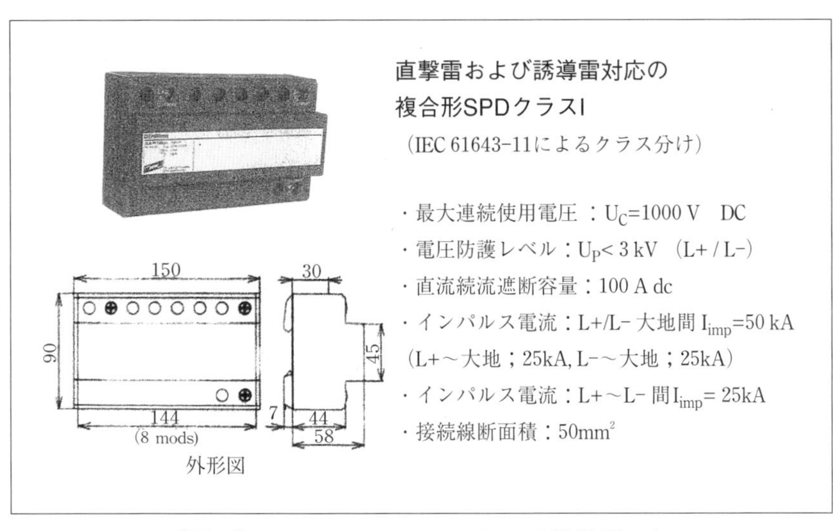


〔図67〕DEHN limit PV 1000-SPDの技術データ

上記の条件でSPDを選定すると、

◇SPD1：インバータAC出力側、ギャップ型クラスⅠ、DEHNventil 電圧防護レベル1.5kV

◇SPD2：インバータDC入力側、バリスタ型クラスⅡ、DG M YPV SCI 1000FM UP 4 kV

◇SPD3：太陽電池アレイ出力側、バリスタ型クラスⅡ、DG M YPV SCI 1000FM UP 4 kV

太陽光発電システムの避雷針が直撃雷を受けシステムの回路に誘導電流が流れた場合に

①ビルの受雷設備が直撃雷を受けるとビル屋上の等電位ボンディングの電位はビルの接地抵抗×雷電流＝電圧降下分に相当する電位上昇を発生する。

②太陽光発電回路と屋上の等電位ボンディングとの電位差を解消し、等電位ボンディングと太陽光発電回路間の絶縁破壊を防止するために

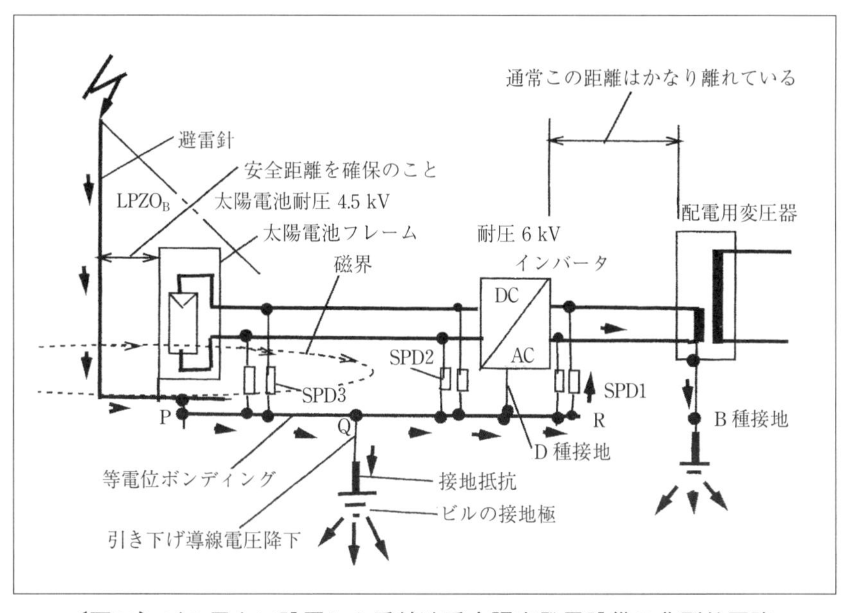


〔図68〕ビル屋上に設置した系統連系太陽光発電設備の典型的回路

SPD1が動作する。SPD1は最初に動作しなければならない。
③雷電流の通過状況は矢印のとおり。
④もし直流側のSPDが先に動作すると雷電流は太陽光発電回路に侵入し、インバータを通過し、これを破壊する可能性がある。
⑤SPD1が最初に動作していれば、雷電流は図示のように流れてインバータは保護されるが、等電位ボンディングと太陽光発電回路の間を通過する磁界（雷電流により発生）により誘導電圧が発生する。これを保護するために直流側にクラスⅡのSPDを設置する。

図68に示すSPD1は交流用クラスⅠのギャップ型SPDである。その概要を図69に示す。

●直撃雷に耐えられる大きなインパルス電流放電量:25kA(10/350μs)/1極
●機器を過電圧から保護する低い電圧防護レベル:1.5kV以下
●他Red Line SPDシリーズとのエネルギー協調を保証
●RADAX-FROW技術による優れた続流遮断性能:50kA
●コンパクトな設計で且つ、内部ガス放出を防止する完全密閉型
●リリースボタンにより保護モジュールを容易に交換可能
●直撃雷の衝撃から「モジュール飛び出しを防止」する、日本で初めての安心ロック機能付き
●SPDの正常・異常を目視で確認、また警報接点出力(FM付)が可能

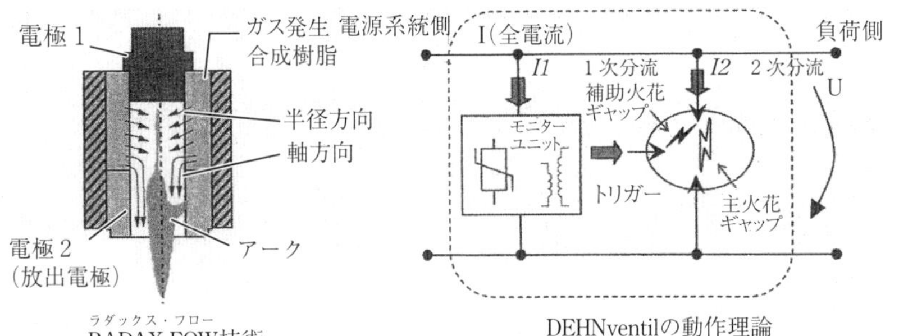


ラダックス・フロー
RADAX-FOW技術

DEHNventilの動作理論

●主ギャップが動作(放電)するとガス容器内の温度が上昇し、内壁の特殊合成樹脂からガスが発生します。
●そのガスが膨張し、アークを中心軸に圧縮します。
●アーク柱が縮小され、アーク抵抗が増大することによってアーク電圧が上昇し、続流を効果的に限流、遮断します。

●DEHNventilの基本構成は、主火花ギャップ、補助火花ギャップおよびモニターユニットとの組合せです。
●雷電流によりモニターユニットがトリガーを発生し、補助火花ギャップ内がイオン化します。
●イオン化により主火花ギャップの放電を早め、且つ制限電圧を低く抑えることが出来ます。

〔図69〕交流回路用DEHNventil クラスI　ギャップ型SPD
(コスモシステム株式会社のカタログより抜粋)

# 第12章

# 太陽光発電システムの雷保護の基本事項　その10

# 22. 太陽光発電システムの直流回路の接地とSPDの取り付け方

## 22－1　金属製エンクロージャーおよび金属製フレームの接地

設備の充電部に対する絶縁がJIS C 60364のクラスⅡの機器（充電部の基礎絶縁＋補助絶縁により基礎絶縁を被覆）となっているか、または無負荷電圧 $U_{OAC}$ を持つ太陽光発電設備が120V未満で動作するか、または低圧回路網と接続されていない場合を除き、太陽電池アレイの接続箱の金属製エンクロージャー、金属製アレイフレーム、および金属製モジュール枠は安全のために接地されなければならない。変圧器を持たないインバータを持つ系統連系された設備の場合、モジュール内部と金属フレーム間のキャパシタンスが充電されているため、モジュールフレームの接地はいかなる場合にも推奨される。

接地は人体保護（危険な接触電圧に対する保護）のみでなく、雷保護（雷電流が引き下げ導線を流れる）についても有利に作用する。しかしそれは、等電位ボンディング導体が、部分的充電ケーブルまたは直流主導体に直接に平行して布設されている場合のみである。雷保護技術上は、その場合、シールドケーブルを用いるのが理想的である。接続箱内のSPDを有効に動作させるには、できるだけ短い経路で接地し、また太陽電池モジュールのフレームおよび金属アレイフレームへの、できるだけ短い等電位ボンディング導体が存在している場合のみ可能である。

## 22－2　太陽光発電システムの充電線の接地

太陽光発電システムの充電部の系統接地には、本質的に問題が多い。もちろんそれには利点もあるが欠点もあり、両者を天秤にかけて検討する必要がある。原理的には、三つの方法がある。すなわち、①負極のみを接地する、②中間点を接地する、③非接地で運転する、である。

図70による負極接地の場合、全太陽光発電システムにおいて一義的に決定される電位分布を持ち、雷保護を容易にする。しかし追加的な安全手段（DC側の地絡監視）なしでは、太陽光発電システムに発生する

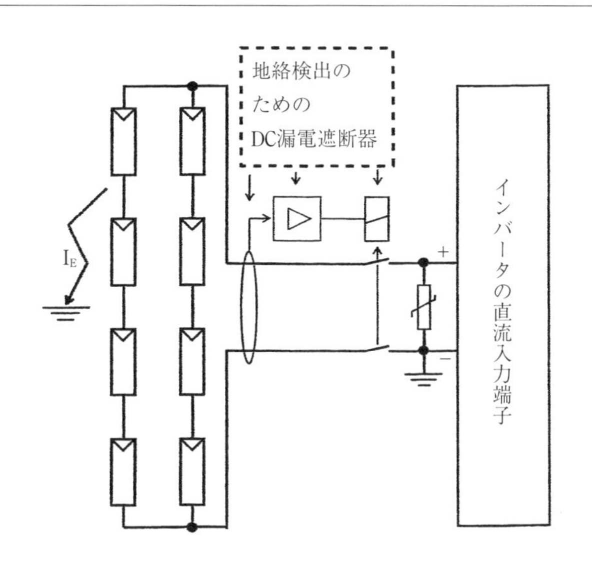


太陽光発電システムの負極接地（接続箱のバリスターは表示していない）。太陽光発電システムの全体の電位分布は一義的に決定され、負荷側の雷保護のためのコストは比較的小さい。地絡電流監視なしでは、地絡事故発生の場合、比較的大きな地絡電流 $I_E$（太陽光発電の全短絡電流までに相当）が流れ、また地絡の発生したモジュールに接触した際には、人体に危険が及ぶ。直流に敏感な漏電遮断器を装備することによって地絡事故時にただちに発電システムを断路し低圧回路の感電保護と同様な安全性を確保することができる。

〔図70〕負極接地

第一地絡発生の場合にすでに危険が発生する（大きな地絡電流 $I_E$、太陽電池モジュールの故障の際の接触電圧による人体への危険）。

負極接地は実際には、非常に低い運転電圧または直流側に漏電遮断器を設置した場合にのみ意味がある。純直流電流に応動する漏電遮断器（例えば 30A の運転電流で地絡動作電流 5mA）は可能であるが、この種の漏電遮断器は補助電源を必要とし、まだ一般市販はされていない。この種の漏電遮断器は地絡発生時に、ただちに太陽電池を遮断し切り離し、従来の交流回路用の漏電遮断器と同様な保護を提供できる。回路の全貌がわかるように図70には、直流主回路の終端で負荷側のバリスタのみが表示されている。太陽電池アレイの近傍のバリスタは表示されていない。

図71に示される中間点接地は高い運転電圧を持つ、大型の太陽光発電設備にしばしば用いられる。接地が低抵抗で実施されるならば、電

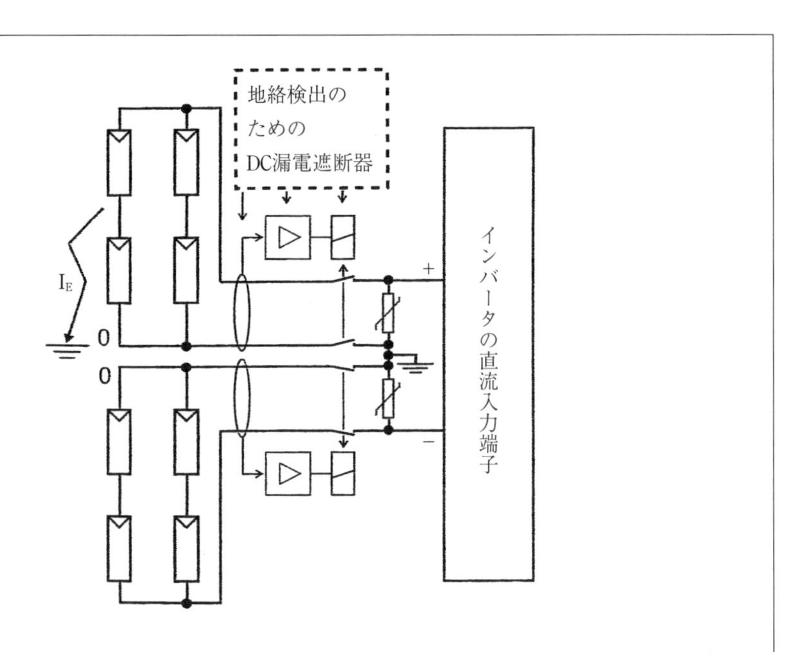


太陽光発電システムの中間点接地（発電装置接続箱のバリスタは表示していない）で高い運転電圧の場合、しばしば採用される。全太陽光発電システムの電位分布は一義的に決定され各コンポーネントには運転電圧 $U_{OAC}$ の半分しか加わらない。地絡監視なしの場合には、負極接地と同様な問題がある（太陽光発電システムの中間点は、この場合、簡単なためにフィールドで直接接地される）。純直流応動型漏電遮断器（DC・FI）を＋側と－側にそれぞれ設置する場合、太陽電池は地絡事故時にただちに遮断切り離される。

〔図71〕中間点接地

位分布は負極接地の場合と同様に明確に決定される。すべての絶縁材料は無負荷電圧 $U_{OCA}$ の半分のストレスしか加わらない。SPD も同様に 1/2・$U_{OCA}$ で選定されるので、高い運転電圧にも拘わらず比較的容易に良好な過電圧保護が実現できる。しかし中間点接地は負極接地と同様な欠点があり、当該発電装置に地絡発生の場合に、ただちに遮断切り離しができる純直流応動型漏電遮断器との組み合わせにおいて採用されるべきである。図 71 においても太陽電池アレイの接続箱と SPD は表示されていない。直流漏電遮断器による地絡監視を省略した場合、中間点接地は当然のことながら直接に太陽電池アレイに接続される。

図 72 の非接地太陽光発電システムの場合には、通常運転において、設備の電位分布は正確には決定されない。しかし一般的に、この場合設置されているバリスタは、ほぼ設備が電気的に対称となるように作用し、すなわち＋側導体と－側導体は通常運転においては、同一の電位を持っている。接地接続は非常な高抵抗なので、漏洩電流による明確な中間点の移動は起こらない。非接地太陽光発電の場合には、運転中、市販の絶縁監視装置により絶縁を連続的に監視することも可能である。インバータはしばしば絶縁監視を装備している。さらに設備は第 1 地絡発生後、まだ人体に危険を及ぼすような電流は流れないので、必要に応じ運転を継続することができる。第 2 地絡が発生して初めて危険な状態となる。

非接地回路の欠点は地絡発生時に、電位が設備の無負荷電圧 $U_{OCA}$ まで両方向へとずれる可能性のあることである。このことはコンポーネントの絶縁耐力決定の際、および SPD の選定の際に考慮しなければならない。したがって過電圧に対する保護は必然的に悪くなり、絶縁に対する要求は中間点に接地された太陽光発電設備の場合よりも高くなる。

### 22－3　大型太陽光発電設備の原理的構成

不必要に長いケーブルの布設を避けるために、大型の太陽光発電システム（10 ～ 30 アレイ）は多くの部分システムに分割される。これらの部分システムの中の個別アレイの共通接続は部分システム接続箱（TGAK）で実施される。そこから引き出される部分システムのケ

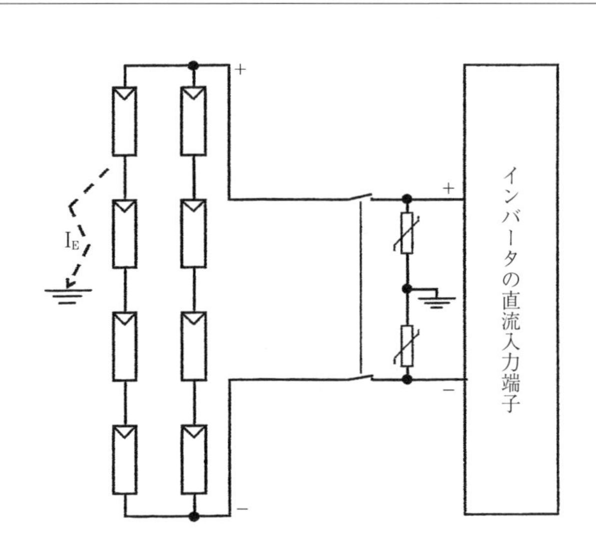


非接地太陽光発電システムの基本原理図である（接続箱のバリスタは表示されていない)。接続は比較的簡単である。通常の運転状態では、すべてのコンポーネントは最大太陽光発電の無負荷電圧 $U_{OCA}$ の約半分の電圧が加わっている。しかし地絡発生時には全電圧 $U_{OCA}$ が加わり、しかもただちに遮断することはできない。すなわちすべてのコンポーネントは、バリスタも含めて、この電圧により選定されなければならない。大きな利点は地絡発生の場合、地絡電流 $I_E$ が非常に小さく、それによって人体への危険は発生しないことである。この接続の場合には永続的な絶縁監視が可能である。

〔図72〕非接地回路

ーブル（TGK）は太陽光発電装置接続箱へ導かれ、そこから総合太陽光発電装置へと並列接続される。この発電装置接続箱から直流主導体（DC-HL）が直流負荷（例えば系統へ接続するためのインバータ）へと導かれる。良好な雷保護のためには、部分的発電装置のみならず、発電装置接続箱にも熱的監視装置の装備されたバリスタを設置し、また十分な断面積（≧ $10mm^2$ Cu）を持つ等電位ボンディング導体（PAL）を当該部分発電装置ケーブルまたはDC主導体の直近に一緒に布設する。このPALはモジュール側で金属製枠に、または金属製フレームに接続し、そしてインバータのところで接地する。

## 22—4　危険な接触電圧に対する人体の保護

太陽光発電設備の一部が破損した場合、（例えば破損したフロントガラスを持つモジュールに接触した場合）適切な安全手段によって人体保護が保証されなければならない。屋上およびファサードに取り付けられた太陽光発電設備の場合、生命に危険のない感電を受けた際の驚愕により落下するという災害も起きる可能性がある。このような人体保護はいろいろな手段で実施される。

### 22—4—1　特別低電圧により感電保護が保証される分野（クラスⅢ機器）

120V までの直流電圧は通常は人間には危険ではない。太陽光発電設備の無負荷電圧 $U_{OCA}$ が $120V_{DC}$ 以下であり、かつ低圧回路網と電気的に接続されていなければ、さらなる保護手段は必要がない。実際には、どの条件において、この無負荷電圧が決められるかが問題である。モジュールの電気的データは、仕様書に通常は、STC（$1kW/m^2$、25℃）が記載され、通常このデータが用いられている。5 ケ直列に接続された単結晶または多結晶の 12V 設備用モジュールでは 120V を超過することはない。夏には日射は $1kW/m^2$ を超過するが、モジュール温度は 25℃を超過するので無負荷電圧は低減する。冬にはモジュール温度は低いが日射は $1kW/m^2$ 以下に減少し、無負荷電圧は減少する。

### 22—4—2　空間的距離による保護

120V を超過する無負荷電圧を持つ太陽光発電設備が運転され、または回路網と接続されていると、もし太陽光発電に基礎絶縁のみが実施されるならば、無意識の接触に対する追加保護手段が必要となる。可能な手段は、この場合、空間的距離による分離である。このことは、もし太陽光発電装置が通常接近できない場所に、例えば十分に高い壁の後ろに、または通常は登らない屋根の上に、またはアクセスできない高さに取り付けられている場合に、可能となる。それ以外の危険な設備部品（例えばインバータ、盤、等）は閉鎖された室に設置する。

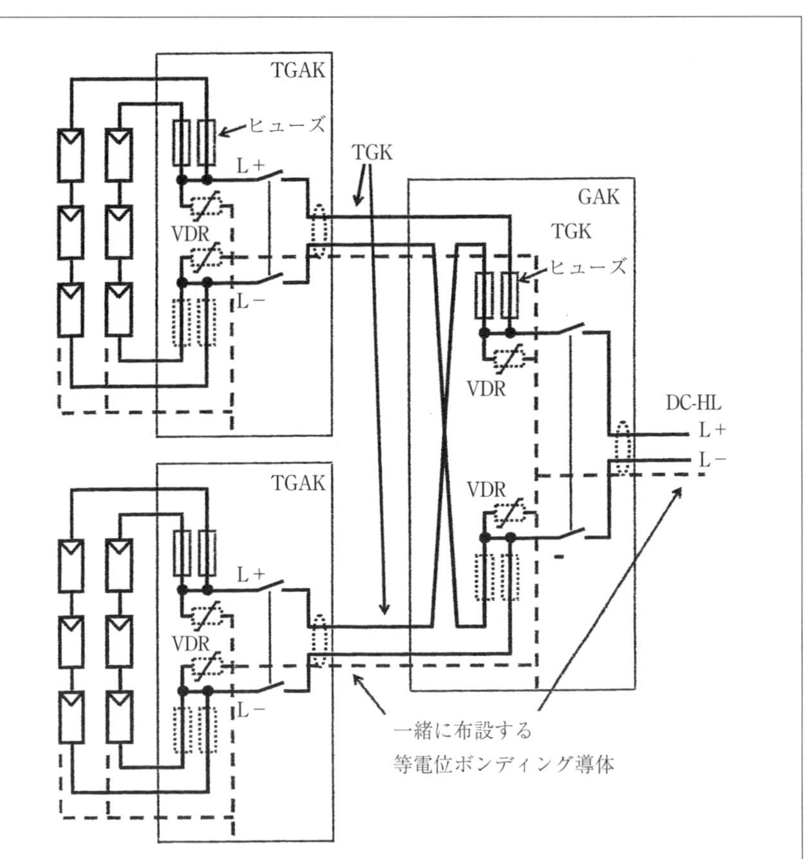


部分発電装置接続箱（TGAK）には部分発電装置のコード（電線）が並列に接続される。これら引き出される部分発電装置用ケーブル（TGK）は発電装置接続箱（GAK）において総合発電装置へ一緒に接続される。大型発電システムでは充電線は常に保護されていなければならない。もし発電装置接続箱（GAK）に多くの部分発電装置用ケーブル（TGK）が接続されるならば、個別のTGKは全発電装置から帰流する電流に対してヒューズにより保護されなければならない。雷保護技術上理想的なのは金属製ダクトまたは両サイドが接地されたTGK用のシールドケーブルおよびシールド断面積 $10mm^2$Cu以上を持つDC主導体の使用である。

〔図73〕大型太陽光発電システムの構成原理（概要把握のために重要エレメントのみ表示）

### 22—4—3　二重絶縁（クラスⅡ機器）

もし太陽光発電装置（特にラミネートされたモジュール）が絶縁的にクラスⅡ機器に相当するならば、通常の規格の考え方により、高い設備運転電圧の場合、または低圧回路網に対する電気的断路が欠落している場合においても、無意識の接触に対する追加保護は必要としない。ここ数年来、クラスⅡ機器の要求を満足する太陽電池モジュールも海外市場には出回ってきている。

# 第13章
# 太陽光発電システムの雷保護の基本事項　その11

# 23. 遠方雷撃、近接雷撃および直撃雷撃に対する保護

## 23—1　遠方雷撃に対する保護

100m以上の離隔距離の遠方雷撃の影響は頻繁に受ける可能性があるが、相互インダクタンスの小さい配線が実現されていれば、遠方雷撃の際に発生する誘起過電圧によって損傷が発生することはないし、また「20—4　遠方雷撃の作用」に記述した変位電流の効果に対しては図74による保護で十分である。

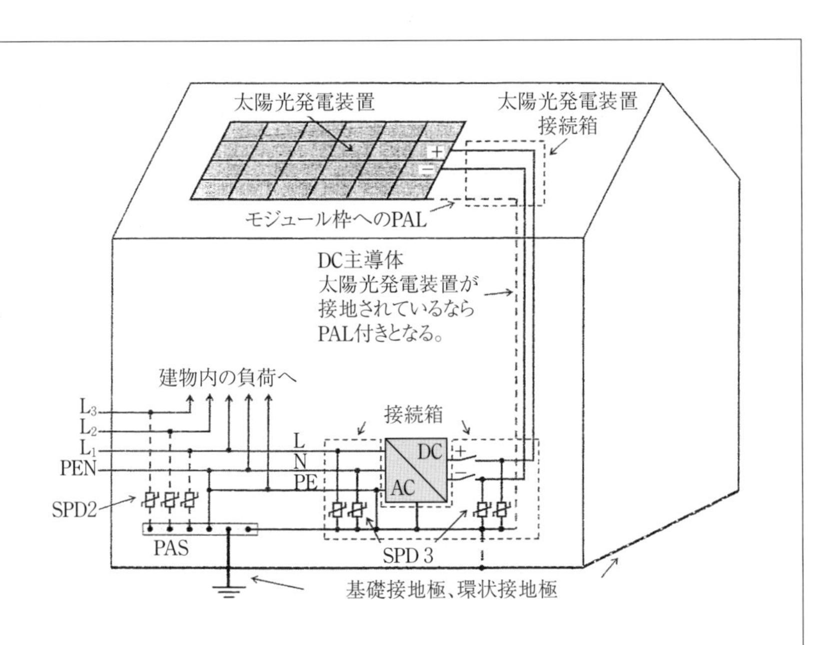


遠方雷撃に対してのみ小さな太陽光発電設備を保護するには（太陽光発電システムの配線が小さな相互インダクタンスとなっている場合）太陽電池ストリングの接続導線に誘起する変位電流 $i_V$ の効果に対する保護手段で十分である。

図中の表示：PAS= 等電位ボンディング母線、PAL= 等電位ボンディング導体（6mm$^2$以上、16mm$^2$推奨）。SPD3=SPD クラスⅢ。

太陽電池ストリングが絶縁フレームに取り付けられている場合にはPALは必要ない。

〔図74〕遠方雷撃に対するのみの保護（>約100m）

太陽電池ストリングの接続導線を経由して誘起される変位電流 $i_V$ はインバータのところでSPD3を経由して保護導体PEへ、そこからさらに接地へと流される。$i_V$ によって発生するモジュール内部と金属製枠間に発生する電圧を低減するために、等電位ボンディング導体（PAL）は直流主導体に直接に沿って配線される。この種の等電位ボンディング導体はモジュール枠またはフレームの接地が必要とされる場合（例えば変圧器なしのインバータ）にも推奨される。太陽電池モジュールが十分に高い絶縁耐力をもって（例えば、50kV ～ 100kV 以上）絶縁されて施設される場合には、小さい設備の場合にはPAL導体は除去できる。既

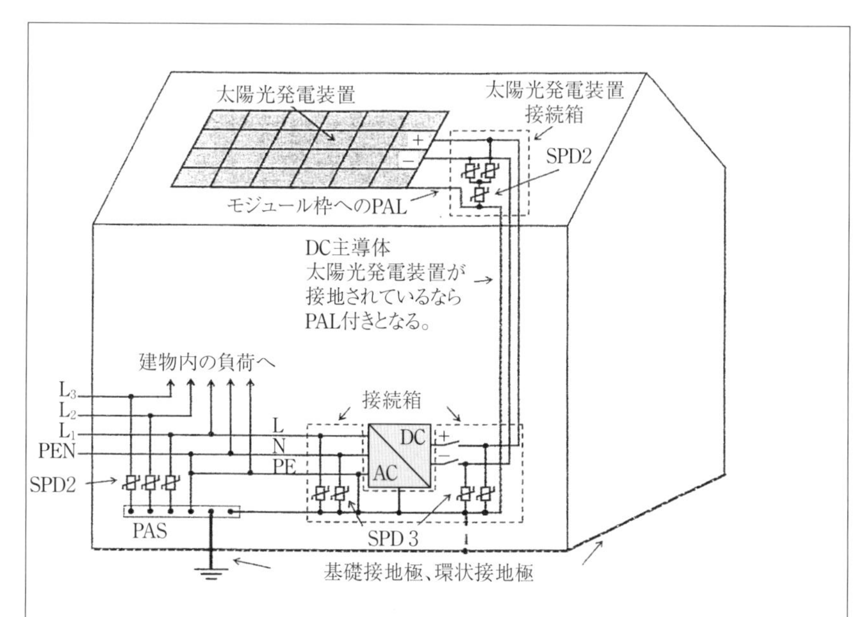


太陽光発電設備の保護のために、近接雷撃に対し、また誘起電圧に対する保護手段も追加して必要となる。そのために太陽光発電システムおよび回路から建物への引き込み口にクラスⅡのSPDが設置される。
図中の表示：PAS= 等電位ボンディング母線、PAL= 等電位ボンディング導体（$6mm^2$ 以上、$16mm^2$ 推奨）、SPD2= クラスⅡ SPD、SPD3= クラスⅢ SPD

〔図75〕遠方雷撃および近傍雷撃（約20mまで）

存の直流主導体が建物に引き込まれる場合にも、それ相応の絶縁耐力が要求される。独立設備の場合は配電系統とは接続されない。系統連系設備の場合にはインバータの交流側においても適切なSPDによる同様な保護が必要である。多くのインバータはそのメーカーがこのようなバリスタをDCおよびAC側に組み込んでいる場合が多い。その場合には新たにSPDを追加する必要はない。

ストリング・インバータを持つ小さな太陽光発電設備ではインバータは太陽電池モジュールに直結接続されており、直流主導体は存在しない。このような簡単な設備では、遠方雷撃に対する最小の保護が行われる。容量の大きなバリスタと接地導体を必要とする直撃雷に対する高価な保護によって、その構成は複雑となる。

### 23－2　遠方雷撃および近接雷撃（約20mまで）に対する保護

近接雷撃に対する保護も要求される場合には、それに対する特定の保護手段も必要となる。

太陽電池ストリング接続箱と建物への引き込み口にもクラスⅡのSPDを設置する。太陽電池ストリングには、接地に対する電圧並びに+および−間の電圧をほぼ同程度に制限するために、３個のSPDをY接続して設置される。

上記に適合したDEHN&SOEHNE社のSPDを「21.太陽光発電設備の雷保護のためのSPDの適用方法」の図62および図64に示す。

太陽電池ストリングが直撃雷を受けた場合には確実に過電圧による損傷が発生する。しかしこのような場合には建物への類焼を防がなければならないので、等電位ボンディング導体は最小16mm$^2$のものとし、接地極（環状または基礎接地極）との接続も十分な断面積のものとする必要がある。

### 23－3　屋上設置の太陽光発電設備への直撃雷の保護

#### 23－3－1　太陽電池ストリングが受雷装置の保護範囲内にある場合の直撃雷、ただしDC主導体に雷電流分流分の流れることのない場合

枠付きまたは枠なしモジュールの表面に直撃雷を受けた場合、これら

は確実に損傷する。太陽電池モジュールの枠に直撃雷を受けた場合には、完全に損傷することはないが、部分的損傷はあり得る。多数のモジュールが相互接続されている場合には、その大きな相互インダクタンスにより損傷はさらに大きくなる。このように発生する損傷を制限するためには、太陽電池モジュールへの直撃雷を防ぐために、太陽電池モジュールを受雷装置の保護範囲内に設置し（「７―２　回転球体法による保護範囲の決定」を参照）、雷電流の流れる引き下げ導線から十分な離隔距離を保持することである（「14―２　引き下げ導線と他の設備間の接近」参照）。枠付きモジュールの採用とできる限り小さな相互インダクタンスとなるような配線（「20―２　配線の相互インダクタンス」の図55、図56参照）をすることによって誘起電圧の値を大きく低減できる。

図76は太陽電池ストリングを屋上に設置して、受雷突針の保護範囲内にある場合の必要な雷保護手段を示している。

２本の引下げ導線がある場合には約60cmの最小離隔距離があれば十分である。誘起電圧を小さく保つために、もちろんより大きな離隔距離（例えば1m）が推奨される。建物が高くなれば、それに応じて、より大きな離隔距離を選ぶべきである（詳細は14―２節を参照）。枠付きモジュールと金属製フレームは特に推奨される。既存の直流主導体（中央インバータを持つ設備の場合、図76および図77を参照）の両側にSPDを設置すべきである。また直流主導体はツイストして等電位ボンディング導体と一緒に布設すべきである。図77に示すようにシールドされた主導体を用いれば、ベターである。14―２節の図15に示すように、直流主導体は雷保護設備の他の部分に対して、必要な安全離隔距離（$S_3$および$S_4$）を確保しなければならない。独立システムにおいては図76のインバータの代わりにシステム調節器が接続される。外部回路との接続はないので、この場合はクラスⅠのSPD1は必要としない。

建物の雷保護設備に直撃雷を受けた場合には、大きな電位上昇が発生する（「10．電位上昇と等電位ボンディング」参照）。系統連系設備の場合には、それによって引き起こされた長時間保持される過電圧を抑制するために、低い電圧防護レベルを持つクラスⅠのSPD（この場合は交

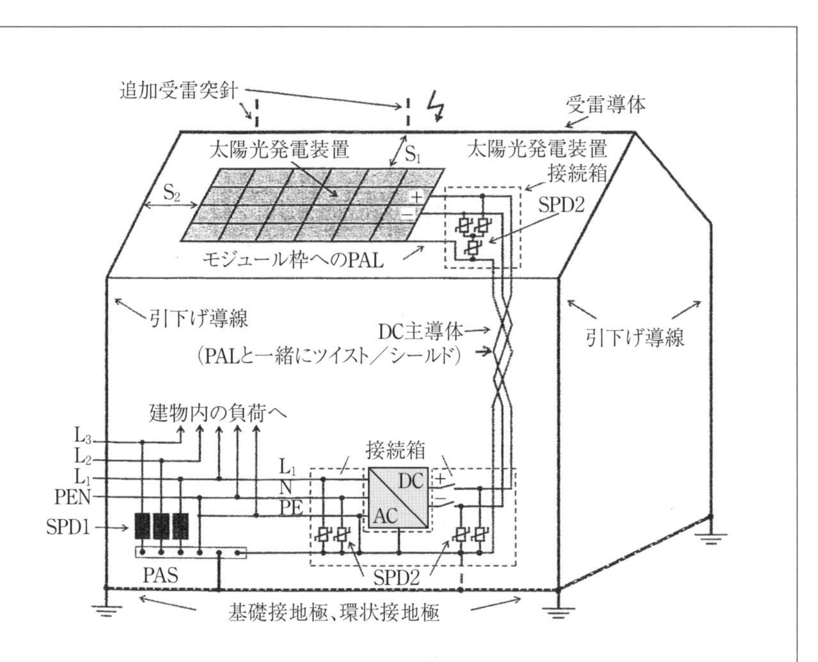


十分な安全離隔距離（$S_1$ および $S_2$ は例えば60cm 以上）を持つ受雷突針の保護範囲内にある太陽光発電設備への直撃雷。枠付きモジュールおよび相互インダクタンスが小さい配線が採用される。DC 主導体の両側にSPD が設置され、等電位ボンディング導体（PAL）が一緒に布設される。回路網に接続される電線にはクラスⅠのSPD1 が設置され、インバータはクラスⅡのSPD2 により保護される。

PAS= 等電位ボンディング母線

〔図76〕DC主導体に雷電流の流れない直撃雷（保護範囲内にある太陽光発電装置、雷電流に対し十分な距離）

流用）による完全な等電位ボンディングを引き込み口の配電盤で直接実施する必要がある。クラスⅠのSPDからの距離が数m以上あるときには、インバータの系統連系側にはクラスⅡのSPDを追加すべきである。

ストリング・インバータを採用する場合には、インバータは太陽光発電装置の直近に配置されるので、その直流主導体側にはSPDは取り付けない場合もある（ただし、太陽電池ストリングに直結する接続箱にはSPDは付いている)。このような場合には、十分に小さなストリングの相互インダクタンス$M_S$の場合に、内部のSPDが保護のために十分かどうかを注意深く検討しなければならない(「15. 誘導電流の大きさ」参照)。必要に応じクラスⅡのSPDを外部に追加しなければならない。

### 23―3―2　受雷装置の保護範囲内にあって、なおかつ直流主導体に雷電流分流分の流れる太陽光発電装置を持つ太陽光発電設備への直撃雷

太陽光発電装置を受雷装置の保護範囲に配置することが不可能な場合には雷電流分流分が太陽光発電装置の直近の周辺に流れることは避けられない(図77参照)。この場合には有効な雷保護は困難となる。雷電流の分流によって(十分な数の引下げ導線の選択、「9. 雷電流を複数の引き下げ導線へ分流」を参照)全雷電流の比較的小部分のみが、太陽電池モジュールと配線の直近に流れるようにすることができる。

金属製枠付きモジュール、高度にメッシュ化されたフレーム、小さな相互インダクタンスを持つ配線および十分な放電容量を持つ有効なSPD等なしには雷による損傷を防止するのは不可能である。同様に、雷保護設備のない建物においては接地されたモジュール枠に直撃雷を受けた場合は困難な状況が発生する。図77は、必要な太陽光発電装置が屋上にあり、その近傍に受雷導体があり、必要な安全離隔距離が確保できない場合の雷保護手段を示している。この場合、太陽光発電装置は近接している雷保護設備に接続される。その際に、この接続部を通って雷電流分流分が必然的に流れる。直流主導体には、両側で接地に接続したシールドを装備し、それにより雷電流分流分$i_A$の大きな影響が発生しないようにする(「17. 雷電流を流すシリンダーの内部に発生する電圧、図35」参照)。

発生する雷電流分流分$i_A$は、このシールドを経由して流れるので、シールドは十分な断面積(例えば10mm$^2$ Cu)を持っていなければならない。この導体の両側にはクラスⅡのSPD2が接続される。この導体のシールドに流入、流出する雷電流分流分$i_A$が導体端末においてできるだけ過電圧を誘起することがないように注意しなければならない。それ

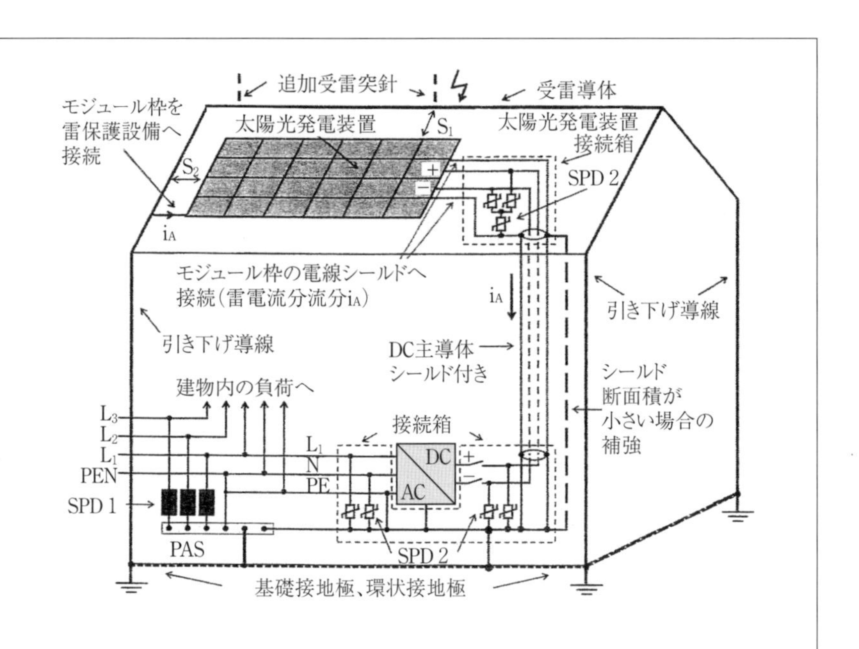


十分な安全離隔距離がない状態で受雷導体の保護範囲にある太陽光発電設備への直撃雷。太陽光発電装置は接近の場合、雷保護設備と接続される。この接続と直流主導体のシールドによって雷電流分流分が流れる。これらの導体の両側にはクラスⅡのSPD（SPD2）が接続される。枠付きモジュールと小さな相互インダクタンスの配線を使用しない場合には、完全な保護は実現できない。

PAS= 等電位ボンディング母線

〔図77〕DC主導体に雷電流の流れる直撃雷（保護範囲内にある太陽光発電装置、しかし雷電流からの距離が短いので橋絡）

ゆえこの導体端末の両側に金属製ケースを使用し、および、この金属製ケースを経由して雷電流分流分を誘導し、そこでケーブルを特別にネジ止めするのが最適である。発電装置の接続箱は建物の引き込み口の側に配置するのが目的に適っている。シールドされた直流主導体と他の接地された構造体が接近している場合には、安全離隔距離を計算しそれを下回っている場合には、この接近部は接続されなければならない（「14—

2　引下げ導線と他の設備間の接近」を参照)。

すでに述べたごとく建物が雷撃を受けた場合、大きな電位上昇が発生する（「10. 電位上昇と等電位ボンディング」を参照)。系統連系設備では、それに起因する、そしてより長い時間保持される過電圧の保護のために、建物への電力線引き込み口のところで、クラスＩのSPD1による完全な等電位ボンディングが必要となる。このSPD1からインバータの系統接続点が数m以上離れている場合は、インバータの系統接続点にクラスⅡのSPD2を設置すべきである。

すでに「17. 雷電流を流すシリンダーの内部に発生する電圧」において述べたように、シールドの抵抗 $R_M$ は小さな値とし、$i_A$ による電圧降下が、接続されたSPDの最大許容運転電圧の和以下となるようにする。すなわち（49）式 $u_{max}=R_M \cdot i_{Amax}=R_M \cdot k_c \cdot i_{max}<2(U_{VDC1}+U_{VDC2})$ が満足されなければならない。$i_A$ を低減するには、引下げ導線を追加することで可能となる。なおシールドの断面積が小さい場合、$R_M$ を低減するためには並列導体を追加することによっても可能となる（図77参照)。シールド導体が使われない場合には、DC主導体の両端に直流用クラスＩのSPDを接続すべきである。太陽光発電設備の場合には、雷保護に加えて接地を確実にとり、かつ短絡耐量のある配線が重要である。

### 23―3―3　地上設置の大型太陽光発電設備の雷保護

地上設置の大型太陽光発電設備の場合にも、モジュールまたはアレイ・フレームへの直撃雷が適切な受雷設備により防止できることが望ましい。これらの受雷突針（できるだけ細いほうが望ましい）は個々の太陽光発電設備の北側に配置され、これら太陽光発電設備がその保護範囲内に存在し（「7―2回転球体法による保護範囲の決定」および、「7―3　受雷突針と受雷導体の保護範囲」を参照)、最小安全離隔距離 $S_{min}$ が（19）式 $S_{min}=0.04(k_c/k_m)l$ により確保されていなければならない。屋外地上設備の場合には通常、多段の部分太陽光発電設備が使用されるので、部分太陽光発電設備間の距離はできるだけ空けて冬季に陰が太陽電池モジュールにかからないように注意しなければならない。図78および図79は受雷突針により保護される屋外太陽光発電設備の原理を平

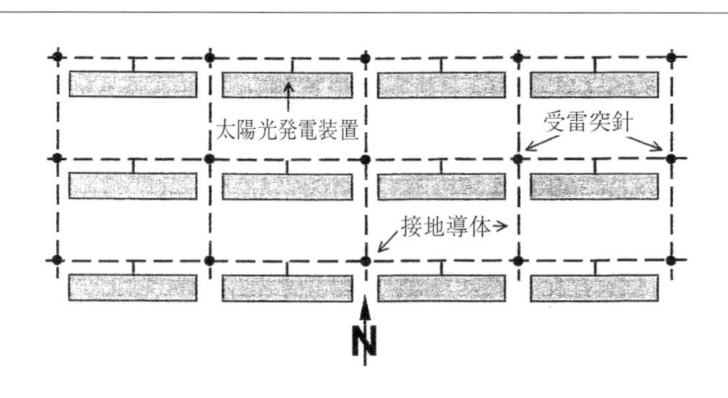


平面図で屋外設置設備の場合の受雷突針の原理的な配置を示す。受雷突針およびすべての金属製支持フレームは適切な接地設備（メッシュ幅 20m）と接続される。太陽電池アレイと受雷突針の間の約 1m 間隔が一般的に最適と言われている。

〔図78〕屋外設備の受雷突針の原理的配置

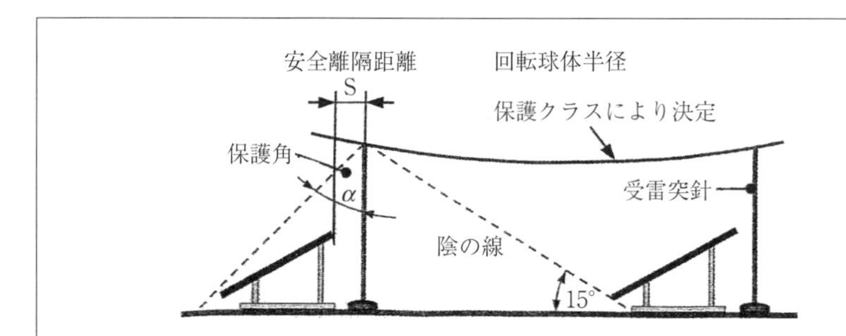


受雷突針は太陽光発電装置が保護範囲内に存在するように、太陽光発電装置に至る最小安全離隔距離 $S_{min}$ が確保できるように、さらに冬期に許容できない影がかからないように設置される。

〔図79〕受雷突針の設置方法

面図と側面図により示している。受雷突針が細ければ、その影も細くなるが、それでもその陰を受けるモジュールでは数%のエネルギー収量の損失を発生し、モジュール間のミスマッチを発生する。

なお最適な雷保護のために、金属製の枠付きモジュール、メッシュ接地導体の配置、相互インダクタンスを極小化した充電線の布設、十分な放電容量を持つ有効なSPDの適用が保護目的に適っている。図80に必要な保護手段の全貌を示す。

受雷突針がモジュールの支持構造物に直接固定されているならば、図77におけるように、部分発電器・接続ケーブル（TGK）に流れる雷電流分流分のために、シールドされたDCケーブルを投入し、一貫して接続され、両端で接地されたケーブル・チャンネルを用いるか、または電線の両端に適切なSPDを接続する。

## 24. 平坦な屋上の太陽光発電設備の雷保護

平坦な屋上を持つ大型ビルにも太陽光発電設備は設置される。もし、これらに従来の中央インバータが装備されるならば、雷保護に関しては23章で述べた中央インバータを持つ屋外設備と類似している。この場合にも受雷突針によって太陽光発電設備への直撃雷を防止することを試みることができる。特に広大に拡大された平坦屋根では、至る所で(19) 式による必要な安全離隔距離Sを確保するには問題がある。なぜならばモジュール取り付けフレームは一般に鉄筋コンクリートまたは鋼で成り立っており、受雷突針との間または太陽電池アレイケーブルとの間が数cmしか離隔していないからである。一方、少なくとも交差部では特定の間隔が保持され、引下げ導線と受雷突針は一定間隔で絶縁されて布設されるか、または新たに開発された高耐圧ケーブル（DEHN社HVIケーブル）が布設される。他方、太陽電池モジュールは絶縁されて組み立てられDC配線は屋根から一定の距離を持って絶縁されて配線される。結論として、23—3—2のように橋絡され、すべてのDC電線はシールドされて配線される。金属製屋根および金属製ファサードを持つ建物においても、またもし雷電流が建物の金属製表面に直接流通可能ならば、本質的に小さな安全離隔で良いので、これは好ましい。

中央インバータを持たず、ストリング・インバータかまたはモジュー

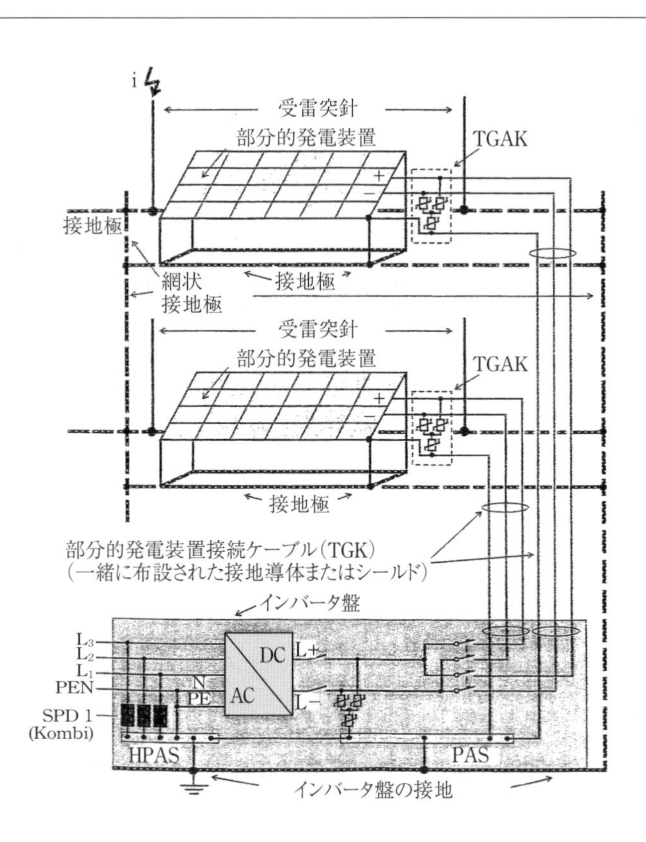


部分的発電装置用接続箱（TGAK）とインバータ盤内の発電装置接続箱間には長いDC電線が必要とされる。これらは適切な電線管または地上用金属製ケーブル・ケースに収納される。これらの電線の両端にはSPD（クラスⅡ）が設置される。接地導体（+および−導体と同一断面積）平行布設は、あらゆる場合、この電線に流れる雷電流分流分によるバリスタの負担を軽減する。インバータの交流側、すなわち回路網側にはSPDクラスⅠが設置される。

HPAS= 主等電位ボンディング母線

PAS= 等電位ボンディング母線

〔図80〕大型の３相インバータを持つ、大型の太陽光発電野外設備

ル・インバータが装備された平坦屋根の上の太陽光発電設備がある（図81）。この種の設備のモジュール（枠付きおよび枠なし）はしばしば非導電性の取り付けフレームに取り付けられる。それによって組み立てと直流配線の費用が大きく低減される。原理的にはこの種の設備の場合にも直撃雷に対し受雷突針による保護は意味がある。コストの理由から、このような太陽光発電設備は近接および遠方雷撃に対する保護のみに用いられる。

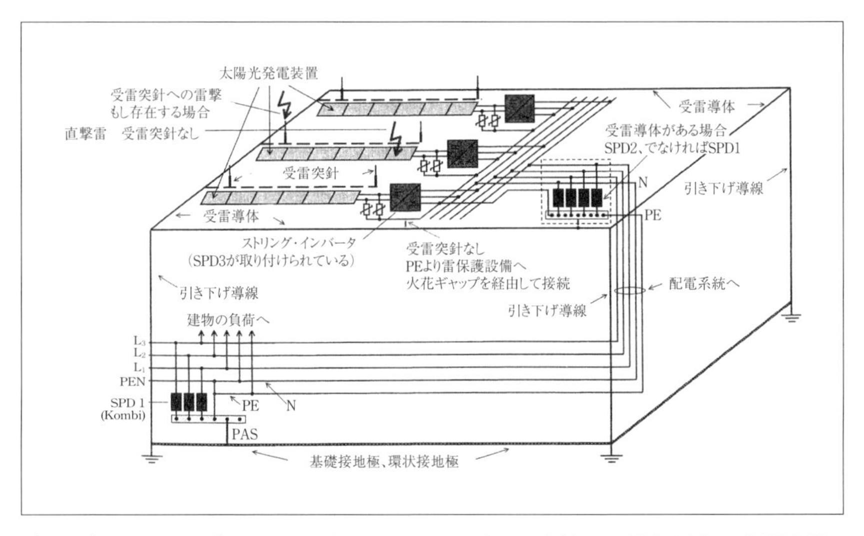


〔図81〕ストリングまたはモジュール・インバータを持つ平坦な屋上の太陽光発電設備（建物の縁の受雷導体は建物そのものを直撃雷から守っている。）

第14章

# 太陽電池セルを接続する場合の問題点

# 1．すべての象限における太陽電池セルの特性

太陽電池セルを纏めて接続し、より大きな単位（太陽電池モジュールまたは太陽光発電装置）を構成する際に、通常の運転状態では、個々の太陽電池セルの過負荷および過熱によって損傷を発生してはならない。各太陽電池セルのダイオード特性曲線の第1および第3象限（そこではセルが電力を発生するのではなく、電力を受け取る）における運転はできる限り防止しなければならない。しかしながら異常状態（例えば影がある場合）にある太陽電池セルがダイオード特性曲線の第1および第3象限で運転される可能性がある場合には、適切な接続手段によって、セルによる電流も、この場合セルに放散される電力も大きすぎることのないように確実にしなければならない。このようなケースを、より正確に取り扱うことができるためには、実際の太陽電池セルの完全な特性曲線を、より詳細に検討する必要がある。

図1はセル面積 $A_Z \fallingdotseq 102cm^2$ を持つ単結晶太陽電池セルの典型的な特性曲線を示している。その場合の電流、電圧の方向は通常のダイオードの場合と同じである。特性曲線の第1象限はダイオードの順方向に相当し、第3象限はダイオードの逆、または阻止方向に相当し、第4象限は太陽電池セルから出力される動作範囲に相当する。それに対し第1および第3象限は太陽電池セルが電力を消費する領域である。逆阻止電圧が15～25Vの場合には、一般に絶縁破壊が起こる。

# 2．逆電流流通の場合の挙動（ダイオードの順方向範囲における挙動）

太陽電池セルに外部電源によって無負荷電圧 $U_{OC}$ を超える電圧が加えられるならば、電流 $I' > 0$ が太陽電池セルに含まれているダイオードを通って流れる。その場合、このダイオードは順方向範囲にて動作している。太陽電池セルの通常の運転における電流方向Iで流れるこの種の電流については逆電流として取り扱う。

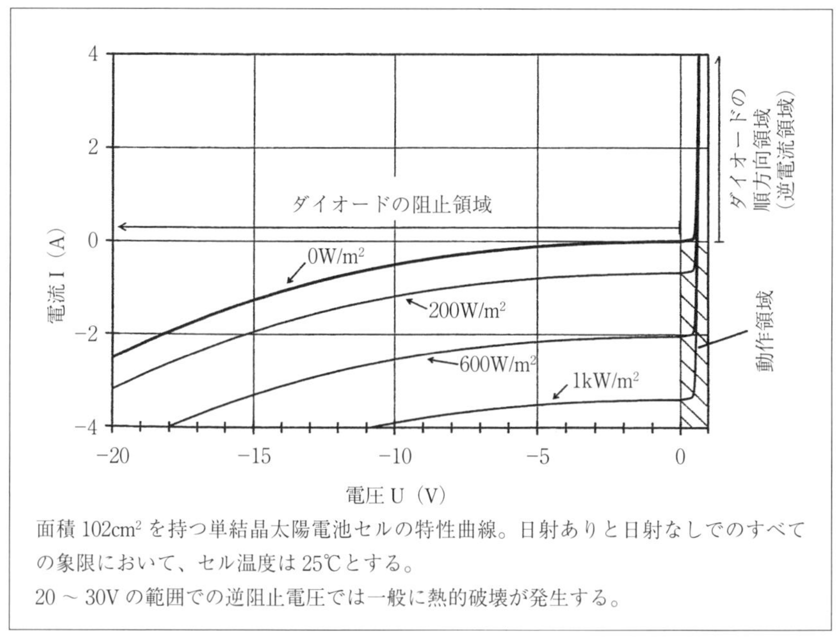


〔図 1〕太陽電池セルの特性曲線（単結晶）

過去に行われた実験結果によれば周囲温度20℃から25℃までの周囲温度において15分間、逆電流 $I_R=3 \cdot I_{SC\text{-}STC}$ が流されたが、太陽電池セルの特性に変化は見られなかった（$I_{SC\text{-}STC}$ ＝標準状態における短絡電流）。逆電流 $I_R=3 \cdot I_{SC\text{-}STC}$ が流されることによって太陽電池セルには、その単位面積当たり800～900W/m² の損失が発生し、それによって太陽電池セルは周囲温度に対し約25℃の温度上昇をすることがわかっている。いくつかの太陽電池セルは、$4.5 \cdot I_{SC\text{-}STC}$ から $6 \cdot I_{SC\text{-}STC}$ の逆電流が流されて初めてわずかの特性変化が見られた。個々のモジュールの場合には $3 \cdot I_{SC\text{-}STC}$ を30分間流しても、特性の変化は発生しなかった。

上述の実験では太陽電池セルに光を当てない状態で周囲温度20～25℃の間で実施された。1kW/m² の日射を受けている太陽電池セルに逆電流が流れる場合は、もちろん加算された温度上昇になる。日射によって太陽電池セルはすでに20～40℃上昇している。これに逆電流による損失による温度上昇分が追加される。3・$I_{SC\text{-}STC}$の逆電流が流れると、さらに20℃温度上昇する（増加した温度上昇のために、熱放散も増加する）。典型的な太陽電池セルはこのような状態では、周囲温度に対し約50℃上昇する。通常の太陽電池セルの最大運転許容温度は90～100℃なので、このような場合の許容周囲温度は40～50℃である。

結論として、すべての市販のモジュールは標準状態（STC）において短絡電流$I_{SC\text{-}STC}$第1象限における順方向電流（太陽電池運転の通常の電流方向に対しては逆電流）を損傷することなく流し続けることができる。しかし太陽電池セルの測定結果は通常は$I_R$=2・$I_{SC\text{-}STC}$～3・$I_{SC\text{-}STC}$を問題なく流せることを示している。しかし太陽光発電設備の計画の際に、モジュール技術仕様書に最大許容モジュール逆電流についての明白な表示があれば（場合によっては種々の温度条件について）非常に利用価値がある。

## 3．電圧逆転（ダイオードの阻止範囲）の場合の太陽電池セルの挙動

太陽電池により、その能動範囲において発生する電流I=－I' が外部の影響により、その短絡電流$I_{SC}$よりまだ大きくなる場合には、このセルの電圧は負にならなければならない。そうなると、このセルは第3象限またはダイオードの阻止領域で動作することになる。第3象限における特性曲線を得るためには、まずいくつかのセルで無日射状態での曲線（0W/$m^2$）を測定し、それから典型的な曲線を選定する。実際の太陽電池セルは、通常のシリコン・ダイオードに比較すれば、非常に粗悪な阻止挙動を示し、それには、まだかなりのバラツキが存在する。無日射状態の特性曲線もまた温度に依存する。高い電圧（数Vより高い）ではセルには、常にある特定の損失が発生し、セル温度を高める。この加熱によって動作点が変化し、それによって特性曲線もまた幾分変化する。

## 4．許容される全体の単位面積当たりの損失の概算値

第１または第３象限における太陽電池セルの運転の際に、電気的損失による加熱と日射による加熱の結果が加算される。最高可能な周囲温度 $T_U$ を 40 ～ 50℃までとし、太陽電池モジュール技術仕様書による最高許容セル運転温度を 90 ～ 100℃までとすれば、平均的な熱放散状態の場合に周囲温度に対し、約 50℃の温度上昇が許される。全モジュールが熱的に均一に加熱されるならば、これは単位面積当たりの損失が約 $2kW/m^2$（セルの大きさ $100cm^2$ で１セル当たり約 20W）に相当する。

太陽電池セルにおける最大の単位面積当たりの損失 $P_{VTZ}$ は、

$$P_{VTZ} = G_Z + P_{VEZ}/A_Z \fallingdotseq 2kW/m^2 \fallingdotseq 20W/dm^2 \fallingdotseq 200mW/cm^2 \quad \cdots\cdots\cdots (2)$$

上式において

$G_Z$：太陽電池セルへの日射強度
（実際には $G_Z = G_G$）

$A_Z$：太陽電池セルの面積

$P_{VEZ}$：第１または第３象限における運転の際の太陽電池セルの電気的損失

上記の前提はどちらかと言えば慎重な設定であり、(2) 式による保守的な概算値はほとんどリスクがないと言える。第１象限における、すなわち順方向領域における運転の際には全モジュールが均一に負荷される。この象限においては、電圧は比較的小さい（$U_F \fallingdotseq 0.8V$）ので逆電流 $I_{R\text{-}Mod}$ も損失も制限要素とはならない。

第３象限における運転の際には、もしモジュールの部分的な影により１ヶのセルのみが阻止方向で運転され、また残りの完全に日射を受けた太陽電池セルの総電力により加熱されるならば、最悪の状態が発生する。しかしこの最悪な事態は直接隣接するセルにより幾分冷却される。それゆえ、大概のメーカーはこのような場合、ちょっとばかり保守的な設定をして、個々の部分的影を受けたセルについて次のような $P_{VTZ}$ を許している。

第３象限における個別セルに許される：

$$P_{VTZ} \fallingdotseq 2.5\ \mathrm{kW/m^2}\ から\ 4\ \mathrm{kW/m^2} \cdots\cdots\cdots \quad (3)$$

このP$_{VTZ}$に関する概算値から原理的にモジュール当たりのバイパスダイオードの必要な数が決定される。P$_{VTZ}$の大きな限界値が選ばれるほど、それだけセルに必要なバイパスダイオードは少なくなる。

## 5．太陽電池セルのシリーズ接続

太陽電池セルを直列接続する場合には、それらの電圧を加算する。$n_Z$ヶを直列接続したセルの電圧は１ヶのセルの電圧の$n_Z$倍である。その電流はこのような直列接続の場合、太陽電池セルの電源特性により最小出力のセルにより決定される。

この状況を２ヶの直列接続された太陽電池セルにより分析してみよう（図２参照）。

セルＢは（例えば木の葉や鳥の糞による部分的影があり）セルＡの短絡電流の半分しか流せない。二つのセルが接続された全体のＩ～Ｕ特性曲線は同一の電流で、両セルの電圧を加えたものとなり、出力の小さいセルＢのＩ～Ｕ特性を電圧軸で２倍に引き延ばしたものとなる。Ｉ

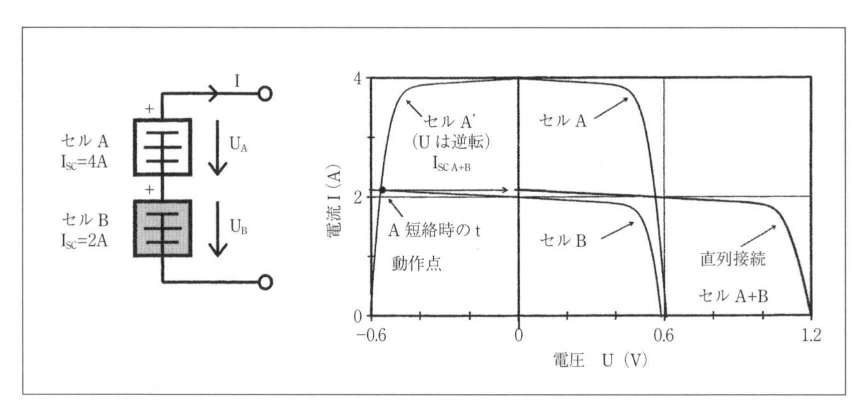


〔図２〕二つの異なった直列接続された太陽電池セルの個々の特性とI～U総合特性（セルBには部分的に影がある。）

〜U総合特性曲線のMPPにおける最大電力$P_{max}$はセルAおよびBの最大電力和ではなく出力の小さい方のセルの最大電力の2倍となるだけである。この直列接続が短絡されると$U_B = -U_A$となり従って負となる。その場合、セルBでは電流と電圧は同一方向となっているので、（第3象限での運転のため）出力の大きいセルAにより発生する電力はセルBにおいて熱に変換される。単に二つのセルの直列接続の場合は、セルBはこの状態を容易に維持する。

図2に示された状況は非常に小さな規模で、また均一に日射の受けた太陽電池セルに発生したものである。個々の太陽電池セルの特性曲線はサンプルのバラツキの結果、決して同一とはならないがゆえに、多くの太陽電池セルの直列接続の最大電力は、常に、個々のセルの最大出力の和より幾分小さい。太陽電池セル・モジュールのメーカーは、一つのモジュールに、MPPにおいて、できるだけ同じ電流$I_{MPP}$を持つセルのみを組み合わせるようにして、このいわゆるミスマッチまたは非適合損失を小さくすることを試みている。

## 6．ホットスポット生成の危険

通常は2ヶ以上のセルが直列に接続される。この場合には、部分的または完全に影を受けたセルが短絡発生時には、大きな負荷を受け、また強く加熱され（いわゆる“Hot Spot”の生成）そのセルの影響により、残りのセルから発生する電圧のすべてを低下させる（図3参照）。

図4はセル面積約102cm$^2$の36ヶの太陽電池セル を持つモジュール（バイパスダイオードなし）が図3に示される状態に置かれている場合の特性曲線を示している。

35ヶのこれらのセルは1kW/m$^2$の日射を受け、K35として記入されている総合特性を持っている。影を受けている特性曲線（図中に示されている中間の日射）において、記入された方向の電圧は負である。動作点を決めるために、反対方向の電圧および電流方向の阻止特性曲線が図中に示されている。

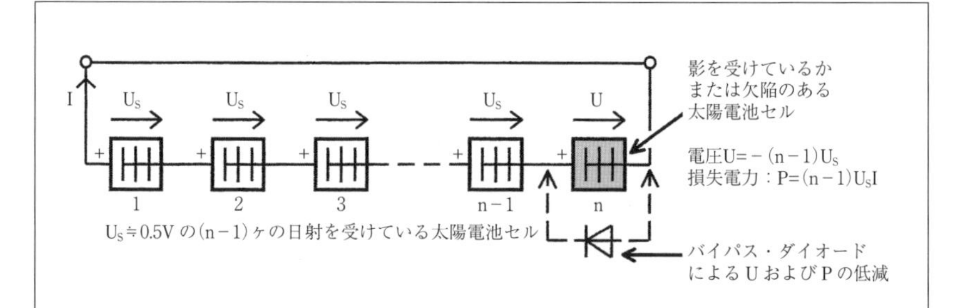


影を受けているか、または故障した太陽電池セルに残りのセルからの電圧、つまり概略−(n − 1) − 0.5V が加わる。この場合の動作点の正確な決定および影を受けているセルのUとPの決定は図4の特性曲線により行われる。

〔図3〕短絡発生時におけるnヶの太陽電池セルの直列接続

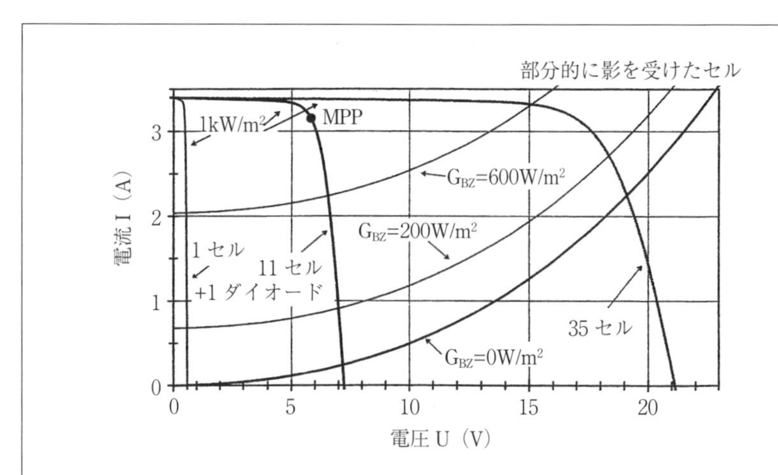


35のセルはAM1.5および1kW/m²の日射を受けている。部分的に影を受けているセルの特性曲線は$G_{BZ}$で示される。動作点は影を受けたセルの阻止曲線と35ヶの全面的に日射を受けた特性曲線（35）との交点となる。

〔図4〕1ヶの太陽電池セルが（部分的に）影を受けている場合、36ヶの太陽電池セル（セル面積$A_Z$≒102cm²、セル温度$T_Z$ =25℃）を持つ短絡されたモジュールの特性曲線

短絡時には設定された動作点は基本的に、影を受けたセル（それに対応する日射）の特性曲線と35ヶの全面日射を受けているセルの特性曲線との交点であり、非常に容易に決められる。阻止特性曲線が熱的に不安定なので、実際には動作点を正確に決めることはそう簡単ではない。しかし設定される損失電力は多くの場合、(3) 式で与えられる概算値を遙かに超過し、その結果、(部分的にまたは) 影を受けた太陽電池セル損傷およびモジュール全体の損傷が発生する場合がある。

各セルにバイパスダイオードを接続するのはコストがかかりすぎる。それゆえ、一般にバイパスダイオードは太陽電池セルのグループごとに、例えば12～24セルごとに、1ヶ接続される。このような太陽電池セルのグループにおける上述のような状況の説明のために図4では12セルのグループのバイパスダイオードの場合の特性曲線も示されている。もし影を受けているセルの特性曲線が、バイパスダイオードにより橋絡されたセル・グループ（例えばn=12）のI～U曲線のMPPによって描かれるならば、影を受けているセルの最大損失電力は、全面に影を受けた場合ではなくて、特定の部分的影を受けた場合に発生する。

太陽電池モジュールの短絡運転は確実に異常状態であり、しかし決して、あり得ないストレスではない。

図5は12Vの積算の充電に際しての図4のモジュールの特性曲線（35ヶが全面日射を受け、1ヶが部分的影を受けているセル）を示している。部分的に影を受けたセルの動作点を決めるため35ヶの全日射を受けたセルの特性曲線K35と並んで、部分的に影を受けたセルを経由した条件で決められる電圧（曲線K35-12V）が示されている。部分的に影を受けたセルの動作点は、これらのセルの（それに対応した日射を受けている）阻止曲線と曲線K35-12Vとの交点で与えられる。

部分的に影を受けたセルにおいて発生する損失電力は短絡状態の場合よりも明らかに小さいが、(3) 式の概算値の範囲にある、すなわち部分的に影を受けたセルは強く加熱されるが、損傷することはない。

1ヶの太陽電池モジュールの1ヶのセルが部分的影を受けている場合には、太陽電池モジュールの特性曲線は大きく変化しMPPにおける電

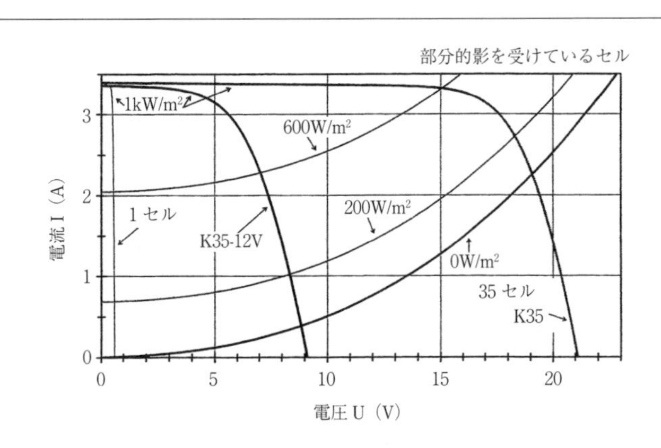


$A_Z$ ≒ 102cm²、セル温度 $T_Z$=25℃の36ヶのセルを持つモジュールおよび12Vの蓄電池充電の際の1ヶのセルの部分的影を受けている場合の特性。
35ヶのセルは1kW/m²の日射を受けている（特性曲線K35）、なお部分的に影を受けているセルは特定の日射を受けている。部分的に影を受けているセルを経由して12Vだけ低い35ヶの完全日射を受けているセルの電圧が発生している。

〔図5〕1ヶのモジュールの1ヶのセルが部分的に影を受けている場合の特性

力 $P_{max}$ はかなり減少する。図6は図4の36ヶのセルを持つモジュールの特性曲線を示している。

## 7．モジュールに取り付けるバイパスダイオード

通常はバイパスダイオードは各太陽電池セルに並列接続され、ホットスポット生成の問題を低減する。あるセルが影を受けたりまたはあるセルに欠陥が発生した場合には、残りのセルの電流は、そのバイパスダイオードを経由して流れ、その際に危険な状態のセルに加わる（負）電圧（バイパスダイオードの順方向電圧）は0.6～0.9V程度となる（図3参照）。

図7は短絡時のこのようなセルから成る36ヶのセルで構成されるモジュールの図5に類似の特性を示している。

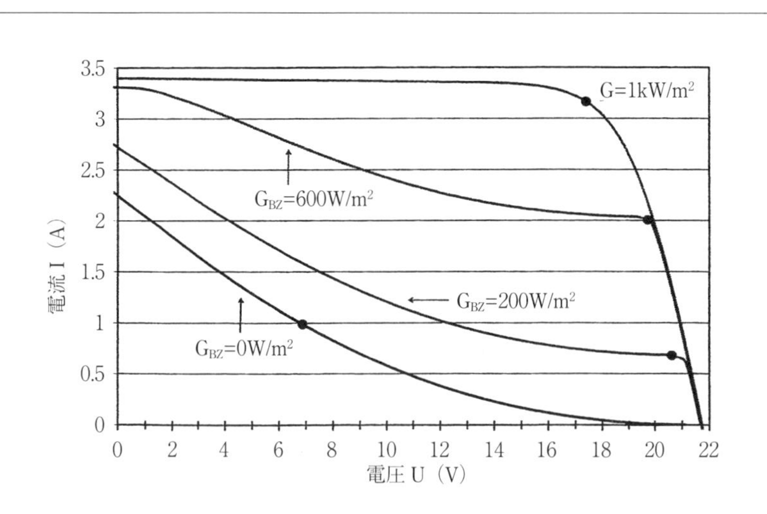


セル面積 $A_Z$ ≒ 102cm²、セル温度 $T_Z$=25℃の 36 ヶのセルを持ちバイパスダイオードなしで、1 ヶのセルが部分的影を受けている図 4 によるモジュールの I ～ U 特性曲線。

36 ヶのセルのうち 1 ヶが影を受けているだけであるが、特性曲線は大きく変化し、MPP における電力も大きく低下する。もしモジュールにバイパスダイオードが装備されるならば、この特性曲線は、使用される接続方法にしたがって幾分変化する。

〔図 6〕 1 ヶの部分的に影を受けたセルを持つモジュールの特性曲線

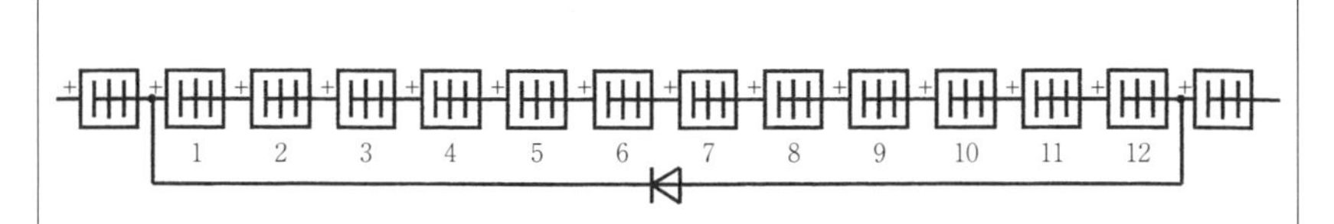


バイパスダイオードにより直列接続された太陽電池のグループはホットスポットの発生に対して保護される。12 ～ 24 の太陽電池セルに対して 1 ヶのバイパスダイオードが推奨される。

〔図7〕バイパスダイオードによる直列太陽電池の保護

各太陽電池セルにバイパスダイオードを取り付けるのが理想的であるが、非常に高価となるし、必ずしも絶対に必要ということではない。第３象限で、すなわち阻止方向で、運転される太陽電池セルでは数Ｖが持続的に保持されるので、単位面積当たりの最大熱的損失についての(3) 式の概算値に到達する前に、それぞれのメーカーの前提条件に従って 12 ～ 24 ヶの直列接続された太陽電池セルのグループに対して１ヶのバイパスダイオードを接続すれば十分である（図７参照)。バイパスダイオードによって保護されるグループの１ヶのセルが部分的影を受けた場合、保護されるグループの外側の太陽電池セルによって発生する電流はバイパスダイオードを経由して流れる。このバイパスダイオードグループ内においては、全モジュールが短絡状態にあるのと、ほぼ同様な状況となる。雲が厚い期間中短時間過負が発生するので、バイパスダイオードは通常運転におけるよりも幾分大きな電流に対応して設計しなければならない（例えば、≧ 1.25・$I_{SC\text{-}STC}$)。

導通状態のバイパスダイオードの場合、影を受けたセルに加わる電圧は、影を受けないグループによって発生する電圧より、バイパスダイオードにおける電圧降下分だけ、大きくなる、つまり正常運転におけるグループによって発生する電圧とほぼ同じであり、危険な状態は発生しない。図７に示されている 12 セルの両端にバイパスダイオードが接続されているならば、図４に曲線（11 ヶのセル＋１ヶのダイオード）が追加して表示されており、部分的に影を受けている太陽電池セルの電圧が説明されている。このような方法で、部分的に影を受けたセルに約 2.5kW/$m^2$ の範囲における最大可能な熱的損失 $P_{VTZ}$ が発生する、すなわち、ホットスポット損傷は発生しない。太陽電池セルの直列接続の場合、バイパスダイオードの適切な適用によって、個別の影を受けたセルの過熱による損傷（ホットスポットの生成）を確実に防止できる。正常運転においてはバイパスダイオードはほとんど損失を発生しない。ただし 12V より高いシステム電圧を持つ太陽光発電設備は、太陽電池セルの絶縁耐力が検査されているかまたはバイパスダイオードが組み込まれている場合を除き、安全性の理由から、常に注意すべきである。

市販の太陽電池モジュールには必要なバイパスダイオードはしばしば組み込まれているか、または、それらはモジュールの接続コンセントに組み込むことができる。一般に10から24までの太陽電池セルに対して1ヶのバイパスダイオードで十分である。バイパスダイオードのグループが小さければ小さいほど、そのモジュールは部分的な影に対して、それだけ鈍感になり、しかし反面、コストは高くなる。モジュールの仕様書に、バイパスダイオード・グループの大きさ、または少なくともバイパスダイオードの数が記載されていることが望ましい。もし各太陽電池セルでなく、一般的なモジュールにおいて、多数のセルを直列に接続した一つのグループのみに1ヶのバイパスダイオードが接続されている場合には、個別のセルが影を受けた場合には、太陽電池モジュールの発生電力は急激に低減する。

バイパスダイオードは部分的影を受けた場合の個々のモジュールの急激な出力低下に対して十分な対策となることはできない。多数のモジュールが直列接続されたストリングにおいて初めて、バイパスダイオードは、個別セルまたはモジュールが部分的に影を受けた場合に、全体のストリングの出力を極端に低減しないよう貢献できる。

◇バイパスダイオードの設計（最大のモジュール温度において）

順方向電流：$I_F \geqq 1.25 \cdot I_{SC\text{-}STC}$ ……………………………… (4)

阻止電圧：$U_R \geqq 2 \cdot U_{OC}$ ……………………………………… (5)

モジュールに組み込まれたバイパスダイオードは当然のことながら十分に放熱されなければならない。太陽電池セルの面積と電流が大きければ大きいほど、それだけ問題も大きくなる。約3.5Aの$I_{SC}$を持つモジュールの場合には、接続コンセントに放熱が悪い状態で取り付けられた6Aのダイオードで十分であるが、例えば15cm × 15cmの大きなセルの場合には、12Aのダイオードが必要であり、その本格的な冷却が必要とされる。この問題は、順方向の電圧降下がわずか0.3 ～ 0.5Vのショットキーダイオードの使用によって緩和することができる。ともかく、ショットキーダイオードの耐電圧は通常のシリコンダイオードの耐圧より遙かに小さい。バイパスダイオードは阻止方向において、モジュ

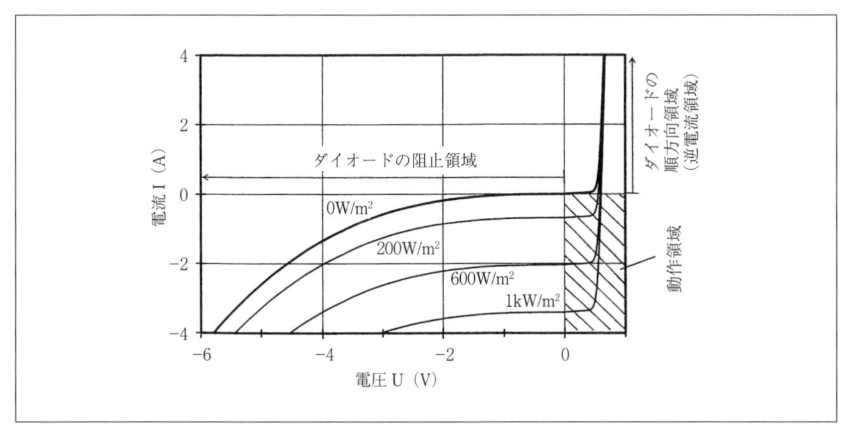


〔図８〕結晶系太陽電池セル（$A_Z$≒102cm²）の、セル温度25℃において、日射の有無の条件下で、すべての象限において制御された通電特性の場合のI～U特性曲線

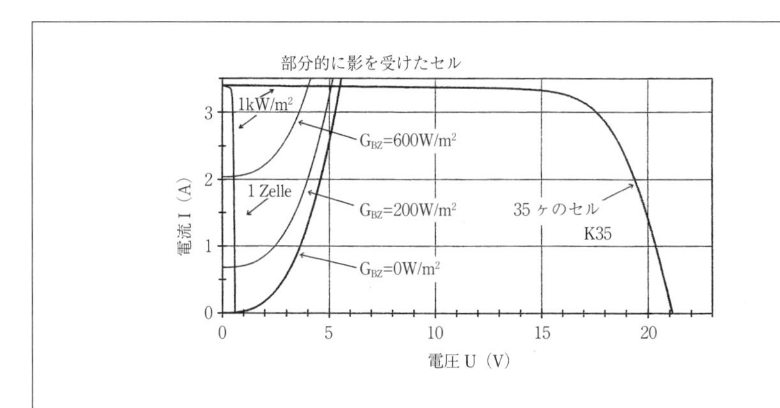


36ヶのセルにより構成されるモジュールの短絡時の特性、ただしセル温度 $T_Z$=25℃および1ヶのセルが部分的に影を受けた場合の特性曲線。35ヶのセルは 1kW/m² の日射を受けており曲線K35で示されている。
部分的に影を受けたセル $G_{BZ}$ で示されている。
動作点は部分的に影を受けたセルの阻止曲線とK35曲線との交差点である。

〔図9〕１ヶの太陽電池において制御された通電特性を持つ部分的に影を受けた太陽電池セルの特性曲線

ールの無負荷電圧の約２倍に耐えることができる。雷保護の観点からすれば、バイパスダイオードはできるだけ高い阻止電圧を持っているのが望ましい。

## 8．バイパスダイオード省略の可能性

もしモジュールの短絡の場合を除外すれば、12V 以下の電圧を持つ小さな太陽光発電設備では、一般にバイパスダイオードなしのモジュールの適用が可能である。しかし、より高い電圧を持つ設備の場合には、モジュールは常にバイパスダイオードにより保護されるか、または使用されているセルが、阻止方向において全く特別な特性を示していなければならない。特別に大きなモジュールおよび大きなセルの場合には、バイパスダイオード取り付けの必要性は冷却が必要なために、それが大きな負担となってしまう。セルの阻止能力の意図的な低下によって、阻止方向範囲において制御された通電動作を可能にすることができれば理想的であるが、まだ開発されてはいない。

しかし現状では、各太陽電池セルにバイパスダイオードを取り付けるのがベターである。それによって太陽電池セルのその他の特性を低下しないようにすることができる。図８はバイパスダイオードを必要としない理想的太陽電池セルのすべての象限における特性曲線を示している。

図９は図４に類似の 36 ヶのセルにより構成されるモジュールの短絡時の特性曲線を示している。部分的な影を受けたセルの電圧はすべての日射において低くなっているので、電力損失も小さく、バイパスダイオードがない場合でもセルが危険に曝されるということはない。各メーカーは、この種の太陽電池セルの開発を検討しているが、残念ながら正常状態での特性が悪化するので、まだ市場には出回っていない。

図９はバイパスダイオードがない場合を示しているが、これはメーカーが、使用されている太陽電池セルが制御された通電特性を持っていることを保証している場合にのみ可能である。大型設備の場合はバイパスダイオードは重要な役目を果たすことになる、すなわち、部分的に影を

受けたモジュールの直列ストリングの場合に大きな発生電力の損失を防止することができるからである。

## 9．ソーラーセルの並列接続

同一技術の太陽電池セルで、同一メーカー製、同一型式のものだけが並列接続可能である。太陽電池セルの並列接続の場合には、電流が加算されるが、電圧は1ヶのセルと同じに止まる。個々の太陽電池セルの特性曲線は同一の日射であっても少しバラツキがあって異なっている。それゆえ、多数のセルの並列接続の最大電力は、個々のセルの最大電力の総和よりも幾分小さくなる。できる限り同一のMPP電圧 $U_{MPP}$ のセルを並列接続することによって、このミスマッチまたは電圧のバラツキによる電力損失を小さく押さえることができる。

太陽電池セルの並列接続の場合にも対処しなければならない危険な運転状態がある。まず、並列接続された太陽電池セルの一つが影を受けた場合どうなるかを調査しなければならない。この場合は影を受けたセル

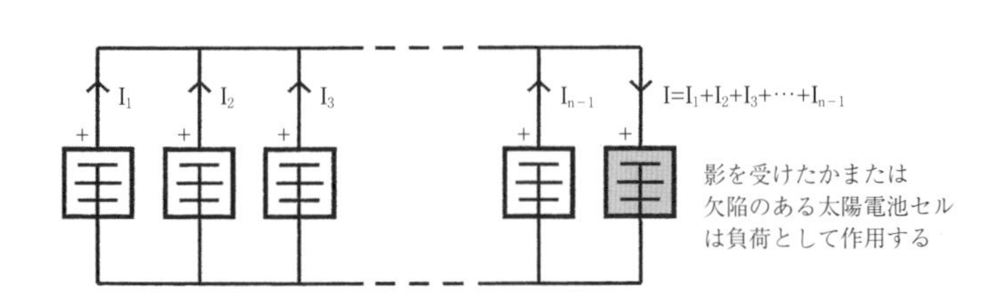


nヶの太陽電池セルの並列接続の場合に1ヶの影を受けたセルまたは欠陥のある太陽電池セルがn－1ヶの日射を受けたセルから給電され負荷として作用している。1ヶが影を受けている場合、発生する逆電流は、同一型式の任意の数の結晶系シリコン・セルの並列接続は危険ではない。それに対しセルの欠陥に対しては確実に対策がとられなければならないので、最大3～4の並列接続に制限するのが望ましい。

〔図10〕負荷として作用する影を受けた太陽電池

は第１象限で、すなわち順方向で運転されており、それゆえ負荷として作用している。影を受けた太陽電池セルにとって、この状態で最も危険なのは、同時に全モジュールが無負荷状態にあり、日射を受けているセルが無負荷電圧を発生している場合である（図 10 参照）。

この場合には、図 11 において結晶系 Si- 太陽電池セルが調査される。ここでは 1kW/m$^2$ で照射された太陽電池セルの特性曲線と１ヶの全面に影を受けたセルの特性曲線が表示されている。影を受けたセルの動作点は日照を受けたセルの特性曲線と影を受けたセルの特性曲線との交点

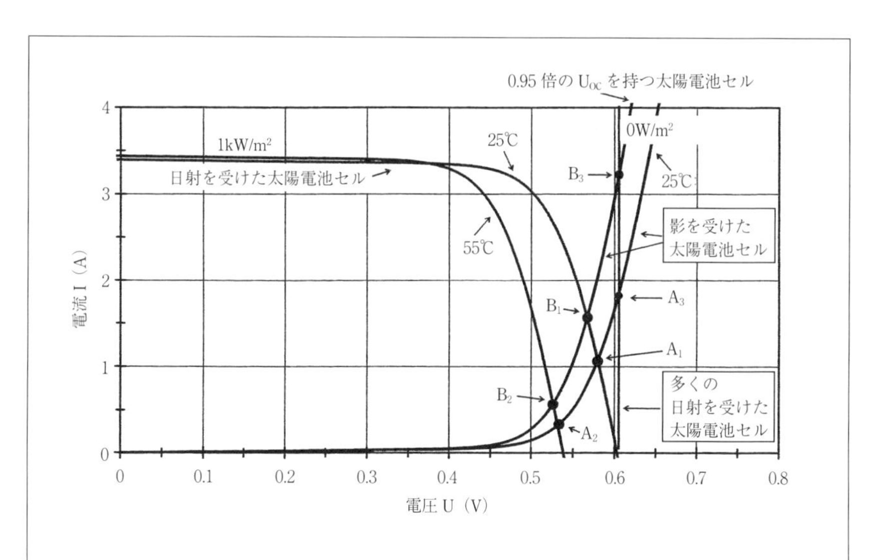


1 kW/m$^2$ で日照を受けているセル温度 25℃および 55℃の結晶系 Si 太陽電池の特性曲線並びに影を受けている正常の太陽電池セルの特性曲線並びに代表的バラツキの結果によって低減された順方向電圧を持つ太陽電池セルの特性曲線。
非常に多くの並列接続された太陽電池セルの場合には、日射を受けたセルの特性曲線としては、$U_{OC}$ のところでの垂線が与えられる。動作点は影を受けたセルの特性曲線と日射を受けたセルの特性曲線との交点である。可能性のある最悪条件においても逆電流 $I_R$ は STC において $I_{SC STC}$ より小さい。それゆえ、任意の多くの同一型式の結晶系 Si- 太陽電池セルは、大きな逆電流の発生もなく、並列接続することができる。

〔図11〕日射を受けたセルと影を受けたセルの並列接続

で決まる。

# 第15章

# 部分的影及びミスマッチによる<br>太陽光発電装置における電力損失

## 1．はじめに

もし個々の太陽電池セル又はモジュールが部分的影を受けた場合、太陽電池モジュールおよびそれに対応するストリングの電力は、かなり低減する。もしモジュールの特性曲線が完全に同じでなければ、例えば不可避のバラツキ（$P_{max}$, $U_{MPP}$, $I_{MPP}$の不一致）により小量の電力損失が発生する。このような場合を太陽光発電装置のミスマッチと呼ぶ。このようなミスマッチは、もし、あるストリングのモジュール（例えば不均等な反射状況の結果）が精密には同一の日射条件とはならない場合、理想的な太陽電池モジュール特性を持つ影の無いモジュールにおいても発生する可能性がある。それ故、ある太陽光発電装置の実際にSTCの際、発生する電力$P_{Ao}$は通常の太陽光発電装置電力$P_{Go}$よりも常に小さい。

## 2．個々のモジュールが影を受けた結果の損失

ただ一つのモジュールから成るストリングの場合、部分的に又は完全に影を受けた場合の発生電力の低下は劇的である。もし$n_{SM}$ヶが直列に接続された太陽電池モジュールを持つストリングにおいて、すべてのモジュールにバイパスダイオードが取り付けられているならば、個々のモジュールが部分的に影を受けた場合の発生電力の低下は、$n_{MS}$が大きいほど、少なくなる。影の無いモジュールは、その動作点を無負荷運転の方向へ幾分押しやり、これらのモジュールの発生電圧は幾分高まり、また電流は影を受けたモジュールの周辺のバイパスダイオードを経由して流れる。これはホットスポットに対する保護と並んで、バイパスダイオードの二番目の重要な役目である。

モジュールが影を受けた場合の状況は、ストリングのそれぞれについて、$n_{MS}$の種々の値について調査されなければならない。その際に、影を受けたモジュールは、まだ$100W/m^2$の日射は受けており、残りの$(n_{MS}-1)$ヶのモジュールは、なお$1kW/m^2$の日射を受けていることを前提とする。図1にはそれぞれ電圧$U_{MPP}$（全ての$n_{MS}$ヶのモジュール

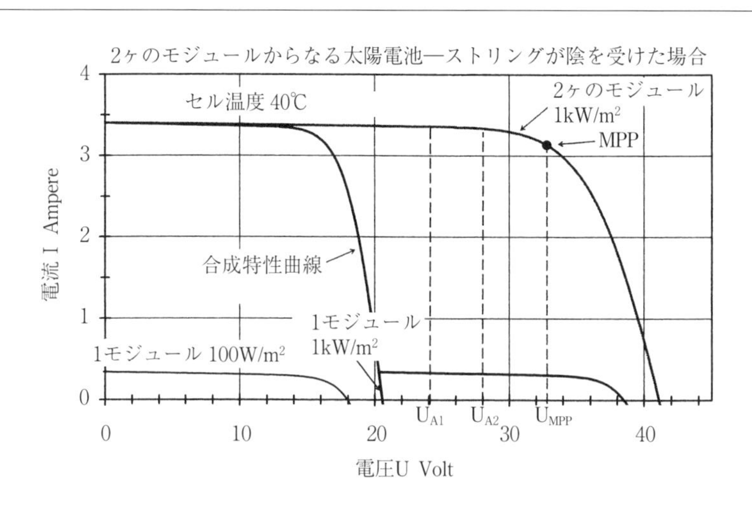


２ヶのモジュールからなる太陽電池ストリングの特性曲線（例えば 24V の独立システム）で理想的なバイパスダイオードで橋絡されている１ヶのモジュールが影を受けた場合を示す。（セル温度は 40℃、1kW/m$^2$ で日射を受けているモジュールと影を受けているため 100W/m$^2$ の日射を受けているモジュール）完全日射を受けているストリングの $U_{MPP}$=MPP- 電圧はモジュール当たり $U_{A2}$=14V および $U_{A1}$=12V である。

〔図1〕

が 1kW/m$^2$ の日射を受けた場合の MPP 電圧)、$U_{A1}$（1 モジュール当たりの電圧 12V,）及び $U_{A2}$（充電過程の終端におけるモジュールの電圧 14V）が与えられている。この状況を複雑にならないよう整理するために、さらに、影を受けたモジュールが理想的なバイパス・ダイオード（順方向での電圧降下は零）によって橋絡されており、すべてのモジュールの温度は 40℃（冬期と夏期の期間の平均温度）となっていることを前提とした。図１ の事例では単結晶セルを 36 ヶ直列に接続したモジュールを取り上げているが、この検討は全ての結晶系モジュールにも適用出来る。

図１ は $n_{MS}$=2 ヶのモジュールが直列接続されている状況（たとえば 24V の独立システム）を示している。 電流と電力は $U_{MPP}$ の場合も、

$U_{A2}$ および $U_{A1}$ の場合も、影を受けていない太陽電池ストリングの 10% にすぎない。僅か $n_{MS}$=2 のストリングにおいて、１ヶのモジュールの部分的影はエネルギー発生に大きく影響を及ぼす。

図２は $n_{MS}$ = ４ヶのモジュールが直列に接続されている状況を示している。（例えば 48 V の独立システム）$U_{MPP}$ における電流と電力は、まだ、やはり影の無いストリング場合の値の 10% にすぎない。$U_{A2}$ の場合には電流は約 62%、$U_{A1}$ の場合には、95% に増加している。即ちバイパスダイオードのおかげで電力損失は比較的小さくなっている。

図３は $n_{MS}$ = ９ヶのモジュールが直列に接続されている太陽電池ストリングの特性曲線を示す。（例えば 110V の独立設備）$U_{MPP}$ の場合の電

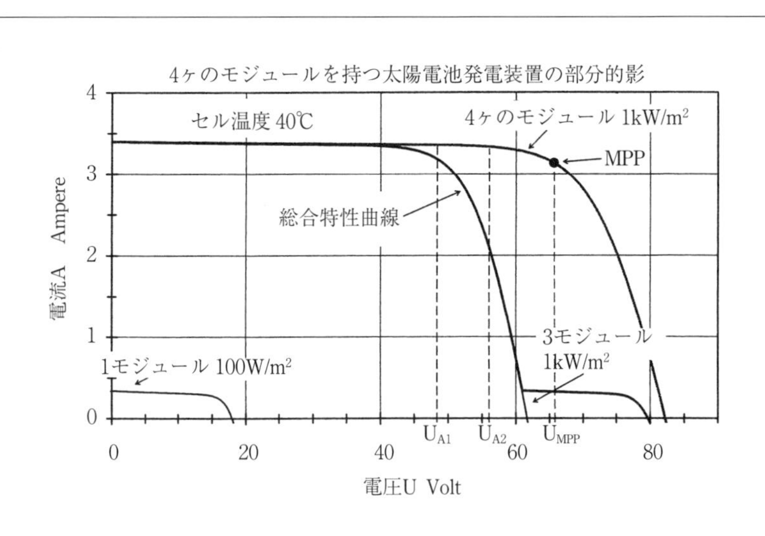


４ヶのモジュールからなる太陽電池ストリングの特性曲線（例えば 48V の独立システム）で理想的なバイパスダイオードで橋絡されている１ヶのモジュールが影を受けた場合を示す。（セル温度は 40℃，1kW/m² で日射を受けているモジュールと影を受けているため 100W/m² の日射を受けているモジュール）完全日射を受けているストリングの $U_{MPP}$=MPP- 電圧はモジュール当たり $U_{A2}$=14V 及び $U_{A1}$=12V である。

〔図2〕

流と電力はバイパスダイオードの御蔭で影の無いストリングの場合の値の70％を超えている。$U_{A2}$の場合では電流は約97％で、$U_{A1}$の場合は実際上は100％に上昇する。

一般的に$n_{MS}$ヶのモジュールを持つストリングがあり、そのうち$n_{MSB}$ヶが影を受けており、それらは100W/m$^2$の日射を受けており、残りの（$n_{MS}-n_{MSB}$）ヶが1kW/m$^2$で日射を受けている状態の電力を調査出来る。図4にはセル温度Tz = 40℃のモジュールの例として、影を受けているモジュール数の比率$a_{MB} = n_{MSB}/n_{MS}$の関数として、ストリング電力の比率が示されている。その算出のためには、すべての結晶系のモジュールに用いることができる特性曲線を適用する。

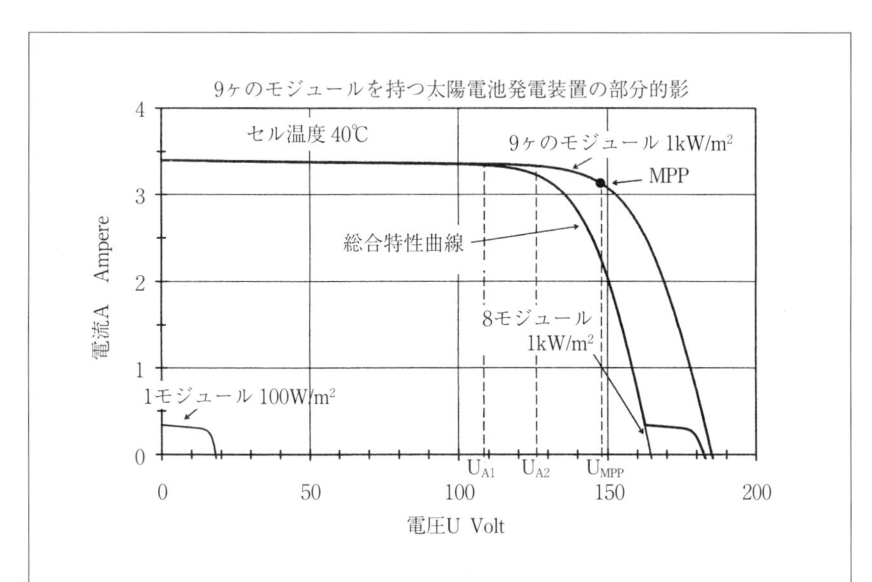


理想的なバイパスダイオードで橋絡されているモジュールが影を受けている場合、9ヶのモジュールから成る（例えば110Vの独立設備）太陽電池ストリングの特性曲線。（セル温度Tc =40℃、1kW/m$^2$の日射を受けたモジュール、影を受けたため100W/m$^2$の日射を受けたモジュール）$U_{MPP}$= 完全に日射を受けたストリングのMPP電圧、モジュール当たり$U_{A2}$ = 14 Vおよび$U_{A1}$=12V

〔図3〕

◇影を受けているモジュール数の比率

$$a_{MB} = n_{MSB}/n_{MS} \quad \cdots\cdots (1)$$

上式において

$n_{MS}$ = 1ストリング当たりのモジュール全数

$n_{MSB}$ = 1ストリング中の影を受けているモジュール数

図4からは、完全日射のストリングのMPP電圧 $U_{MPP}$ で運転される際に、小さな $a_{MB}$ 値では、まずは小さい電力低減が発生し、そして次に電力低減が進行する。それに対し、ストリングが小さな電圧、$U_{A2}$（モジュール当たり14 V）又は $U_{A1}$（モジュール当たり12 V）、では小さな $a_{MB}$ 値に対しては、まだ実際上は電力低減は発生しない。$a_{MB}$ が大き

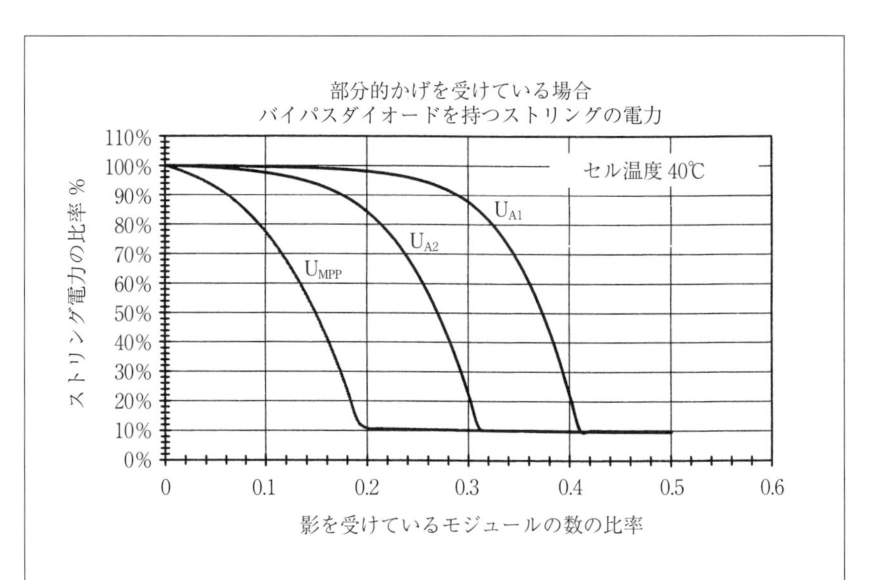


個々の（理想的なバイパスダイオードにより橋絡された結晶系の）モジュールが影を受けた場合、(1) 式による影を受けたモジュールの数の比率の関数としての太陽電池ストリングの比電力。前提条件：セル温度 $T_Z$=40℃ ,1kW/m² および 100w/m² の日射を受けている影を受けたモジュール。$U_{MPP}$ = 完全日射を受けているストリングのMPP電圧。$U_{A2}$ = 14V, $U_{A1}$ = 12V 36 セル接続のモジュール

〔図4〕

な値になって、初めてストリングの電力が漸次低減する。バイパスダイオードのおかげで、大きな数のモジュールを持つストリングにおいては、個々のモジュールが影を受けた場合の電力は、急に低減することなく、著しい数のモジュールが影を受けた場合に電力低減が起こる。

## 3．バラツキによるミスマッチ損失

ストリングに接続された太陽電池モジュールの特性にバラツキがあるならば、即ちストリングに最小電力のモジュールが存在するならば、モジュール電力の低減された総和に基づいて計算により予想される値よりも当該ストリングの電力は大きく低下する。この追加される低減分は太陽光発電設備の内部の不適合に基づくものであり、ミスマッチ損失と呼称される。

これらのミスマッチ損失はストリングの $n_{MS}$ の種々の値について調査されなければならない。すべてのモジュールは $1kW/m^2$ で日射され、その際のセル温度は $T_Z$=25℃となっている。その場合、製品のバラツキの結果、一つのモジュールは $900W/m^2$ で日射されているとみなされる。残りの（$n_{MS}-1$）のモジュールは $1kW/m^2$ の日射を受けて正常の特性を持っているとする。図示の曲線は、電圧 $U_{MPP}$（すべての $n_{MS}$ モジュールが $1kW/m^2$ で日射された際の $M_{PP}$ 電圧）、$U_{A1}$（モジュール当たりの電圧12V、$n_{MS}\times 12V$ の定格電圧を持つ蓄電池の充電現象の初期にはモジュール当たりの電圧は12V）、および $U_{A2}$（充電現象の完了時点ではモジュール当たりの電圧は14V）を示している。この状態をもっと簡略化して考えるために、すべてのモジュールは理想的なバイパスダイオード（順方向の電圧降下は０Ｖ）で橋絡されていて、すべてのモジュール温度は25℃と仮定している。

図５は $n_{MS}$ = 4 のモジュールが直列に接続されたストリングを示している。完全に均等なモジュールから出来ている健全なストリングに比較して $U_{MPP}$ の場合、電流および電力は5.2%、また $U_{A2}$ の場合10%少ないことが分かる。この損失は純計算による損失2.5%（モジュール定格

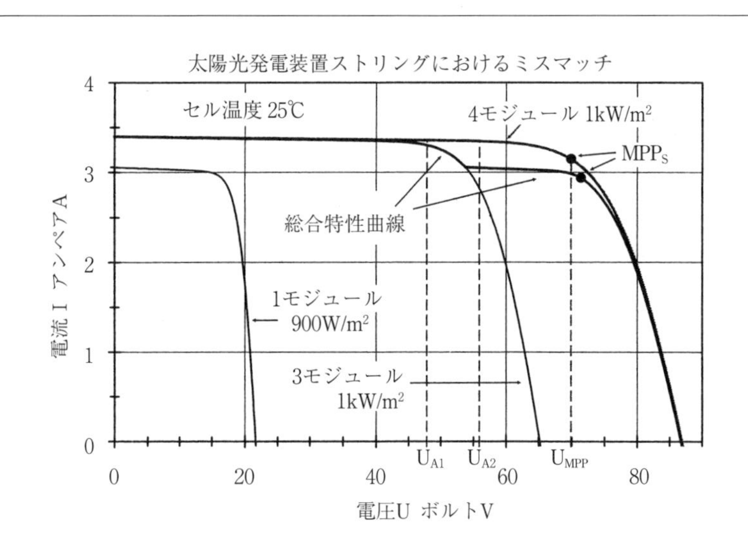


$G=1kW/m^2$（例えば 48V の独立システム）の場合、4ヶのモジュール（セル温度 $T_Z=25℃$）から成る太陽光発電装置のストリングの特性曲線。これらのモジュールの1ヶは10%の小さな出力を持っている。（特性曲線は $900W/m^2$ の正常なモジュールと同一である。）全てのモジュールは理想的バイパスダイオードで橋絡されている。完全日射を受けたストリング $U_{MPP}$=MPP 電圧はモジュール当たり $U_{A2}=14V$, $U_{A1}=12V$

〔図5〕

電力 $P_{Mo}$ の 100% を持つ３ヶのモジュールおよび 90% を持つ１ヶのモジュール）よりも明らかに大きい。たとえストリングがストリングのMPP において運転されるとしても、その電力は健全なストリングの場合よりも常にまだ 4.7% 小さい。

図６は $n_{MS}$= ９ヶのモジュールを直列接続したストリングを示している。完全に均等なモジュールからできている健全なストリングと比較して、電流と電力は $U_{MPP}$ の場合に 4.2% また $U_{A2}$ の場合に 1.5% 少なくなる。この損失は計算により算出したストリング電力の 1.1%（８ヶのモジュールがモジュール定格要領 $P_{Mo}$ の 100% を出力し、１ヶのモジュー

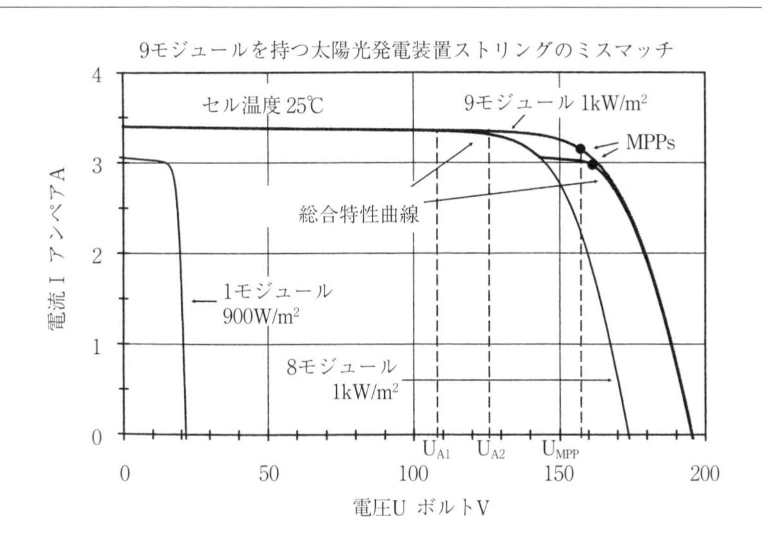


G=1kW/m$^2$ の場合（例えば 48V の独立システム）９モジュールから成る太陽電池ストリングの特性曲線（セル温度 $T_Z$ = 25℃）
モジュールの一つは 10% の小電力を持っている。（900W/m$^2$ の場合の標準モジュールと同じ特性曲線）全てのモジュールは理想的バイパスダイオードにより橋絡されている。
$U_{MPP}$= 完全な日射を受けたストリングの MPP 電圧
$U_{A2}$=14V 及び $U_{A1}$=12V

〔図6〕

ル 90% を出力）の損失よりも明らかに大きい。たとえストリングがストリングの MPP で運転されたとしても、その電力は健全なストリングよりも常に、まだ 3.1% 小さい。

一般的に $n_{MS}$ ヶのモジュールを持つストリングにおけるミスマッチによる電力損失を調査することができる。そのうち $n_{MSM}$ ヶのモジュールは小電力を示し、残りの（$n_{MS}-n_{MSM}$）ヶのモジュールが正常の特性曲線を示す。図７には例として、１kW/m$^2$ でセル温度 Tz=25℃のモジュールについて、ストリング定格電力（$n_{MS} \times P_{Mo}$）に対するミスマッチ電力損失を、小電力を持つモジュールのヶ数比率 $a_{MM} = n_{MSM}/n_{MS}$ の関数で示している。

$P_{Mo}$ に対し、その5%、および10%のモジュール小電力については、健全なストリング（曲線 $U_{MPP}$）の $U_{MPP}$ でストリング運転の際（曲線 $U_{MPP}$）の損失、およびストリング（曲線MPP）のMPPにおける運転の際の損失、並びに比較の目的で計算による損失（$\Sigma P_M$）が示されている。もし太陽光発電装置において多くのストリングが並列に接続され、また個々のストリングのミスマッチが調査されるべきであるならば、曲線 $U_{MPP}$ は興味の対象となる。それに対し、もし太陽光発電装置が単に1ヶのストリングから成り立っているか又は、もし大きな太陽光発電装置の全ての $n_{SP}$ ヶが並列になっているストリングにおいて小電力を持つ多くのモジュールが発生すれば、曲線MPPは、決定的なものとなる。

図7については次式が成立する。

◇小電力を持つモジュールの比率

$$a_{MM} = n_{MSM}/n_{MS} \quad \cdots\cdots (2)$$

上式において

$n_{MS}$ = ストリング当たりのモジュールの数

$n_{MSM}$ = 小電力のストリング当たりのモジュールの数（5%、10%）

図7の曲線の作成に際し、出力の小さいモジュールの出力電流は、同一の日射の場合に、標準モジュールのそれよりも、それぞれ5%および10%小さいことを前提としている。

図7からは、すでに小電力（即ち小さな $a_{MM}$ − 値）を持つ比較的少数のモジュールの場合、健全なストリング（曲線 $U_{MPP}$）のMPP − 電圧 $U_{MPP}$ での運転のみならず、ストリングの新たなMPP（曲線MPP）での運転の際にも、かなりのミスマッチが発生し、それは明白に計算で予期される損失（曲線 $\Sigma P_M$）よりも大きいことが分かる。5%および10%のモジュール小電力の曲線の比較は、ミスマッチ損失が、小電力の増加のn乗に比例して増加することを示している。健全なストリング

の MPP 電圧 $U_{MPP}$ での運転に際して、その損失はストリングの新たな MPP における運転の場合よりも大きい。特にこの効果は小さな $a_{MM}$ 値および 10% のモジュール小電力の場合に明白に表れ、計算により算出された電力からの偏差は、2%（新しい MPP での運転）および 3%（小電力無しのモジュールを持つ健全なストリングの $U_{MPP}$ での運転）が発生する。5% のモジュール小電力の場合、旧および新 MPP における運転の両曲線は実際上重なり合っていて、計算により算出された小電力に対する最大偏差は 0.6% となる。小電力（$a_{MM}$ 比較的小さい）を持つ複数モジュールのシェアが比較的小さくてもストリングの電力の減少が起こる。したがって出来るだけ大きなエネルギー収量を得るためには、大きな太陽光発電装置においては、モジュールのバラツキ（$P_{max}$ および $I_{MPP}$ のバラツキ＜ 5%）をできるだけ小さくすることが目的に適っている。

## 4．日射の不均一によるミスマッチ損失

もしストリングのモジュールに対し同じ日射強度が、多少不均一に作用するならば、（例えば不均一な拡散条件又は異なった方向性により）つまり、もし太陽光発電装置において日射の不均一が発生するならば、ある程度のミスマッチは理想的な太陽電池モジュール特性を持つ影の無いモジュールにおいても発生する可能性がある。これら作用は特に階段状に配置した太陽光発電フィールドで発生する。太陽光発電装置内で発生する偏差はその場合、数％になる。拡散日射におけるこの偏差は勿論、ストリングの太陽電池モジュールの U~I 特性を異なったものとしてしまい、その結果ミスマッチ損失を発生する。

これらの日射条件によるミスマッチ損失の実際の作用を、出来る限り小さく保持するためには、一つのストリングには出来る限り同じ拡散日射条件を持つモジュールのみ（例えば太陽光発電装置の下縁配置のもの又は上縁配置のもの）を選んで直列接続することが推奨される。

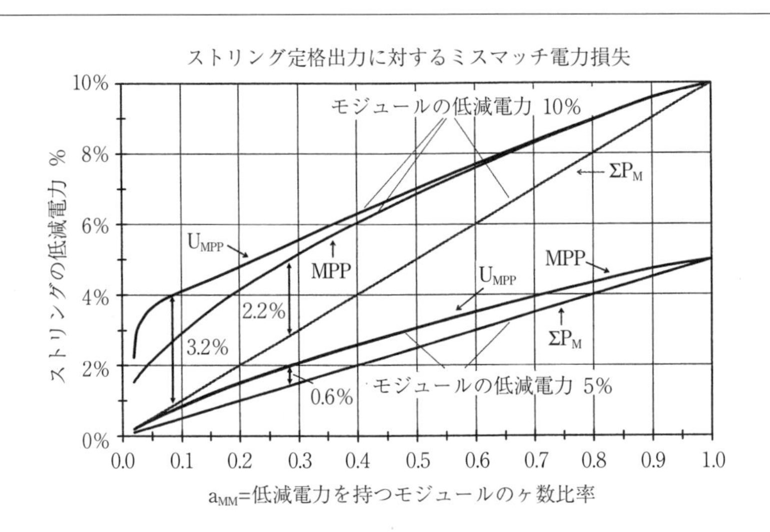


式（2）による小電力を持つモジュールの比率数 $a_{MM}$ の関数である複数のモジュールから成る太陽電池ストリングのミスマッチによる電力損失

条件：セル温度　$T_Z = 25$℃、すべてのモジュールは 1 kW/m² で照射され、モジュールの小電力は 5% と 10% であり、全てのモジュールは理想的なバイパスダイオードで橋絡されている。

曲線 $U_{MPP}$ : 健全なストリングの MPP 電圧 $U_{MPP}$ での運転

曲線 MPP : U-I- 特性曲線の新たな MPP における運転

曲線 $\Sigma P_M$ : 小電力のモジュールに起因する計算上の損失

〔図7〕

# 第 16 章
# 太陽電池モジュールとインバータ間の相互作用

# 1．はじめに

太陽光発電の急激な増加により多くの異なった結線を持つインバータが市場に出現してきた。同時に古典的な結晶シリコン太陽電池に並行して、新しい結晶セル、例えば裏面接触セル並びに種々の薄膜技術のものが市場に出回ってきた。そこで、これらの多種類のセル技術は任意にすべてのインバータと組み合わせ可能なのか、または出力低減の特別な状態が起こるか、あるいは個々のシステム部品の損傷が起こるか、という疑問が発生する。

これらの疑問は設備計画者のみならず、最終的にはセルおよびモジュールの開発者およびメーカーにも関係する。

本稿においては市販のインバータを紹介し、直流電位に関して入力側の特性および、場合によって存在する交流分について記述する。それによって発生する効果、容量性漏洩電流、特定の薄膜モジュールの場合の分極化および損傷について説明し評価する。

# 2．系統連系インバータの入力側の電位に関する定義

図１に大地電位（中性線または保護導体（PE））に対してインバータの入力に発生する電圧が示されている。正負の両端子間には太陽光発電電圧 $U_{SG}$ が測定される。これらの直流電圧は単相供給機器の場合に典型的な、２倍の商用周波数の小さな値の正弦波交流電圧、即ち100Hzが重畳している。その振幅は機器の設計および大きさ並びに瞬間的に重畳される電力に依存する。それらは定格負荷の際に、MPP電圧の数％でも超過すべきではない。何故ならば、それによるMPPからの動作点の移動によって顕著なエネルギー損失が生ずるからである。

３相機器の場合には、この電圧リップルは理想的な場合には零であるが、実際には通常、商用周波数の３倍または６倍の小さなリップルが重畳している。

太陽光発電装置の正および負極は大地電位に対し電圧 $U_{Plus}$ および

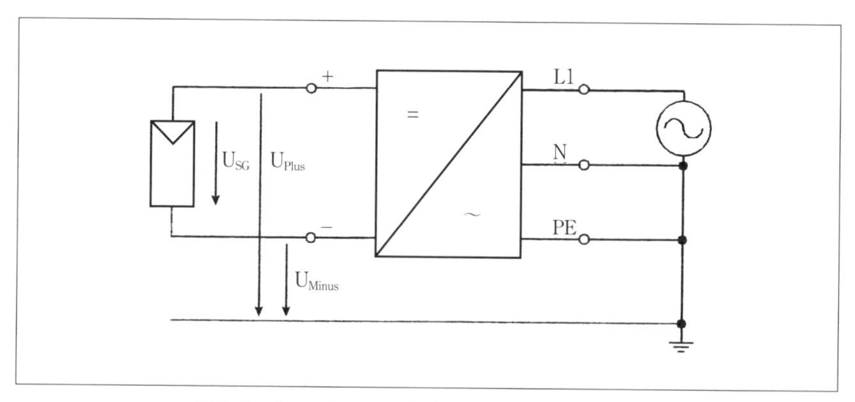


〔図1〕インバータの入力における電位の定義

$U_{Minus}$を示す。これらの電圧は、ほとんど純粋の直流電圧の可能性が高いが、大きな正弦波形または矩形波形の交流電圧が重畳する可能性もある。次に述べるインバータートポロジー間では大きな相異がある。さらに入力における全ての電圧には、多少の高周波分が重畳されている。これらは主としてパワーエレクトロニクスのタクトから発生し、例えば16kHzの周波数および、その数倍の周波数を示している。さらにこれに加えて機器内部の回路網並びにプロセッサからの高周波妨害電圧が加わる。

これらの高周波分が接続される太陽光発電装置の挙動に影響をおよぼしてはならない、ということが重要である。ちなみにEU諸国では、インバータはDC側においても非常に低い限界（例えば<80dBμV=10mV）を持つ当該のEMC規格を厳守しなければならない。

## 3．市販のインバータのトポロジーと入力電圧の大地に対する電位の経過

市場に普及し、また新種の、市場に導入されたインバータのトポロジーを次に説明し評価する。インバータのトポロジーには非常に多くの実現可能性があるので、接続された太陽光発電装置との相互作用が3グル

ープA~Cについてまとめてある。これらの各グループ内でも個別のトポロジーが異なっている。

ここで単に図式的に提示された基本原理に対し、実際には全ての機器が回路網側のリレーまたは開閉接触器により、夜にはインバータの全ての極を切り離し、またそれによって太陽光発電装置も回路からの切り離しを指令されることに注意すべきである。この全ての極の切り離しによって、太陽光発電装置およびそれに接続される電線からの電磁界が発生しないようにすることが保証される。この事実は使用者にとって、いわゆる電気スモッグの問題提起に対処する上で重要である。

**グループA**の場合、大地電位に対し太陽光発電装置の電位は静止状態であるが、どの極も中性線とは接続されていない。部分電圧 $U_{Plus}$ および $U_{Minus}$ は零線（大地電位）に対して対称または非対称トポロジーで存在する。上述の100Hzのリップルが図2に示されているが、それ以外の交流分の重畳はない。変圧器は5項に書かれた薄膜モジュールとの相互作用には影響をおよぼさないので、グループAには変圧器付きおよび無しの装置がまとめられている。上述の損傷を発生する漏洩電流は主として大地電位に対する太陽光発電装置の個々のソーラーセルの電位が決定的なものとなる。変圧器付き装置の場合にもμAの範囲の漏洩

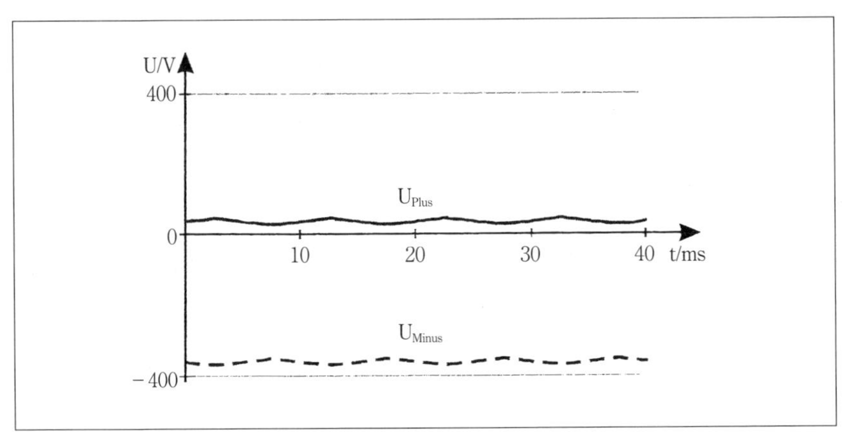


〔図2〕グループAの装置の場合の原理的な電位変動

電流の通路が存在する。

**グループB** の場合、大地に対する電圧に、図３に示すように正弦波交流電圧分が重畳している装置を包含する。これらは典型的には回路電圧の半分、つまり 100 V、50/60Hz, そして容量性漏洩電流が決定的なものとなる。

**グループC** においてはインバータ内部において、太陽光発電装置の１極が中性線と接続されており、太陽光発電装置は図４により固定された電位を持っている。

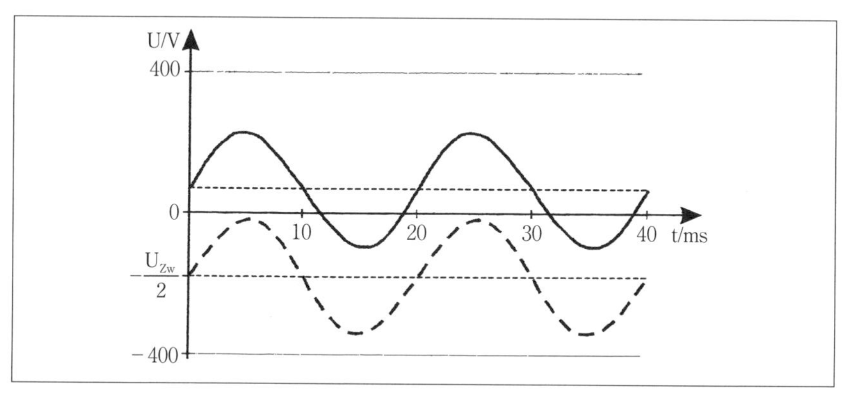


〔図3〕グループＢの装置の場合の原理的な電位経過

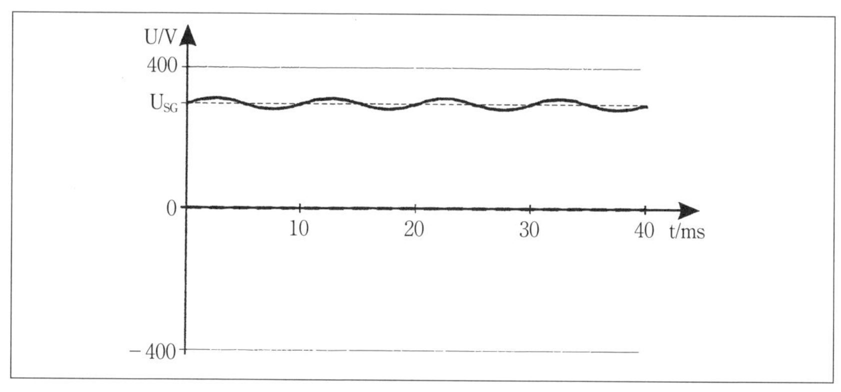


〔図4〕グループCの装置の場合における原理的な電位経過

次に個々のクラスの通常の接続トポロジーを説明し、発電装置端子における電圧経過を図示する。

### 3－1　グループ　A

#### *3－1－1：変圧器付きの装置*

これらの装置の共通の特性は、変圧器を経由して入力側（DC 側）と出力側（AC 側）の電気的分離が行われている。これらの変圧器はその際に、50Hz の配電用変圧器として使用されるかまたは、典型的に数 10 kHz の範囲において動作する高周波変圧器として使用される。図５は、一例として多くのメーカーで使用されている全波整流で 50Hz 変圧器を持つトポロジーを示している。

太陽光発電装置から出力される直流電圧は、まず直流コンデンサー C1 を充電し、そして４ヶのスイッチ S1...S4（MOSFET または IGBT）を経由して、可変パルス幅（PWM）および高周波数（例えば 16kHz）が供給リアクトル（L1, L2）に印加される。

ブリッジの出力電圧は、その際タクトの種類により、$+U_{SG}$, $-U_{SG}$ および０Ｖとする。リアクトル L1 および L2 はこれらの電圧パルスを望まれる正弦電流波形に組み入れるが、タクト周波数の三角波リップルが重畳することになる。これらのリップルは EMC の観点から配電回路に供給されてはならないから、リアクトルに対して、回路図に表示されていないフィルターグループが追加接続されており、それによりこれら電流リップルは大幅に低減されている。

図５に示されている接続の場合には、商用周波数配電用変圧器を経由して出力電流が電力会社の配電網に供給される。当該変圧器は、その際に一方では電気的分離のために、他方ではその電圧比によりインバータ電圧（太陽光電圧）を配電網電圧に適合させる。同様な機能を高周波変圧器に持たせることもできるが、その場合には同一容量であっても、本質的により小さい形状となる、しかしその接続の組み合わせにより効率は悪化する。

電気的分離により太陽光発電端子は原理的に大地電位に対しそれぞれ任意の電位を持つことが可能となる。しかしながら大概の装置では、内

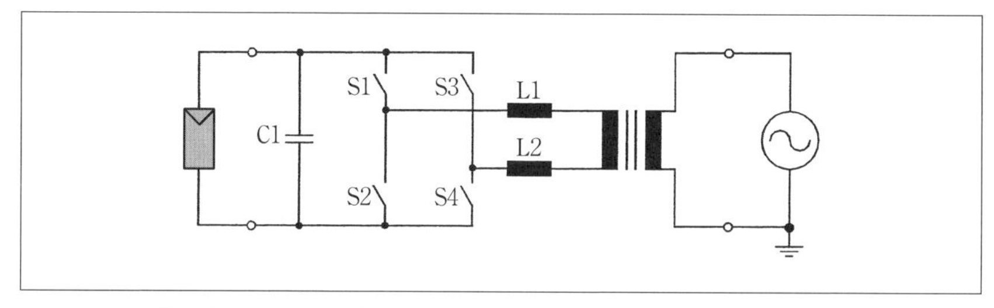

〔図5〕50Hz配電網変圧器と接続された単相ブリッジ回路

部接続のSPDまたは測定抵抗によって太陽光発電電圧は、図6に示すように大地電位に対して対称的に分割される。直流電圧には前述の商用周波数の2倍の小さなリップルが重畳される。

しかし変圧器付き装置の場合には、装置内部に大地電位への接続をすることも可能である。例えば負極が接地されていれば、図7に示すように全てのセル大地に対して正の電位を示す。この電位移動は、場合により、大地電位に対して接続された高抵抗の外部抵抗によることもできる。変圧器付き装置のこのような特性は特別なモジュール技術の損傷を防止するために用いられる。

### *3－1－2　変圧器無しインバータ：非対称ステップ・アップ・コンバータおよび分圧された中間回路を持つ*

この接続グループの特質は図8に示す二つのコンデンサC1, C2の中間回路コンデンサで示され、その際に中性線により中間電位に接続されている。大きな静電容量を持つ中間回路コンデンサの電圧はほとんど一定とみることができるので、入力コンデンサCoにも、太陽光発電装置にも、安定した、しかし零からは偏倚した電位が加わる。

この接続方式の欠点は回路電圧の2倍の振幅よりも大きな中間回路電圧を必要とすることである。太陽光発電装置の高いMPP電圧は事前に設定することは出来ないので、図9で示すように、例えば太陽光発電電圧を非対称分割に導くCo, Lo,So, およびDoから構成されるコンバータは、インバータの前に接続されなければならない。

インバータの開閉器は単相または3相半ブリッジに接続され、効率および電流の品質については有利であるが、図８のように所謂３点接続となっている。３点接続では、開閉器S2の正半波期間中連続的に接続され、開閉器S1は高周波で開閉される。回路のリアクトルに流れる電流は開閉器S1遮断後閉路された開閉器S2およびダイオードを経由して流れ続け、それによってインバータ内の無効電流が防止される。

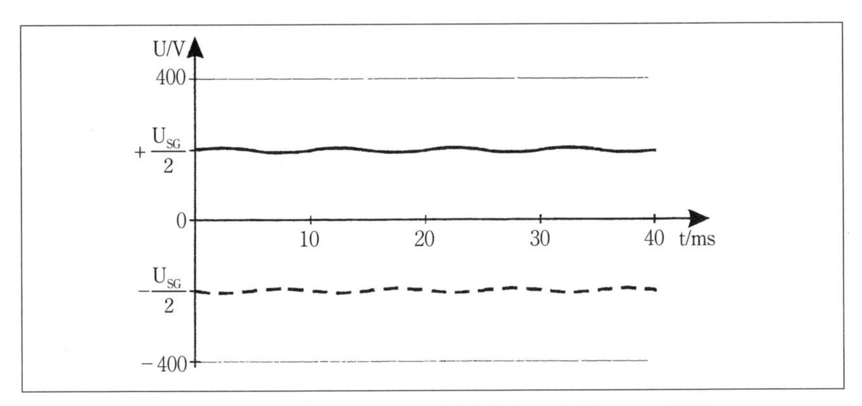


〔図6〕変圧器付き装置の場合対称的に分割される電位

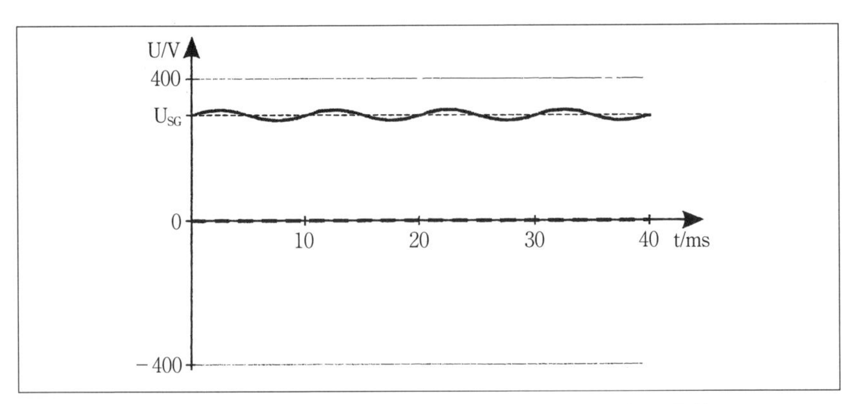


〔図7〕変圧器付き装置で、かつ負極接地の場合の電位

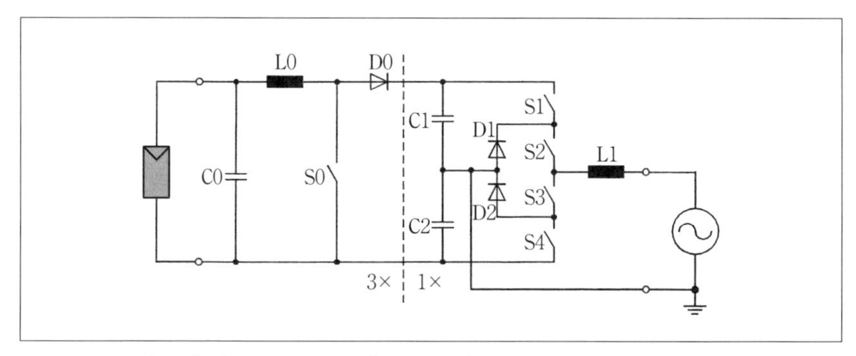


〔図8〕単相用ステップ・アップ・コンバータの3点接続

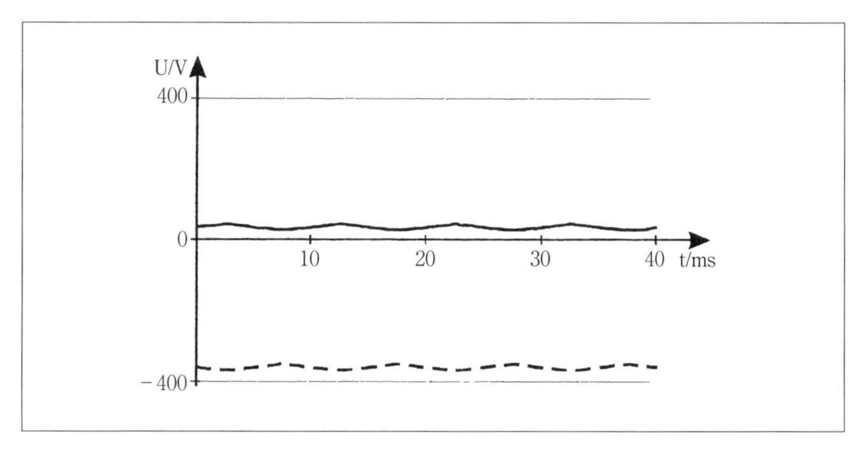


〔図9〕分割された電圧中間回路およびステップ・アップ・コンバータを持つ変圧器無しのインバータの電位変動経過

### *3−1−3　対称ステップ・アップ・コンバータおよび分割された電圧中間回路を持つ変圧器無しインバータ*

この接続は図８のものと直接比較できステップ・アップ・コンバータは入力のところで完全に対称に組み立てられている。リアクトルLoは正および負の引き込みに分けられており、コンデンサC2への導体に接続されているダイオードDoに対して完全に対称になっている。これによって図10に示すように大地電位に対して入力電圧は対称に分割されている。この特徴は追加されているダイオードにより、少し損失が増加している。

## 3－2　グループB

### *3－2－1　ステップ・アップ・コンバータを持たない変圧器無しの装置*

図11による古典的な変圧器無しのインバータは、配電用変圧器が無いという相異はあるが、図5に示されるトポロジーと機能に対応してい

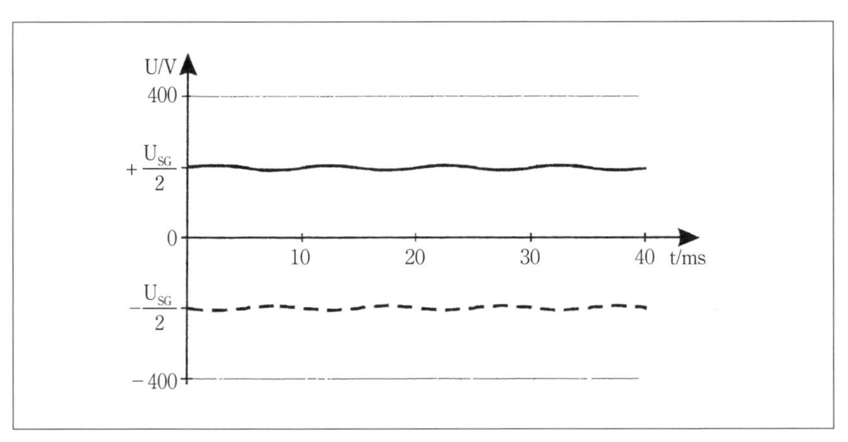


〔図10〕対称ステップ・アップ・コンバータを持つインバータの電位経過

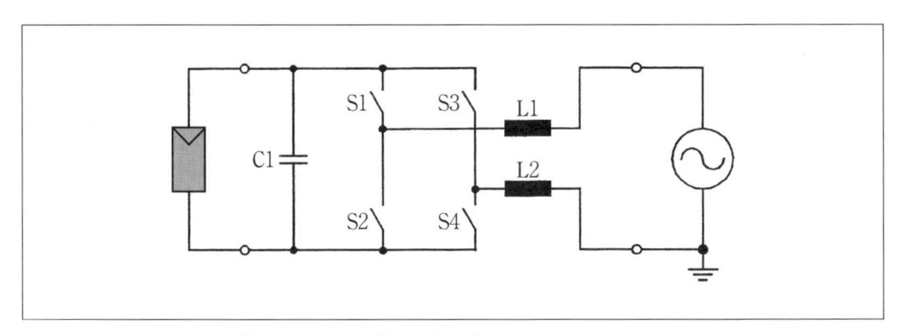


〔図11〕古典的な変圧器無しインバータ

る。これによって重量、体積、コストの極端な節約となり、その効率は比較対象の変圧器装置を数％上回っている。

図11のトポロジーでは　それによって開閉器S1~S4までを操作出来る種々のパルス見本がある。ここでは単に二つのタクトの種類があり、それは太陽光発電装置の電位に影響を与えている。

◇*対称タクト*

この非常に普及したタクトの種類の場合は、それぞれ対角線に配置された開閉器S1およびS4またはS2およびS3が同時に交互に、かつ変化する時間をもって（PWM）閉じられる。ブリッジの出力部には、交番極性（$+U_{SG}$、$-U_{SG}$）の太陽光発電電圧が出力され、第一タクト区間では電流はリアクトルに流れ、第2タクト区間ではリアクトルの蓄えられたエネルギーは部分的に再びコンデンサに逆流する。この現象は、リアクトルに大きな電流リップルを流し込み、それにより低い部分負荷効率となってしまう。対称タクトの利点は、対称に分割されたリアクトルL1およびL2並びに太陽光発電電圧のみならず配電電圧も零電位に対して対称に分割され、太陽光発電端子の電圧経過は図12に示されている。

◇*単相チョッピング*

上述の種類のタクトでは全ての4ヶの開閉器が高周波タクトで動作す

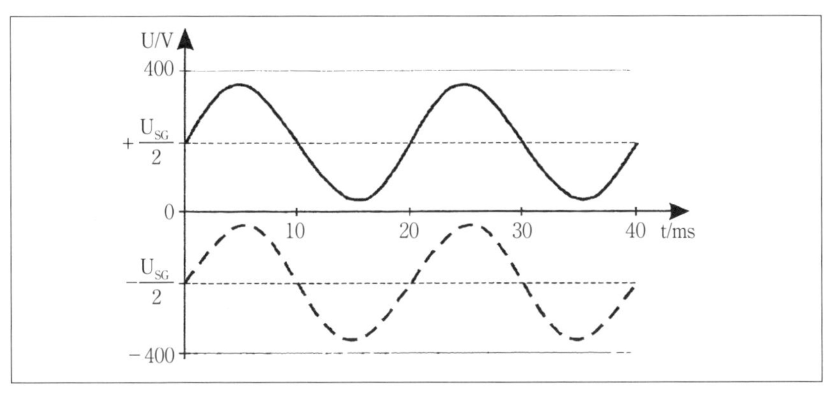


〔図12〕対称タクトを持つ古典的な変圧器無しインバータ

るが、単相チョッピングでは、それぞれ2ヶの開閉器が、図11において例えばS3は負の半波の期間、そしてS4は正の半波の期間、商用周波数で閉じられる。リアクトルは分割されておらず、出力電線に配置されている、即ちL2は削除されている。

正の半波の間、ブリッジの出力にタクト周波数で電圧$+U_{SG}$および0Vが発生し、負の半波では$-U_{SG}$および0Vが発生する。この方式は、リアクトル電流がコンデンサに帰流しないし、また電流リップルがリアクトルにより極端に低減される。両者により効率が明確に向上し、電流品質も改善される。この利点は古典的単相チョッピングの場合には、太陽光発電装置側では明確な短所によりあがなわれた。単相チョッピングの際には、中性線は負または正の太陽光発電装置端子と接続されている。正の太陽光発電装置端子の電位は図13に示すように商用周波数で数100Vと0 Vの間で跳躍し、これに負の端子電位を加えれば、太陽光発電端子の電圧となる。

#### *3－2－2　ステップアップ・コンバータを持つ変圧器無しインバータ*

前述の変圧器無しインバータの短所は、太陽光発電電圧が配電回路電圧の振幅よりも大きくなければならないことである。それ故、多くの市販のインバータにおいて太陽光発電装置とインバータの間に、図14に示すようにステップアップ・コンバータが接続される。それによりインバータ直流入力を中間回路電圧（C2の電圧）を必要な値にまで引き上げる。インバータ入力における電位は、ステップアップ・コンバータ無しの結線の場合と同様に振動するが、図15に示すように零線に対し非対称に配分される。

入力電圧範囲が拡大されるというメリットと引き替えにステップアップ・コンバータににおける損失が追加される。この損失は入力電圧と中間回路電圧の比率に依存し、約2%から数%の範囲にある。

### 3－3　グループC

#### *3－3－1　単極を接地した太陽光発電装置を持つ変圧器無しインバータ*

変圧器無しインバータのこのグループでは太陽光発電装置の端子は直

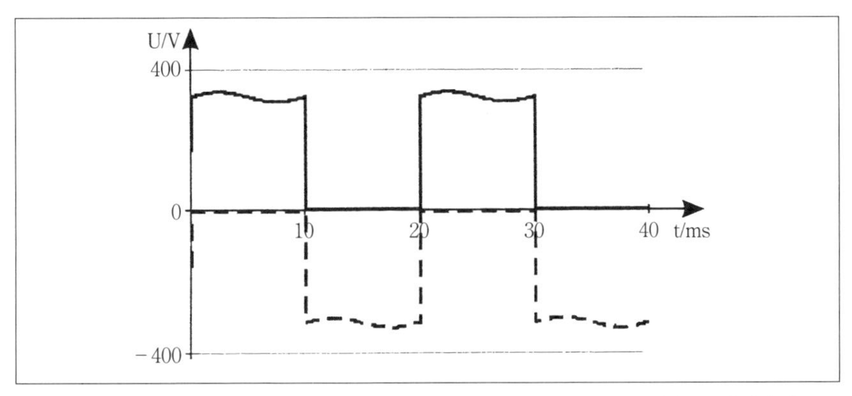


〔図13〕単相チョッピングを持つ変圧器無しインバータの場合の電位経過

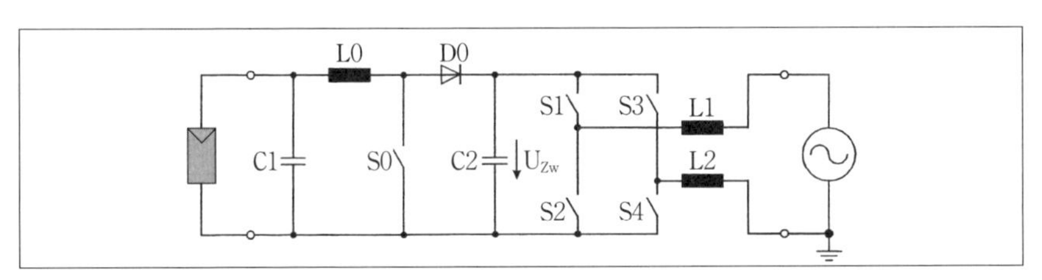


〔図 14〕ブリッジ及びステップアップ・コンバータ付き変圧器無しインバータ

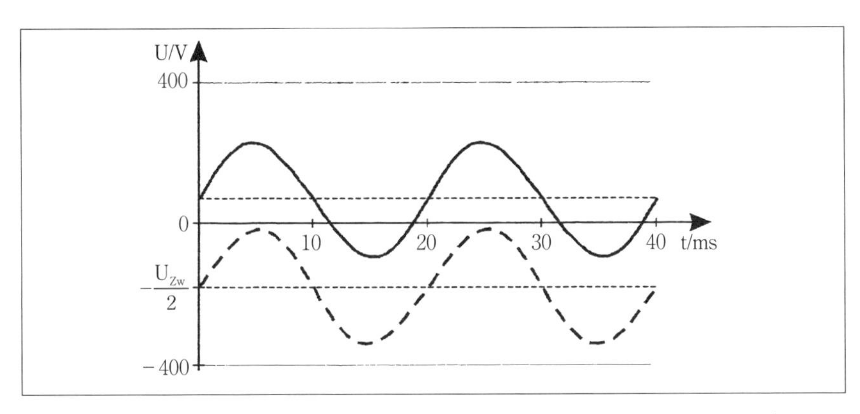


〔図15〕対称タクトと非対称ステップアップ・コンデンサを持つ変圧器無しインバータの場合の電位経過

接に中性線と接続され連続的に接地電位を持っている。

図16に示されているように、正または負極が接地されるべきかどうかを機器の構造から原理的に確定することができる。図16では負極が接地されている。

この接続方式の場合には、リアクトルL1が開閉器およびダイオードに接続され、開閉器S1~S5のタクトに従って、ステップダウン・コンバータ、ステップアップ・コンバータまたはインバータ変換が行われる。こうすることにより太陽光発電装置の電圧は回路電圧より小さくなるが、また他方では太陽光発電装置の1極が中性線と固定的に接続されている。正の端子の電位は図17に従って小さな振幅で、かつ、コンデンサC1のリップル電圧に相当する2×回路周波数で変動する。

このコンセプトの長所を得るための犠牲として、一方では伝送エネルギーの大きな部分が完全にコイルに中間的に蓄積され、他方では電流が多数の半導体を通って流れ無ければならないことがある。両者は効率を悪化するように作用する。また電流は矩形状で出力コンデンサC2に与えられるので，出力部に大きなリアクトル設置の必要があり、それによりコストも上昇する。

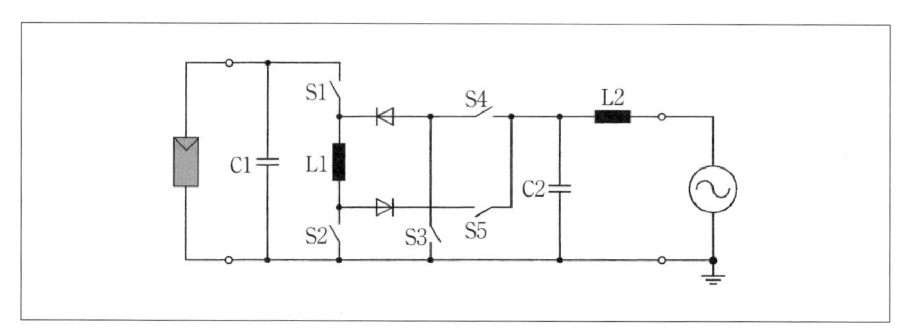


〔図16〕太陽光発電装置において負極が接地されている場合の接続図

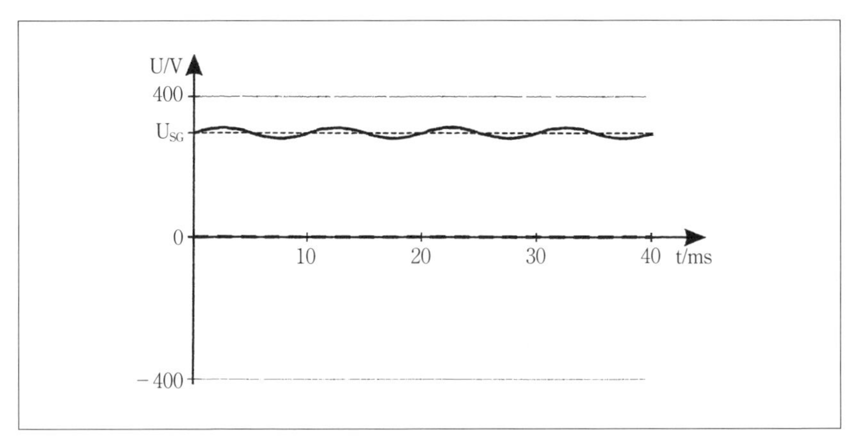


〔図17〕負極が中性線と接続されている場合のインバータの電位経過

付録 1

# IEC 62305 に規定の雷電流特性値の根拠と実績

# 1．大地への落雷

ほとんどの雷放電は雷雲の内部で発生している。これらの雷放電は小さな妨害しか発生しないので、建築設備の保護には、大地への落雷が重要である。図1および図2は大地への落雷の種類を示している。その場合、下向き雷撃と上向き雷撃が区別されている。下向き雷撃と上向き雷撃はさらに正雷撃と負雷撃に分けられる。大地へ向かって放電する電荷が正ならば正雷撃と呼び、負ならば、負雷撃と呼ぶ。

# 2．下向き雷撃

高さ100mまでの建築設備はほとんどの場合、下向き雷撃を受ける。下向き雷撃は、大地へ向かって放電する先駆放電から始まる。図1(a)および図1(b)に示されるように下向き負雷撃の場合には、雷雲の下部の負の電荷中心から、下向き正雷撃の場合には上部の雷雲の正の電荷中心から先駆放電が発達する。大地へ向かう放電であることから、このタ

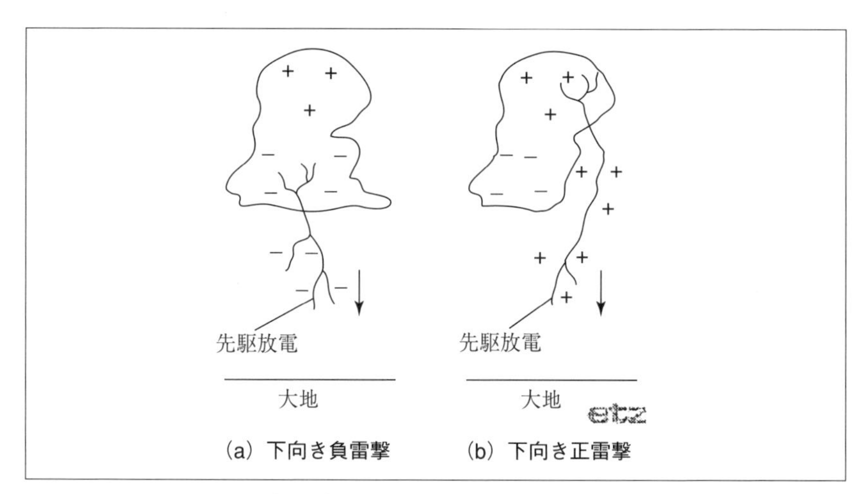


〔図1〕雲から大地へ向かう雷撃

イプの雷は下向き雷撃または雲—大地—雷撃と表示される。雲—大地—雷撃の約 90% が下向き負雷撃で、わずか 10% が下向き正雷撃である。

先駆放電が大地に到達すると落雷となる。このいわゆる主放電の場合には先駆放電に蓄積された電荷が大地へと放散される。その電荷はインパルス波形の衝撃電流となって雷撃を受けた対象物に流れ込む。この放電現象が繰り返される場合には、一般に、第1雷撃ですでにイオン化された導電路を通過する後続雷撃が発生する。

多数のこのような部分雷撃がある場合には、これらを多重雷撃と呼ぶ。下向き負雷撃の 3/4 は多重雷撃であり、第1雷撃に対し、平均して3個の後続雷撃が存在する。それに対し、下向き正雷撃では、通常、後続部分雷撃を伴わない第1雷撃のみである。

図3は、一つは正のおよび他の一つは負の第1雷撃のインパルス電流の事例である。最大値は典型的に数十 kA の範囲にあるが、正雷撃のインパルス電流は非常に大きな波高値 100kA に達する可能性がある。インパルス電流は比較的急速に、100ns から数十 μs で最大値に達し、その後、比較的ゆっくりと低減する。負の第1雷撃のインパルス電流は通常は、数百 ms 継続する。図3 (b) 参照のこと。正雷撃のインパルス電流

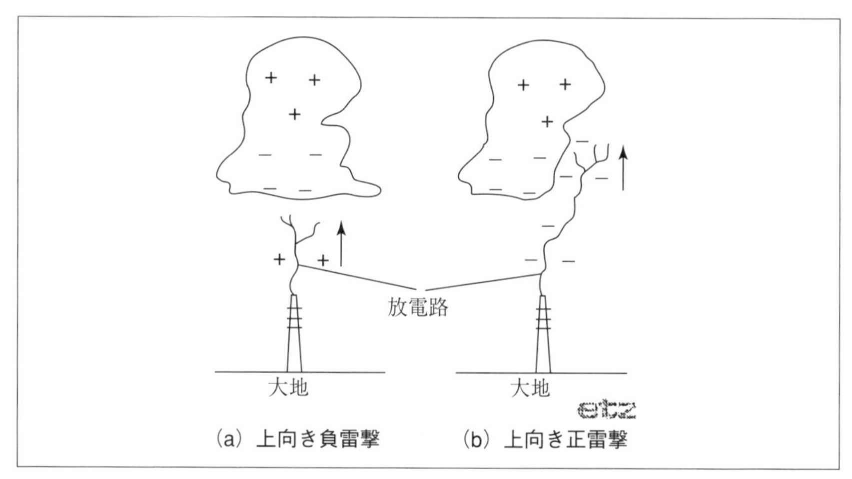


〔図2〕大地から雲へ向かう雷撃

は2ms以上流れる可能性がある。図3(a)参照のこと。

図4は多重下向き負雷撃の電流を示しており、11個のインパルス電流および1個の長時間雷撃電流から構成されている。長時間雷撃電流は常に1個のインパルス電流の直後に発生する。例えば図4では8番目のインパルス電流の直後に発生している。図4からわかるように、後続雷撃のインパルス電流の最大値は第1雷撃のそれに比較して小さいが、後

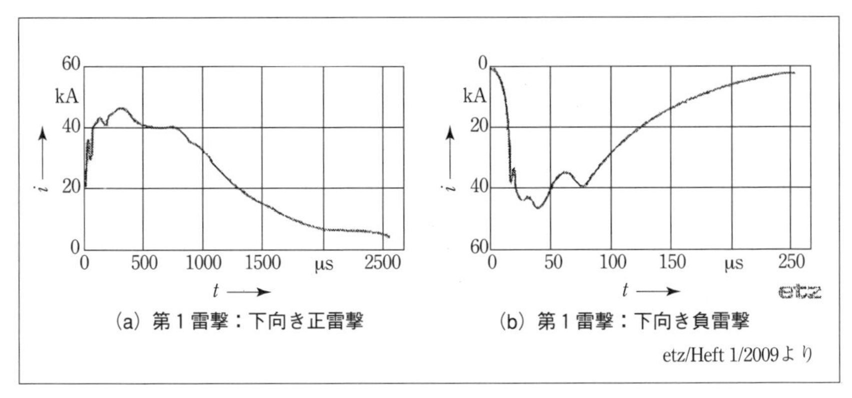


(a) 第1雷撃：下向き正雷撃　(b) 第1雷撃：下向き負雷撃

etz/Heft 1/2009より

〔図3〕インパルス電流

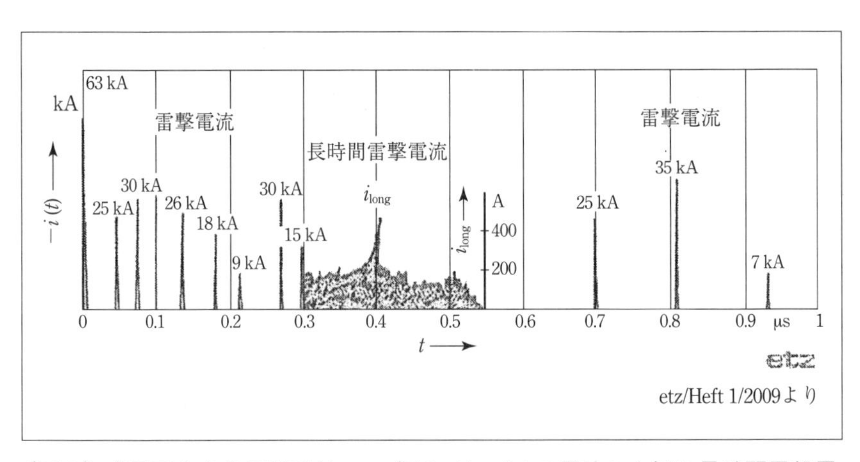


etz/Heft 1/2009より

〔図4〕多重下向き負雷撃電流。11個のインパルス電流と1個の長時間雷撃電流を持つ

続雷撃のインパルス電流は非常に短い上昇時間を持っているので、その電流上昇率は第1雷撃に比較して、はるかに大きい。長時間雷撃電流は非常に小さな振幅、すなわち数百Aの振幅であるが、雷電流としては非常に長い時間、すなわち数百msも流れる。

## 3．上向き雷撃

上向き雷撃は100mを超える高い建築物においてのみ発生する。そのように高い建築物の先端では、電界が雷放電を発生するに必要な電界強度に達するまで高まる可能性がある。高い建築物の先端から雷雲に向かって放電路が達するので、このタイプの雷は、上向き雷撃または大地—雲—雷撃と呼ばれる。図2(a)および図2(b)からわかるように、上向き負雷撃の放電路は正に充電され、上向き正雷撃の場合は負に充電されている。

図5は上向き負雷撃の電流の一例を示している。その中で、長時間雷撃電流が含まれている$\alpha$成分は数kAまでの比較的小さな振幅を持つ短時間のインパルス電流である。長時間電流が減少した後、雲—大地—雷撃の後続雷撃に類似した後続雷撃のインパルス電流による$\beta$成分が続行する。図5からわかるように、$\beta$成分に引き続く長時間雷撃が存在するが、この長時間雷撃は最初の長時間雷撃に比較して電荷量は非常に小さい。

## 4．下向き雷撃の電流最大値

雷電流は世界各国により測定されてきたが、基本的に調査された下向き雷撃の特性値がもっとも明確となっている。その場合に第1正雷撃と第1負雷撃並びに後続負雷撃の雷電流が区別されなければならない。

幾何学的平均値に相当する50%値は、第1正雷撃の場合も第1負雷撃の場合も、電流波高値は30kAである。

後続負雷撃の値および上向き雷撃の非常に類似した$\beta$成分に着目す

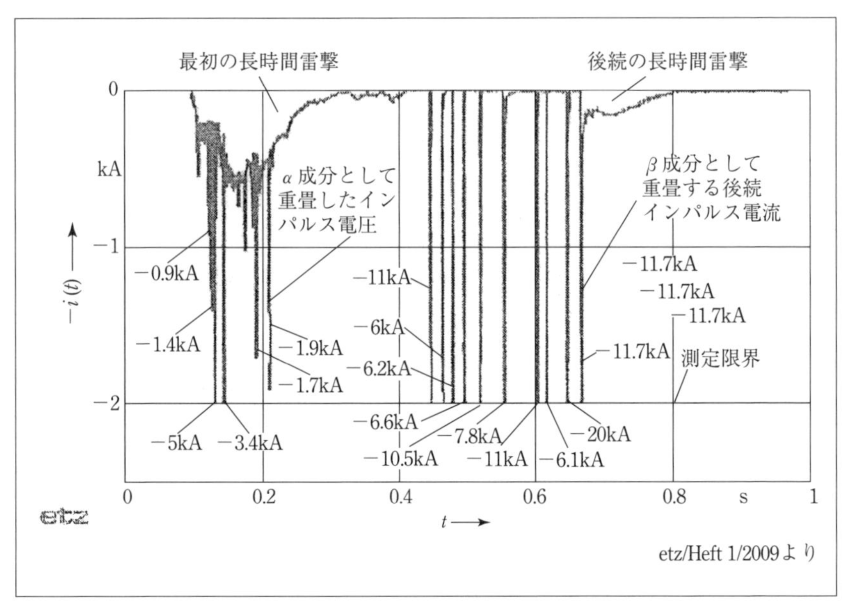


〔図5〕上向き負雷撃の電流波形の例

ると平均値は8kAから18kAの間で変化している。

雷電流の統計値は文献1）と文献2）により公表されている。それらの値は世界的に、雷保護規格の基本の値として採用されている。

## 5．雷電流および雷電流特性値

雷電流はその大きさによって、またその熱的作用によって、並びにそれにより発生する電磁界によって設備に妨害を及ぼす。妨害は次の4つの雷電流特性値により定量化される。

◇電流の波高値：$i_{max}$

◇電荷：$Q=\int idt$

◇固有エネルギー：$W/R=\int i^2 dt$

◇最大電流上昇率：$(di/dt)_{max}$

電流最大値 $i_{max}$ は接地設備の計画に際し重要である。電流が大地に侵入する際に、接地抵抗を流れる電流により、電流の最大値で決まる最大電圧降下を発生する。発生した過電圧により、もし等電位ボンディングに接続されていない導電体が建物に引き込まれているならば、絶縁破壊を発生する。電荷 Q は雷撃点の金属の溶融を決定する。雷撃点へのエネルギー W/R は、もし雷電流が金属製導体を通過する場合、電磁機械力と温度上昇を決定する。

電子機器には通常、電力供給線およびデータ伝送線のような種々の電線が接続されている。建築設備内での施工方法により、これらの電線は大きなループを構成する可能性がある。最大電流上昇率 $(di/dt)_{max}$ は開放ループに発生する電磁誘導電圧を決定する。

## 6．電流成分

測定結果は上向き雷撃の電流特性値が下向き雷撃の電流特性値を超過することはないことを示している。上向き雷撃が下向き雷撃より大きな妨害を発生することはないので、規格 IEC 62305-1 : 2006-01 に規定されている電流特性値はもっぱら下向きの雷撃の電流特性値となっている。雷電流による危険を検討するために、IEC 62305-1 においては次の電流成分を規定している。

◇第 1 雷撃電流
◇後続雷撃電流
◇長時間雷撃電流

図 6 はインパルス電流の定義を示している。急速に上昇する波頭は波頭時間 $T_1$、そしてゆっくり減少する波尾は波尾時間 $T_2$ が定義されている。第 1 雷撃については、第 1 負雷撃と第 1 正雷撃に分けて着目しなければならない。正雷撃は負雷撃に対し、本質的に大きな電流波高値 $i_{max}$、本質的に大きな電荷 Q、および本質的に大きな固有エネルギー W/R を持っているので、極めて重要である。

長時間雷撃は連続的に流れ、急速な電流上昇はない。図 7 に示すように矩形波形と仮定すれば、長時間雷撃 $i_{long}$ は電荷 $Q_{long}$ と通電時間 $T_{long}$

が重要となる。

## 7．雷保護レベル LPL の定義

IEC 62305-1 においては、種々の建設設備の異なった安全要求を考慮するために、4 種類の雷保護レベル（LPL）を導入している。例えば、住宅では､爆発性物質を保管する設備よりも低い安全手段で十分である。

それぞれの雷保護レベルにおいて雷電流特性の限界値が規定されている。それらが雷撃の際にどのような確率で、限界値以下となるか超過するかが決められている。

最もレベルの高い LPL Ⅰの場合には表 1 に示すように、雷撃の 99% が規定の雷撃電流特性値によりカバーされ、雷撃の 1% の雷電流特性値が超過している。LPL Ⅱでは、この値が 2% であり、LPL Ⅲ とⅣでは、この値が 3% である。

## 8．雷電流特性値の確認

保護対象が正雷撃を受けるかまたは負雷撃を受けるかは、あまり重要なことではないので、IEC 62305-1 においては第 1 正雷撃と第 1 負雷撃が、一つの共通の統計量として把握されている。第 1 雷撃の 10% が正雷撃で、90% が負雷撃である。

正雷撃が後続雷撃を伴うことは稀であるので、後続雷撃電流の特性値は後続負雷撃の特性値で確定されている。基本的には、第 1 雷撃および後続雷撃により、稀に発生する後続正雷撃による妨害もカバーされるということを前提にしている。

雷電流特性の限界値決定のための出発点は表 1 で規定されている各雷保護レベル LPL における雷電流特性値を超過する確率である。そこで 1% の超過確率を持つ雷保護レベル LPL Ⅰを例にとり説明する。すべてのこの種の規定された限界値は、表 2 に雷保護レベルに対応してまとめて表示してある。最大の波高値は正雷撃電流の場合に現れる。200kA を超える確率は図8によれば、7%である。しかし下向き雷撃の1/10が正雷撃であるので、下向き雷撃の中で、正雷撃が200kAを超える確率は、0.7%である。これに下向き負雷撃の200kAを超える確率0.3%を加えれば第1雷撃で200kAを超える確率は1%となる。その結果LPL Ⅰでは雷撃電流の波高値は200kAとなっている。

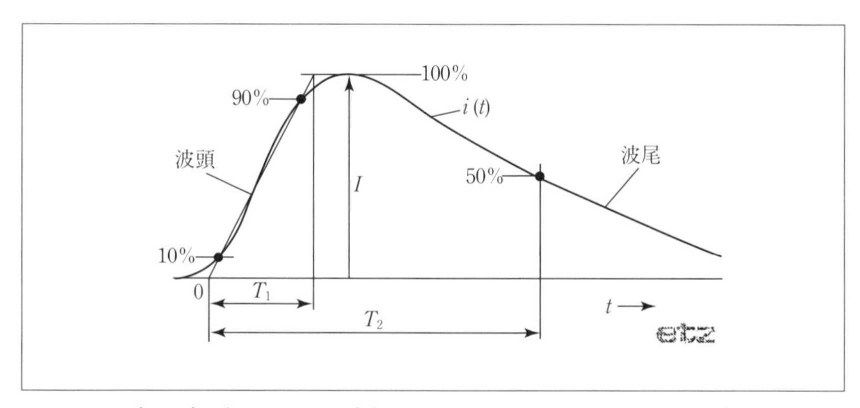


〔図6〕波頭 $T_1$ および波尾 $T_2$ を持つインパルス電流の定義

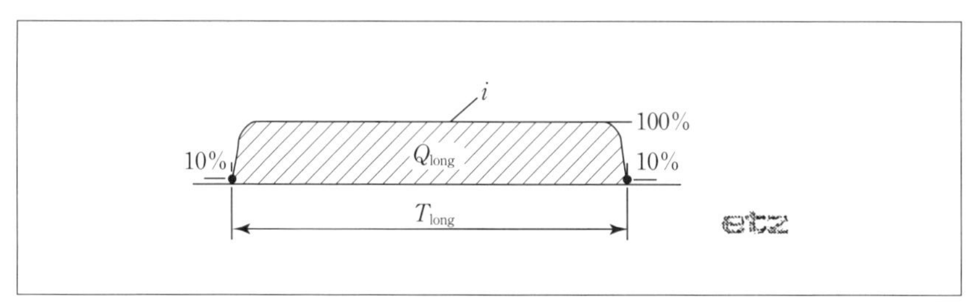


〔図7〕長時間雷撃電流 $i_{long}$ の定義

〔表1〕IEC 62305-1に規定された上限以下かまたは超過する確率

| | 雷保護レベル | | | |
|---|---|---|---|---|
| 雷が雷電流特性の規定 | Ⅰ | Ⅱ | Ⅲ | Ⅳ |
| 以下の確率 | 99% | 98% | 97% | 97% |
| 超過の確率 | 1% | 2% | 3% | 3% |

〔表２〕各雷保護レベル LPL にける雷電流特性値の限界値

| 第１雷撃電流 | LPL | | | | |
|---|---|---|---|---|---|
| 電流特性値 | 記号 | 単位 | Ⅰ | Ⅱ | Ⅲ/Ⅳ |
| 第１雷撃電流の波高値 | i max | kA | 200 | 150 | 100 |
| 第１雷撃電流の電荷 | Q short | C | 100 | 75 | 50 |
| 第１雷撃電流の電荷固有エネルギー | W/R | MJ/Ω | 10 | 5.6 | 2.5 |
| 波形 | T1/T2 | μs/μs | | 10/350 | |

| 後続雷撃電流 | LPL | | | | |
|---|---|---|---|---|---|
| 電流特性値 | 記号 | 単位 | Ⅰ | Ⅱ | Ⅲ/Ⅳ |
| 後続雷撃電流の波高値 | i max | kA | 50 | 37.5 | 25 |
| 後続雷撃電流の波頭の平均電流上昇率 | di/dt | kA/μs | 200 | 150 | 100 |
| 波形 | T1/T2 | μs/μs | | 0.25/100 | |

| 長時間雷撃電流 | LPL | | | | |
|---|---|---|---|---|---|
| 電流特性値 | 記号 | 単位 | Ⅰ | Ⅱ | Ⅲ/Ⅳ |
| 長時間雷撃電流の負荷 | Q long | C | 200 | 150 | 100 |
| 後続雷撃電流の継続時間 | T long | s | | 0.5 | |

| 雷 | LPL | | | | |
|---|---|---|---|---|---|
| 電流特性値 | 記号 | 単位 | Ⅰ | Ⅱ | Ⅲ/Ⅳ |
| 総合雷の電荷 | Q flash | C | 300 | 225 | 150 |

図９は第１正および負雷撃が後続雷撃電流よりも小さな電流上昇率を持っていることを示している。それゆえ、最大電流上昇率は後続雷撃電流によってのみ規定されている。平均電流上昇率の 1% 値は図９によれば 200kA/μs となっている。これらの値は IEC 62305-1 に平均電流上昇率として規定されている。後続電流の波頭時間は $T_0$=0.25μs、波尾の範囲は、これらの妨害が第１雷撃でカバーされるので、重要ではない。従って IEC 62305-1 では後続雷撃電流の波尾は詳細な根拠なしに $T_2$=100μs と規定された。以上により表２において、0.25/100μs の後続雷撃のインパルス波形と規定された。

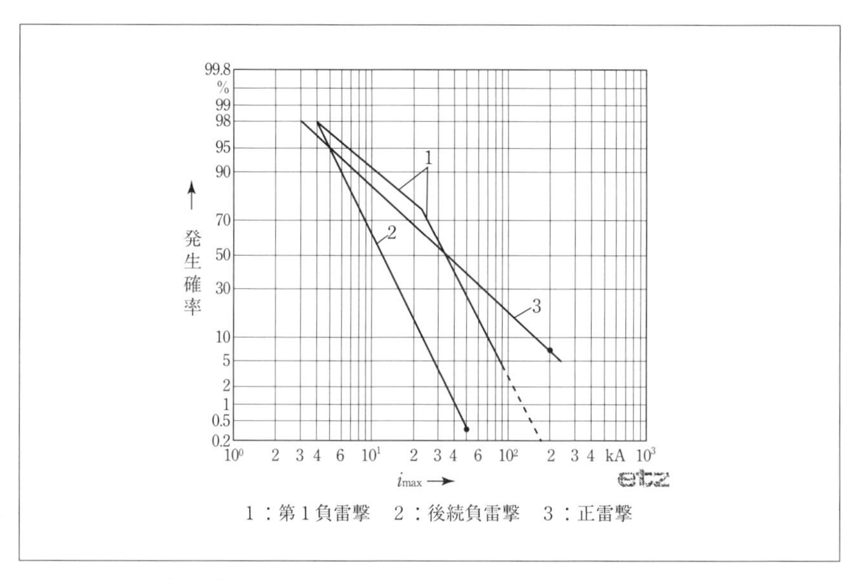


〔図8〕CIGREによる雷電流波高値の発生確率分布
（CIGRE：大電力システム国際会議）

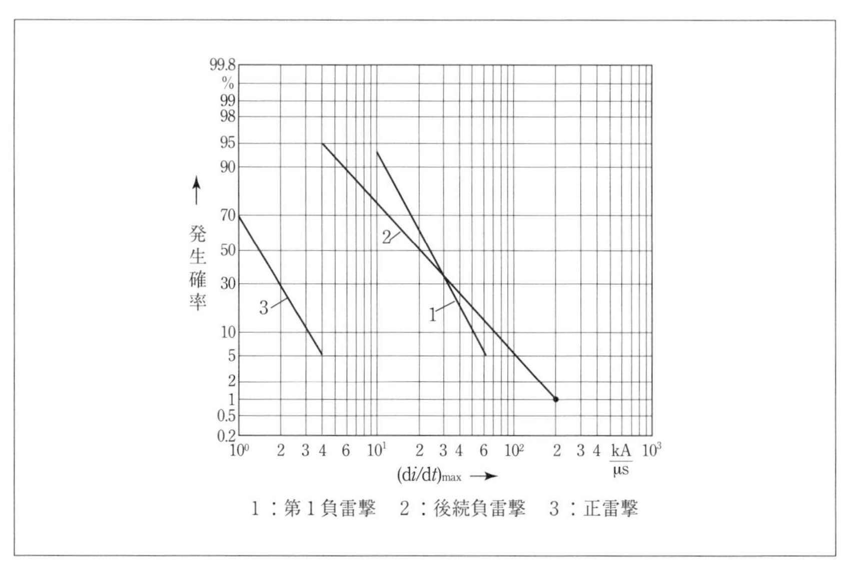


〔図9〕CIGREによる最大電流上昇率の確率分布

雷撃電荷は、第1負雷撃および後続雷撃も電荷量は本質的に小さいので、第1正雷撃電流による電荷のみが考慮された。正雷撃は下向き雷撃の中の10% に過ぎないことを再度考慮すべきである。それゆえ、LPL Ⅰの1% の超過確率は正雷撃の電荷の10% 値が対応する。

電荷の限界値は100C である。図10 にこの値は黒丸で示してある。

同様の理由から固有エネルギーの限界値も第1正雷撃の電流により決められる。図11 より10% 値は約1・$10^7$J/Ωである。

総合電荷の確認の際にも10% のシェアを持つ正雷撃が考慮される。図10 から総合電荷の10% 値は300C である。この限界値は図10 に黒丸で示してある。

正雷撃は稀に後続雷撃を伴うので、総合電荷には第1雷撃の電荷および長時間雷撃の電荷が考慮されている。長時間雷撃の電荷200C は上記に算定された総合電荷300C から正雷撃電荷100C を差し引いて得られる。

雷撃電流は波高値から指数関数的に減少するから、

$$i = i_{max} \cdot \exp(-t/\tau) \quad \cdots\cdots (1)$$

電荷および固有エネルギーは

$$Q = i_{max} \cdot \tau \quad \cdots\cdots (2)$$

$$W/R = {i_{max}}^2 \cdot \tau/2 \quad \cdots\cdots (3)$$

時定数τは波尾の半減時間 $T_2$ より次式から得られる。

$$t = T_2 \log(2) \quad \cdots\cdots (4)$$

これらの式および規定された雷電流特性値から第1雷撃電流の波尾の半減時間 $T_2$=350μs が得られる。雷電流の波頭による妨害は後続雷撃電流によりカバーされるから、IEC 62305-1 における第1雷撃電流の波頭時間は詳細な根拠なしに第1正雷撃において典型的な $T_1$=10μs と規定されている。以上により表2 において10/350μs の波形が第1雷撃の波

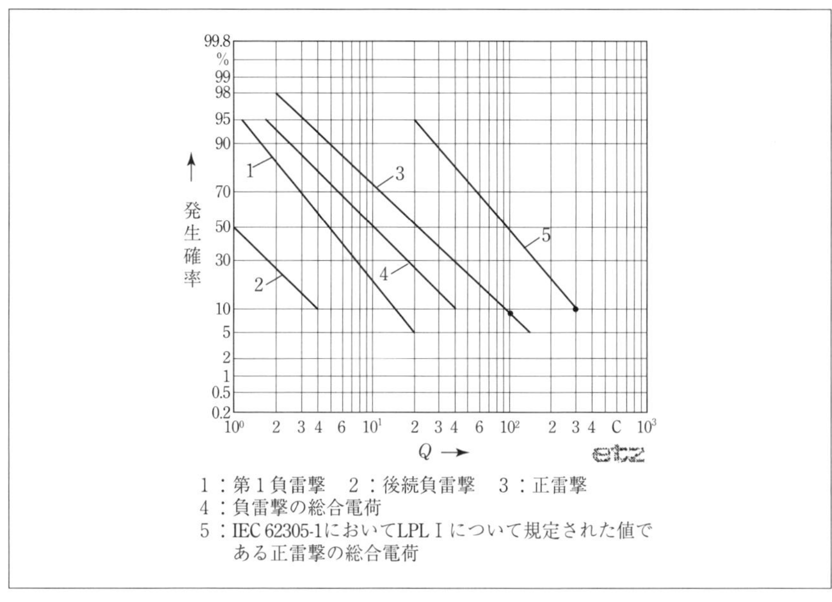


〔図10〕CIGREによる雷電流電荷の発生確率分布

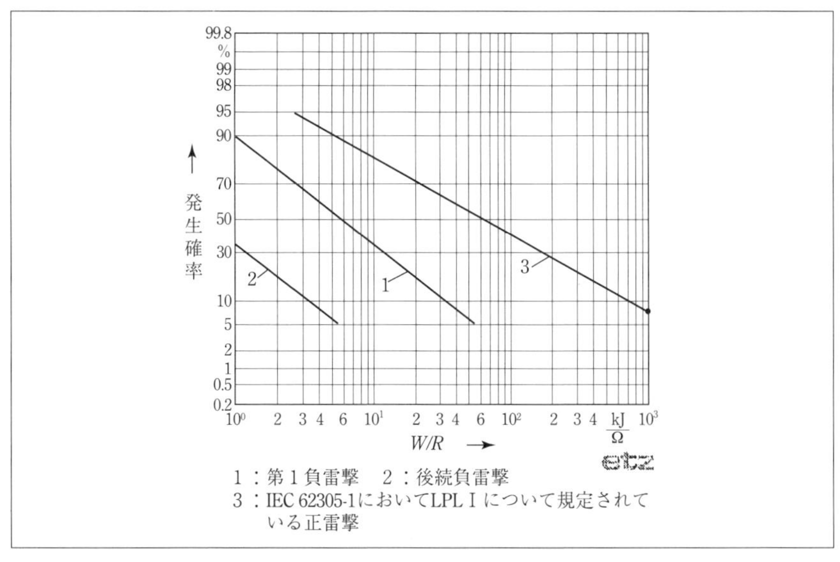


〔図11〕CIGREによる固有エネルギーの発生確率分布

形として規定されている。

長時間雷撃では電荷が重要な要素である。それゆえ、IEC 62305-1 では電荷と長時間雷撃電流の継続時間が 0.5s と規定された（表 2 参照）。近似的に矩形波形と仮定された長時間雷撃電流の振幅は規定の電荷から直接算定される。

表 2 には、その他の三つの雷保護レベルについて規定された限界値も記載されている。LPL Ⅰのために算定された限界値は LPL Ⅱでは 75% に、LPL ⅢおよびLPL Ⅳでは 50% に低減されている。固有エネルギー W/R は電流 2 乗時間積分 $\int i^2 dt$ に等しいから、電流の 2 乗で低減される。従って LPL Ⅰに対して、LPL Ⅱの固有エネルギーは $(4/3)^2=1.78$ 分の 1 となり、LPL ⅢおよびLPL Ⅳでは 1/4 となる。

## 参考文献


1）Berger K., Anderson R.B., Kroninger H. : “Pa-rameters of lightning flashes”, Electra 5 (1975) H.41, S.23-37 (ISSN 1286-1146)

2）Anderson R.B., Eriksson A.J. : “Lightning pa-rameters for engineering application”, Electra 10 (1980) H.69, S.65-105 (ISSN 1286-1146)

付録 2

# 太陽光発電システムの規格改訂動向について

# 1. はじめに

近年、太陽光発電システムは$CO_2$発生を抑制するために著しい増加傾向にあったが、福島の原子力発電所の事故発生以来、原子力から太陽、風力、水力、地熱等の自然エネルギーへの変換を意図して、この増加傾向に拍車がかかり、数MW或いは数10MWの大型太陽光発電システムの計画、設計、施工も国内各所において現実のものとなりつつある。その場合にまず問題となるのは、わが国におけるJIS規格の不備と技術レベルの遅れである。太陽光発電システムはJIS C 60364 低圧電気設備の一部として、取り上げられており、当該規格はJIS C 0364-7-712:2008「建築電気設備　第7-712部：特殊設備または特殊場所に関する要求事項：太陽光発電システム」であり、これはIEC 60364-7-712 : 2002の直訳であるが、ほぼ10年以前のIEC規格である。

この10年間の太陽光発電システムの世界の趨勢に着目すれば、特にメガソーラーと呼ばれる大型太陽光発電システムの発達には著しいものがあり、その特徴としては、太陽電池アレイ・フィールドの膨大な面積に及ぶ配線コスト低減のために直流側の発電電圧を1000Vまたは1200Vにまで増加して、これに対応する直流遮断器、端子、電線、接続箱、配電盤、パワーコンディショナーを開発整備し、さらに外部雷保護システムおよび内部雷保護システムも開発し、それに最も必要とされる直流1200V用SPDも開発整備されている。この分野において我が国が遅れをとった理由としては、わが国の低圧の範囲が交流600V、直流750Vに制限されていることが挙げられる。従ってこれまで、この電圧範囲を超える定格を持つ機器は製造も市販もされていなかった。これに対しIEC規格は交流1000V、直流1500Vまでを低圧としており、上述の一連の機器の開発整備も着々と進められてきている。

このような開発状況に呼応して太陽光発電システムの規格改訂も次のように進められてきた。まずIEC 60364-7-712, Ed.2として改訂草案（64/1736/CD）が2010年7月に提起されたが、この改訂案はこれまで10年間の太陽光発電システム技術の発達を考慮すれば未だ極めて不十分であるということでIEC委員諸国より315件のコメントが寄せられ、これらのコメントを勘案し集大成した改訂案（64/1799/CD）が再度2011年7月に提案されている。この改訂案は最新の太陽光発電システム技術を網羅して規格化したもので、ほぼ完成状態に近い。いずれ近いうちにIEC規格として発刊されるであろう。

従来、特に大型太陽光発電システムを計画、設計する上でシステム構成に際して随所で判断に迷う場合もなきにしもあらずであった。本規格案の内容によれば、その選択に迷うことはないよう明確に定められていると言えよう。IEC TC64国内委員会において、本規格案の翻訳と検討とりまとめを筆者等が担当させていただいた関係もあり、また、わが国の大型太陽光発電システムの技術レベルを国際水準並みに早急に立ち上げるためには太陽光発電システムの計画、設計、施工に携わる技術者の方々が本改訂案の内容を理解し熟知するのが早道と思われるので、改訂案の段階ではあるが敢えて本書の書面を活用させていただいて、その内容を公開するに踏み切った次第である。ご参考になれば幸甚である。

## 2．本改訂案のポイント

●**直流回路の機能接地の方法**およびそれに対応するインバータと変圧器を含む種々のシステム構成が明確に定められている。また、その場合の地絡保護の方法も明確に定められている。

●**適用回路**は以下の種類が考慮されている。

－太陽光発電装置は、内部に変圧器を備えたインバータを経由して交流負荷に接続される。

－太陽光発電装置は、外部に変圧器を備えたインバータを経由して交流負荷に接続される。

－太陽光発電装置は、変圧器無しのインバータを経由して交流負荷に接続される。

●**太陽光発電システムの感電保護**には、一般の交流回路の感電保護に比較して多くの特殊性がある。例えば直流側の太陽電池機器は、交流側が配電網から遮断されていたり、直流側からインバータが遮断されていたりするときでも、充電状態にあると考えなければならない。その他、インバータ内或いは交流側に電気的分離部があるかどうか、直流側に機能接地があるかどうか、インバータ内にも交流側にも電気的分離が無い場合等、その他特殊性を勘案して感電保護が定められている。

- **過電流に対する保護**では、太陽電池ストリングが並列接続されている場合の保護、太陽電池ストリングケーブルの保護、アレイケーブル、直流主幹ケーブル、交流電源ケーブル等、回路の特質に従った要求事項が定められている。
- **サージ防護デバイス**（SPD）による保護については、特に直流側を保護するSPDについての注意事項が決められている。なお直流側に雷保護システムを必要とするかどうかはリスクアセスメントにより決めることになっている。リスクアセスメントはIEC 62305-2によることになっている。

  なおSPDの選定方法、施設方法が詳細に決められており、被保護機器、太陽電池モジュールおよびインバータのインパルス耐圧 $U_W$ も $U_{OCMAX}$（開回路最大電圧）に対応して決められている。ちなみに、$U_{OCMAX}$ =1000V の場合は太陽電池モジュールの $U_W$ = 8kV、インバータの $U_W$=5.6kV である。
- $U_{OCMAX}$ と $I_{SCMAX}$（短絡回路最大電流）の算出方法は付属書Bにて詳細が決められている。

## 3．JIS C 0364-7-712:2008 太陽光発電システムの712.3 用語および定義に対し本改訂案で追加・改訂された用語と定義

### 712.3.4　太陽電池アレイ（PV array）

太陽電池モジュール或いは太陽電池サブアレイおよびその他の支持構造物を機械的に一体化し、結線した集合体。

**712.3.6　太陽光発電装置（PV generator）**

MPPT（最大電力点追従）機能が付いた、インバータの一方の入力に並列に接続された太陽電池アレイの集合体。

**712.3.8　太陽電池ストリングケーブル（PV string cable）**

太陽電池ストリングや太陽光発電装置接続箱を相互接続するための、太陽電池モジュールが付いていない追加ケーブル。

**712.3.11　太陽電池インバータ（PV inverter）**

太陽光発電装置の直流電圧と直流電流を、交流電圧と交流電流に変換する装置。

**712.3.12　太陽光発電交流電源ケーブル（PV a.c supply cable）**

太陽電池インバータの交流端子を電気設備の配電回路へ接続するケーブル。

**712.3.13　太陽電池交流電源回路（PV a.c supply circuit）**

太陽電池インバータの交流端子を電気設備の配電回路へ接続する回路。

**712.3.16　太陽電池電気設備（PV electrical installa-tion）**

モジュール自体（太陽電池モジュールのメーカーによって提供される）のケーブルと直列に接続された、太陽電池モジュール或いは太陽電池モジュールの組合せから始まり、配電網や需要家の設備にまで及ぶ、太陽光発電システムの電気設備。

**712.3.19　開回路最大電圧　$U_{OC\ MAX}$（open-circuit maximum voltage）**

無負荷の（開回路）の太陽電池モジュール、太陽電池ストリング、太陽電池アレイ、太陽光発電装置、または太陽電池インバータの直流部分の両端の電圧。

※備考　$U_{OC\ MAX}$の算出は、附属書Bで行われる。

**712.3.21　短絡回路最大電流　$I_{SC\ MAX}$（short-circuit maximum current）**

太陽電池モジュール、太陽電池ストリング、太陽電池アレイ或いは太陽光発電装置の最大短絡電流。

※備考　$I_{SC\ MAX}$の算出は、附属書Bで行われる。

712.3.22　**直流部分（d.c. side）**

太陽電池モジュールから太陽電池インバータの直流端子までの、太陽電池設備の部分。

712.3.24　**最大電力点追従 MPPT（maximum power point tracking）**

電力の最大出力点を確実に検索する、インバータの内部制御手段。

712.3.25　**最大逆電流　$I_{RM}$（maximum reverse　current）**

火災の危険を決定する IEC61730-2 で規定されているように、$I_{TEST} = 1.35I_{RM}$ で2時間という試験逆電流のもと、太陽電池モジュールの熱耐性能力を規定する。

※備考　$I_{RM}$ は太陽電池モジュールのメーカーによって決定される値である。

712.3.26　**雷保護システム LPS（Lightning protec-tion system）**

雷撃によって建築物が物質的な損傷を被ることを低減するために使用される完備されたシステム

※備考　外部雷保護システム、内部雷保護システム、いずれも含む。

## 4．IEC 60364-7-712 Ed.2 特殊設備または特殊場所に関する要求事項

**太陽光発電システム**の本文と付属書（用語と定義を除く）

712　**太陽光発電システム**

※備考　「PV」とは、“Photovoltaic（太陽光）”の略語として使用される。以下、太陽光発電システムを“PV システム”と呼ぶこととする。

712.1　**適用範囲**

この節は、設備全体或いは設備の一部に給電することを意図して、太陽光発電の電気設備について適用するものである。

この節において、機器のその他の部分と同様、PV システムの機器は設備におけるその機器の選定と適用の観点でのみ扱われる。

太陽光発電システムの電気設備は、太陽電池モジュール或いはケーブルで直列に接続された太陽電池モジュールの組合せからスタートする。

それは太陽電池モジュールメーカによって提供され、需要家の設備あるいは公共施設の供給地点までに及ぶ。

この文書の要求事項について規定する。

－公共の配電網システムに接続されていない設備に給電するためのPVシステム（独立型PVシステム）

－公共の配電網と並列した設備に給電するためのPVシステム（配電網接続のPVシステム）

－公共の配電網の代替システムの設備に給電するためのPVシステム（バックアップPVシステム）

この節では、バッテリーやその他エネルギー貯蔵手段のための具体的な取付要求事項は含まれない。

直流側にバッテリー貯蔵機能のある太陽光発電システムについての要求は、検討中である。

※備考　直流配電できる独立型太陽光発電システムのための要求事項は、検討中である。

### 712.4　安全保護

以下の要求事項は、IEC60364の基本的要求事項を補足するものである。

#### 712.4.101　直流極性の機能接地

機能的な理由から、ある太陽電池モジュールの幾つかの技術では、活性極を直接或いは抵抗を介して接地する必要がある。機能的理由のためのこの接地は、以下の条件に従って行われる。

－直流および交流間には、電気分離が要求される。それはインバータの内部かもしれないし、外部も有り得る。インバータの外部である場合には、以下によって電気分離が実施されなければならない。

・インバータ1つにつき1つの変圧器を使う。

・各インバータに対して、個別の巻線つきで、この巻き線が幾つか付いた1ヶの変圧器を使う。

・使用されるインバータは、この種類の配列と互換性がなければならない。

－極性の接地は、太陽光発電装置の直流側の一点、またはインバータの直流側のインプット近く、またはインバータ自体において実施されなければならない。

※備考　太陽電池モジュールのメーカーが接地を遮断器のPV側に付けるよう要求するとき以外は、インバータの直流インプットの遮断器のインバータ側に最短の長さでもって取り付けられることが好ましい。

－以下の追加要求事項の一つを適用すること。

・直流の極性接地が直接であるならば、この接地のPV側での地絡を防ぐために、接地ケーブル内を流れるいずれの故障電流も取り除くような自動遮断による保護が必要である。（712.425条、712.543条を参照のこと。）

・直流の極性接地が、地絡故障期間中の電圧を、PVモジュールメーカーにより規定されるレベルに制限するための抵抗を介して実施される場合は、絶縁監視装置による保護が必要である。（712.425条、712.543条を参照のこと。）

### 712.41　感電保護

### 712.410　導入

712.410.101

直流側の太陽電池機器は、交流側が配電系統から遮断されていたり、直流側からインバータが遮断されていたりするときでも、充電状態であると考えなければならない。

712.410.3.5

＊当該要求事項は以下の通り置き換える。

附属書41Bに従った、オブスタクルによる、或いはアームズリーチ外へ置く保護対策は、使用してはならない。

712.410.3.6

＊要求事項は以下の通り置き換える。

附属書41Cに従った、非接地局部的等電位ボンディングによる保護対策は、使用してはならない。

712.410.103

交流側では、以下の保護手段のうち1つが適用されなければならない。

－電力の自動遮断

－特別低電圧（SELV および PELV）

712.410.104

直流側では、以下の保護手段のうち少なくとも1つは使用しなければならない。

－二重絶縁或いは強化絶縁

－特別低電圧（SELV および PELV）

**712.411　保護手段：電源の自動遮断**

712.411.101

直流側に機能接地がある場合、またはインバータに追加で接地接続が必要な場合には、インバータの露出導電性部分は IEC62477-1 で要求されている通り、追加で保護導体に固定して接続されなければならない。

※備考　IEC62109-1 が発行され次第、IEC62477-1 を置き換えること。

**712.412　保護手段：二重絶縁或いは強化絶縁**

712.412.101

例えば太陽電池モジュール、接続箱、キャビネット、ケーブルなど（太陽電池インバータの直流の端子のところまで）直流側で使用される機器は、クラスⅡ或いは同等の絶縁がなければならない。

太陽電池モジュールは、IEC61730-1 で規定されているようにクラス A を適用するという要求に準拠するものとする。クラス A の太陽電池モジュールは、クラスⅡの要求に準拠するよう考慮する。

**712.414　保護手段：SELV 及び PELV による特別低電圧**

712.414.101

直流側で SELV や PELV の保護手段を使用するためには、$U_{OCMAX}$ が 120V（直流）を越えてはならない。

712.414.102

乾燥の条件が満たされていないときに、SELV 或いは PELV システムの公称電圧が、交流側で12V r.m.sを超えるか、或いは直流側で30Vの平滑された電圧を超える場合には、基本的な保護対策が必要となる。

考慮されるべき平滑された直流電圧とは、太陽光発電装置の最大電圧$U_{OC\,MAX}$のことである。

712.414.3

絶縁は直流側と交流側の間、外側かインバータの内側に配置されなければならない。

**712.42　熱効果に対する保護**

**712.410.101　太陽光発電システムの防火安全対策**

自治体の消防コードの要求により対処する。

**712.425　絶縁故障の効果に対する保護**

適用されるべき保護手段は以下の条件に依存する。

－インバータ内或いは交流側に電気的分離があるかどうか。

－直流の電極に機能接地があるかどうか。

※備考　交流側の変圧器によって電気的分離されていて、直流の電極の機能接地が必要である場合、インバータと変圧器間の接続部分は接地されないままとなることが望ましい。

**712.425.101　インバータ内にも交流側にも電気的分離が無い場合**

712.425.101.1

直流側の充電部分には機能接地は付けてならない。

712.425.101.2

直流側の地絡の際は、以下のどちらかでなければならない。

－インバータは交流側から自動的に遮断されなければならない。

－太陽電池アレイの故障部分はインバータから自動的に遮断されなければならない。

※備考　漏電保護設備または漏電保護機器は、このような自動遮断を提供出来る。

712.425.101.3

直流側の地絡の際は、警報が自動的に与えられるようでなければならない。

※備考　地絡がインバータによって検出された場合は、IEC62109に従って、インバータによってアラームが開始する。

### 712.425.102　インバータ内或いは交流側に少なくとも単純分離がある場合

712.425.102.1

直流側の充電部分には機能接地を付けてよい。

712.425.102.2

直流側の充電部に機能接地が無い場合は、絶縁監視装置（IMD）、或いは監視と同等の効果を発揮できるその他の機器を取り付けなければならない。

712.425.102.3

直流側の充電部の直接的な機能接地がある場合は、地絡が発生した際、太陽光発電装置の機能接地が故障電流を遮断するために開路されるように、地絡の保護機器を取り付ける必要がある。

※備考　地絡故障の際は、機能的な理由からインバータをすぐに停止する必要がある。

712.425.102.4

抵抗を経由する直流側の充電部の機能接地があるときは、絶縁監視装置（IMD）、或いは監視と同等の効果を発揮できるその他の機器を取り付けなければならない。

※備考　抵抗が地絡故障中の電圧を太陽電池モジュールのメーカーによって規定されたレベルに制限する。

712.425.102.5

直流側の地絡の際は、警報が自動的に与えられるようでなければならない。

※備考１　地絡がインバータによって検出された場合は、IEC62109に従って、インバータによってアラームが開始する。

※備考２　IEC60364の411.6.3.1条に従って、故障は実質的に最短の遅延で除去されることが推奨される。

## 712.43　過電流に対する保護

### 712.431　回路の特質に従った要求事項

712.431.101

太陽電池ストリングが何本か並列になっている太陽光発電装置のモジュールは、太陽電池ストリングにおける故障によって発生する逆電流の効果に対して保護が必要である。

a) 1本或いは2本の太陽電池ストリングが並列になっている太陽光発電装置内では、過電流保護装置は必要でない。

b) 2本を越える $N_S$ 本の太陽電池ストリングが並列になっている太陽光発電装置内で、故障したストリングの最大逆電流は、$(N_S-1)\ I_{SC\ MAX}$ である。

保護装置は、各太陽電池ストリングを保護する必要がある。ただし、

$$1.35\ I_{RM} < (N_S - 1)\ I_{SC\ MAX}$$

※備考1　最大逆電流 $I_{RM}$ は、太陽電池モジュールの保護のキーとなるパラメータのように思われる。$I_{TEST} = 1.35 I_{RM}$ で2時間という試験逆電流（IEC61730に由来）のもとで太陽電池モジュールの耐熱性能を規定する。

※備考2　最大故障電流 $(N_S-1)\ I_{SC\ MAX}$ は、毎日2時間以下で継続する。

712.431.102

太陽電池ストリングの保護のために、712.432条で指定されたような保護機器の使用は、太陽電池モジュールの耐熱性能に応じるものである（IEC 61730XXX版参照）

保護機器が太陽電池ストリングの保護に必要な場合、その定格電流 $I_n$ は以下の条件に従わなければならない。

$$\text{ストリングの}\ 1.1\ I_{SC\ MAX} \leqq I_n \leqq I_{RM}$$

係数1.1は通常の応力条件を考慮に入れた保護機器の不時の操作の際にも余裕のある安全範囲である。この係数は機器のメーカーの推奨に従った厳しい熱応力条件の場合に適合されなければならない。

各ストリングは、保護機器によってそれぞれ保護されるべきである。

### 712.432　保護機器の特質

712.432.101

直流側の過電流保護器については、設備の構成とは無関係に両極ともが保護されなければならない。（直流の極性が機能的に接地されているか否か）

712.432.102

太陽電池ストリングを並列に接続するのに使用されるブロッキングダイオードは、過電流に対する保護の手段として依存してはならない。

712.432.103

直流側の過電流保護機器は、IEC60269-6に従ったgPV形ヒューズ、或いはIEC60947シリーズまたはIEC60898に従ったその他の機器でなければならない。

### 712.433　過負荷電流に対する保護

712.433.101　太陽電池ストリングケーブルの保護

太陽電池ストリングケーブルの保護は、以下の点を考慮しなければならない。

－１本或いは２本の太陽電池ストリングが並列になった太陽光発電装置においては、過電流保護装置は必要ない。（712.431.101.a条も参照）太陽電池ストリングケーブルの連続電流通電容量は、以下の式で示されるストリングの最大直流電流以上でなければならない。

ストリングの $I_{SC\,MAX} \leqq I_Z$

－２本より多い $N_S$ 本のストリングが並列になった太陽光発電装置においては、太陽電池ストリングケーブルを流れる最大逆電流は（$N_S$ －1）$I_{SC\,MAX}$ である。以下の手段のうちの１つが使用されなければならない。

・712.431.101.bに従って太陽電池ストリングの過電流保護装置が必要ではない場合、太陽電池ストリングケーブルの連続電流通電容量 $I_Z$ は、最大逆電流以上でなければならない。

ストリングの（$N_S-1$）$I_{SC\,MAX} \leqq I_Z$

・712.431.101.b に従って太陽電池ストリングの過電流保護装置が必要である場合、太陽電池ストリングケーブルの連続電流通電容量 $I_Z$ は、ストリングの保護機器の定格電流以上でなければならない。

$I_n \leqq I_Z$

712.433.102　太陽電池アレイケーブルの保護

太陽電池アレイケーブルの保護は、以下の規則に従って行われなければならない。

－１本或いは２本のアレイを持つ太陽光発電装置においては、太陽電池アレイケーブルの過電流保護装置は必要ない。アレイケーブルの連続電流通電容量は、アレイの最大直流電流以上でなければならない。

アレイの $I_{SC\,MAX} \leqq I_Z$

－２本より多い $N_a$ 本のアレイが並列になった太陽光発電装置においては、太陽電池アレイケーブルを流れる最大逆電流は（$N_a-1$）$I_{SC\,MAX}$ である。以下の手段のうち１つが使用されなければならない。

・太陽電池アレイケーブルの過電流保護装置が使用されない場合、太陽電池アレイケーブルの連続電流通電容量は、アレイの最大逆電流以上でなければならない。

アレイの（$N_a-1$）$I_{SC\,MAX} \leqq I_Z$

・太陽電池アレイケーブルの過電流保護装置が使用される場合、その定格電流 $I_n$ とアレイケーブルの連続電流通電容量 $I_Z$ はその条件に従わなければならない。

アレイの 1.1 $I_{SC\,MAX} \leqq I_n \leqq I_Z$

係数 1.1 は通常の応力条件を考慮に入れた保護機器の不時の操作の際にも余裕のある安全範囲である。この係数は機器のメーカーの推奨に従った厳しい熱応力条件の場合に適合されなければならない。

※備考　太陽電池サブアレイケーブルのサイズに関する要求は、太陽電池アレイケーブルと同様のやり方で行われなければならない。

### 712.433.103　太陽電池直流主幹ケーブルの保護

太陽電池直流主幹ケーブルの連続電流通電容量は、太陽光発電装置の最大直流電流以上でなければならない。

$$太陽光発電装置の\ I_{SC\,MAX} \leqq I_Z$$

### 712.433.104　太陽光発電交流電源ケーブル

交流電源ケーブルの過電流保護装置の定格電流は、インバータの設計電流を考慮に入れなければならない。インバータの設計電流は、インバータのメーカーによって指定される最大交流電流であるか、或いはそうでなければ、定格交流電流の1.1倍である。

### 712.434　短絡回路電流に対する保護

712.434.101

太陽光発電交流電源ケーブルは、電気設備の設計された配電盤の接続部分に取り付けられた過電流保護装置で発生する短絡回路による影響から保護されなければならない。

### 712.44　電圧妨害と電磁波による妨害

712.443　大気起源あるいは開閉に起因する過電圧に対する保護

この項では、誘導雷によって発生する過電圧に対する太陽電池設備の保護を取りあげる。

※備考　感度の高さと、太陽電池モジュールの取り付けを考慮に入れると、構造物そのもの（建築物）の保護には、雷の直接的な影響に対して細心の注意を払わなければならない。このテーマに関しては、IEC62305のシリーズに含まれている。

### 712.443.101　概要

IEC 60364-4-44、443条の要求事項は、追加の条で適用する。

### 712.443.102　サージ防護デバイス(SPD)による保護

直流側の保護に対して：

－SPDの使用は、712.443.103に示される原則に従って決定される。
－これらのSPDは、IEC60364-5-534と712.534条の要求に従って設置される。
－これらのSPDは、太陽光発電システムの直流側でうまく使用できるようにSPDのメーカーによって指定される。

※備考1　太陽光発電の直流側の適用についてSPDに対するIECの製品標準は、現在起草されているところである。

※備考2　交流側の保護に関して、SPDが必要かどうかは、IEC60364-4-44-443部の要求に従って決定されなければならない。これらのSPDはIEC60364-5-53-534部の要求事項に従って取り付けられなければならない。これらのSPDは、IEC61643-11に準拠しなければならない。

※備考3　情報技術機器の保護に関して、SPDが必要かどうかはIEC61643-22の要求事項に従って決定されなければならない。これらのSPDはIEC61643-21に準拠しなければならない。

### 712.443.103　直流側におけるSPDの使用の決定

#### 712.443.103.1　雷保護システム無しの太陽電池設備の場合

関連のあるデータがある場合は、リスクアセスメントがSPDによる保護が必要かどうかを評価するために遂行されることがある。下記に示すリスクアセスメントが行われなければ、その電気設備はSPDによって保護されなければならない。リスクアセスメントの方法は、Lcrit（臨界長）や、L（直流電線の累積する長さ）との比較の評価に基づくものである。

SPDは以下の式を満たす設備の直流側に取り付けられなければならない。

$$L \geqq Lcrit$$

－Lは、インバータと、異なるストリングの太陽電池モジュールの接続点間の最大配線距離（単位：メーター）
－Lcrit（単位：メーター）は、太陽電池設備の設置状況に依存する。

以下の表に従って算出される。

〔表 712.103〕臨界長 Lcrit の算出

| 設備の種類 | 個人住宅の場合 | 地上設置の場合 | サービス / 産業 / 農業関連建築物の屋上 |
|---|---|---|---|
| Lcrit<br>（単位：メーター） | 115/Ng | 200/Ng | 450/Ng |
| L ≧ Lcrit | SPD は直流側に取付必須 | | |
| L ＜ Lcrit | SPD は直流側の取付は必須ではない | | |

TBD：　表の値　（115, 200, 450）

－ **Ng** は、電力線や接続された建築物からの位置に関連する、雷の年間落雷密度（回数 /km$^2$/ 年）である。この値は、世界の多くの地域で大地放電区域ネットワークによって決定される。（IEC62305-2 A-1 参照）

712.443.104.2　雷保護システムがある太陽電池設備の場合

SPD は、設備の直流側に取り付けられなければならない。

**712.445　不足電圧に対する保護**

検討中

**712.5　電気機器の選定と取付**

**712.51　一般規定**

**712.511　規格への準拠**

712.511.101

太陽電池モジュールは関連のある機器の規格の要求事項に準拠しなければならない。712.412.101 参照。

712.511.102

インバータは IEC62109 シリーズに準拠しなければならない。

**712.512　運用条件と外部の影響**

712.512.101

ブロッキングダイオードが使用される場合、その逆電圧は太陽電池ストリングの $U_{OC\ max}$ の 2 倍を定格としなければならない。ブロッキングダイオードは太陽電池ストリングに直列に接続されなければならない。

712.512.102

屋外に取り付けられる機器は、以下に対して保護されるように選定されなければならない。

－水しぶき（AD4）
－微細物の侵入（AE3）
－機械的損傷（中程度の衝撃　AG2）

### 712.513　利用可能性

712.513.101

太陽光発電システムの選定と取り付けは、安全なメンテナンスを容易にし、メンテナンスやアフターサービスを安全に遂行するためにメーカーによって決められた条項に不利に影響を及ぼしてはならない。

### 712.514　識別

712.514.101

様々なオペレータ（メンテナンスの職員、検査員、公共の配電盤のオペレータ、緊急の援助サービスなど）の安全を理由に、建築物に太陽電池設備があるという表示が必須である。

図 712.514.101 に示されるようなマークが、以下の場所に取り付けられなければならない。

・電気設備の電源
・電源から離れている場合には、計測位置
・インバータからの電源が接続されている需要家のユニットや配電盤
・全電源の全断路点

図 712.514.101

建築物において太陽電池設備があることを表す印

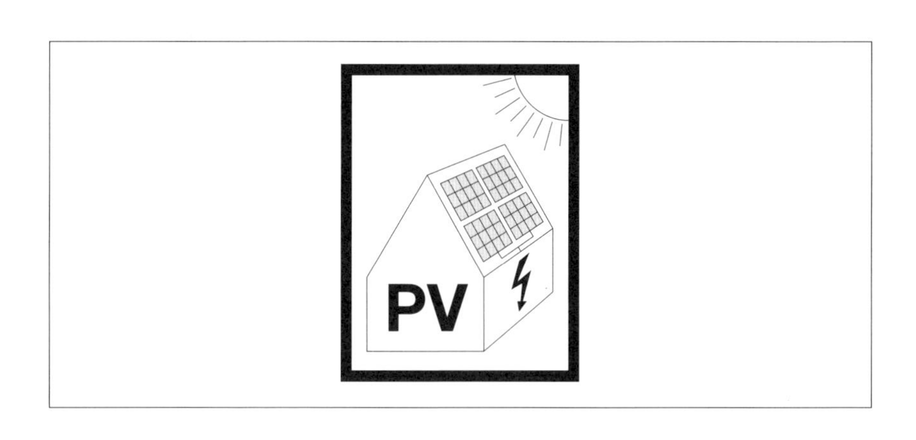


※備考　国内委員会或いは国内の規制機関が、このラベルとこのような目印の貼付場所を決定するべきである。

712.514.102

接続箱やキャビネットのような、直流側の充電部分にアクセスできる各地点は、恒久的に識別できる手段を備えておかなければならない。例えば「太陽光発電の直流－充電部は、断路後通電状態のままである可能性がある」などである。

712.514.103

全てのインバータは、使用を始める前に、それ自体が直流側および交流側の両側で断路されなければならないことを示す印を有するべきである。

**712.515　相互の悪影響を防ぐ**

712.515.101　太陽電池金属構造物のボンディング

このようなボンディングが必要な場合は、ボンディングの導体は太陽電池モジュールの金属構造物や太陽電池設備を支えている金属構造物など全てに結ばれていなければならない（金属ケーブルトレイを含む）等電位ボンディング導体は、IEC62305 に従って適切な PE 端子、或いは雷保護システムに接続されなければならない。

これらの金属構造物がアルミニウム製の場合、適切な接続機器を使用しなければならない。

接地導体は、（絶縁されていても被覆が無いものでも）最低でも導線断面積は6mm$^2$で、銅或いは同等のものでなければならない。

※備考１　こういったボンディングは、例えば変圧器のないインバータシステムにおいて、モジュールのフレーム上で静電容量により電荷を発生するといった場合に必要となる。

※備考２　等電位ボンディングはまた、静電電荷の放電による効果に対する保護も確実なものとなる。

### 712.52　配線システム

### 712.521　配線システムの種類

712.521.101

直流側にSELV或いはPELV保護手段を使用していない太陽光発電システムにおいて、太陽電池ストリングケーブル、太陽電池アレイケーブル、および太陽電池直流主幹ケーブルは、地絡や短絡のリスクが最小限となるように選定、取付られなければならない。これは以下を使用することによって達成される。

－二重絶縁の単心ケーブル

－個別に絶縁されたコンジット或いは被覆に取付られた絶縁された単心の導体

712.521.102

雷による誘導電圧を最小にするために、全てのループ、特に太陽電池ストリングのケーブルに関しては、ループ面積は出来るだけ小さくなるようにするべきである。直流ケーブルおよび等電位ボンディング導体は並べて敷設するべきである。

### 712.523　通電容量

712.523.101

太陽電池モジュールの背面の直接過熱を受けるケーブル種類と断面積は、周囲温度は最も低くても70℃を前提として決定する。

## 712.524　導線断面積

検討中

## 712.525　需要家の設備における電圧降下

### 712.525.101　太陽電池設備における電圧降下

※備考１　電気の安全性や機器の正しい機能以外の効率的な理由から、太陽電池設備の電圧降下を考慮することが推奨される。国の要求事項を考慮することが推奨される。

※備考２　太陽光発電装置が電力を発生させる際、インバータ端子の電圧は配電網への接続点の電圧よりも高い。この電圧の差異は、過電圧における不必要なトリップからインバータを防ぐために、最小限に保たなければならない。

IEC60364-5-52の附属書Gで推奨されたことが適用される。

## 712.526　電気的接続

### 712.526.101　直流側の接続

直流側でSELV或いはPELVを使用していない太陽光発電システム関して、特に太陽電池設備の直流側に適しているコネクタのみを使用する必要がある。

接続の状態を確実なものとし、火災を引き起こす可能性のある電気アークのリスクを制限するため、接続されるオスメスコネクタの各ペアは、同じタイプ、また同じ製造元である必要がある。

熟練していない者、資格のない者が取り扱えるコネクタは、その構造やまたは設備用の道具を使ってのみ取り外し可能でなければならない。

## 712.527　火災の延焼を最小限にするための配線システムの選定と取付

検討中

## 712.528　他のサービスへの配線システムの近接性

検討中

## 712.529　クリーニングを含むメンテナンスに関連した配線システムの選定と取付

検討中

## 712.53　保護、絶縁、開閉、制御、監視

### 712.531　電源の自動遮断による故障保護のための機器

712.531.101

交流側の故障保護に漏電遮断器がある場合は、712.532の条文の要求事項もまた考慮されなければならない。

### 712.532　火災の危険に対する保護装置

### 712.532.101　漏電遮断器による絶縁故障の影響に対する保護

712.532.101.1

絶縁故障の影響に対する保護が、交流側からインバータを自動的に遮断する漏電遮断器によって提供される場合は、IEC62423に従ってタイプBでなければならない。

※備考　交流側と直流側が電気的に分離していない場合には、漏電遮断器による絶縁故障の影響に対する保護が可能な選択である。

712.532.101.2

交流側に取り付けられている唯一の漏電遮断器のみが、感電に対して、また同様に絶縁故障の影響に対しての保護効果を意図している場合は、IEC62423に従ってタイプBでなければならない。

### 712.532.102　絶縁監視装置による絶縁故障の影響に対する保護

712.532.102.1

絶縁故障の影響に対する保護が、絶縁監視装置による場合、IEC61557-8に従うものでなければならない。

※備考1　直流側の充電部の機能接地がなくても交流側と直流側と電気的に分離している場合には、絶縁監視装置による絶縁故障の影響に対する保護が1つの可能な選択である。(712.425.102)

※備考2　絶縁監視装置は防火以外の理由で、例えば第一故障で遮断をせず運転を継続するため、必要となる場合もある。

※備考3　大規模な太陽光発電システム（100kWpを上回る）では、IEC61557-9に従って自動絶縁故障点位置確認システムが推奨される。

### 712.532.103　機能接地導体の遮断による絶縁故障の影響に対する保護

自動遮断装置は、以下の条件で定格が定められなければならない。

－太陽光発電装置の最大短絡電流　$I_{SC\ MAX}$

－太陽光発電装置の最大電圧　$U_{OC MAX}$

〔表 712.532〕機能接地導体内の自動遮断装置の定格電流

| インバータ毎の全太陽光発電電力定格 | 自動遮断装置の定格電流 |
|---|---|
| ≦ 3kVA | ≦ 1A |
| ＞ 3kVA および ≦ 100kVA | ≦ 3A |
| ＞ 100kVA | ≦ 5A |

### 712.533　過電流に対する保護装置

#### 712.533.101　直流側の過電流遮断装置

直流側の過電流保護装置は、IEC60269-6 に従った gPV ヒューズか、IEC60947 或いは IEC60898 シリーズに従った遮断器でなければならない。

これらの装置は以下の指定された手段に準拠しなければならない。

－定格運転電圧（$U_e$）は、太陽光発電装置の電圧 $U_{OC MAX}$ と等しいか、それより大きくなければならない。

－定格電流 $I_n$ は 712.431.2 に規定されている通り

－定格遮断容量は、少なくても太陽光発電装置の $I_{SC MAX}$ と等しくなければならない

－直流の適用に準拠していることを示す直流使用の印（直流の表示或いは＝＝符号）

－装置は電流の流れる方向とは無関係でなければならない。

### 712.534　過電圧に対する保護装置

712.534.101　一般規定

IEC60364、5-53 部、534 条は、追加の要求事項、712.534.102・712.534.103・712.534.104・712.534.105・712.534.106 と共に適用される。

外部雷保護システムが取り付けられる場合は、電力線および信号線、或いは太陽光発電システムの電線は全て、雷保護システムの全ての箇所から適切な離隔距離を開けて取り付けられなければならない。

※備考　IEC62305-3に安全離隔距離の算出方法が記されている。

適切な安全離隔距離を保てないような場合、太陽電池電源システムはIEC62305に記されているように、等電位ボンディングの構造体を経由して雷保護システムに接続されなければならない。

太陽光発電システムにおいて電磁誘導を低減させるために、シールドされた電線に加えて、直流＋と直流－の導体を接近させて平行に設置することが推奨される。

※備考　IEC62305-4は設計や設置の規則、磁界と誘導電圧或いはシールドの電流、導体のシールドや配線の算出に関する詳細な情報を提供している。

**712.534.102　直流側のSPDの選定**

太陽電池設備の直流側における電気的な取り付けが極めて特有であるために、そういった設備の直流側を保護するためには太陽電池設備専用の特別なSPDのみを使用しなければならない。SPDメーカーは、それに関連のある情報を提供しなければならない。

インバータが直流側にSPDを組み込んでいる場合、インバータメーカーが太陽光発電電源システムの直流側に適切な使用を指定している時のみ、SPDがサージ保護機能を果たすと考えられている。そうでなければ、外部のSPDによって保護されなければならない。

※備考　インバータ内に含まれるバリスタは、SPDとは見なされない。

外部のSPDの電圧防護レベル$U_p$は、インバータに組み込まれた装置の特性と関連付けて決定されなければならない。インバータメーカーはその場合、外部のSPDを選定するのに必要な電圧レベルを提供しなければならない。

直流側に取り付けられたSPDの特性は、以下の712.534.102.1から712.534.102.6に定義されている。

712.534.102.1　SPD試験クラスの選定

通常SPDはクラスⅡの試験を実施される。もし直撃雷の影響に対する保護が指定され、離隔距離SがIEC62305に従って保たれない場合、クラスⅠ試験を実施されたSPDが使用されなければならない。（通常は

クラスⅡ試験のSPDと組み合わせる）

712.534.102.2　SPDの電圧防護レベル$U_P$の選定

電圧防護レベル$U_P$の値は、保護される機器のインパルス耐電圧の値の80％より小さくなければならない。

メーカーからの情報がない場合、インパルス耐電圧$U_W$はモジュールや変換機器に関して、以下の表712.xxと等しいと考えられる。

〔表712.534〕情報が無い場合のインパルス耐電圧$U_W$

| $U_{OC\,MAX}$（V） | $U_W$（kV） | |
|---|---|---|
| | 太陽電池モジュール | インバータ |
| 100 | 1.5 | − |
| 150 | 2.5 | − |
| 300 | 4 | − |
| 400 | − | 3.1 |
| 600 | 6 | 4.2 |
| 800 | − | 5.1 |
| 1000 | 8 | 5.6 |
| 1500 | 12 | 8.5 |

712.534.102.3　SPDの最大連続使用電圧$U_{cpv}$の選定

SPDの最大許容電圧の値$U_{cpv}$は、太陽光発電装置の最大無負荷電圧$U_{OC\,MAX}$に従って選定されなければならない。電圧$U_{cpv}$は、太陽光発電装置の最大電圧$U_{OC\,MAX}$以上でなければならない。

SPDは以下の2点の間の最大電圧$U_{OC\,MAX}$に関して、選定・配置されなければならない。

・帯電部端子（＋と－端子）

・帯電部端子（＋と－端子）と大地

712.534.102.4　SPDの公称放電電流$I_n$の選定

公称放電電流$I_n$の最小値は、5kAでなければならない。最小値を超える公称放電電流は、SPDを長いサービス寿命とすることができる。

### 712.534.102.5　SPDの最大放電電流 $I_{max}$ の選定

このパラメータはSPDのエネルギー協調のために使用される。メーカーによる情報を参照のこと。

※備考　協調は、交流電力網において類推によって実装することができる。

### 712.534.102.6　SPDの短絡電流定格 $I_{SCPV}$、及びSPDに関連する保護装置の選定

メーカーから要求がある場合は、SPDは外部の遮断装置とともに提供されなければならない。これらの装置は太陽電池モジュールによって発生するどんな過電流にも動作するように設計されなければならない。

※備考　SPDは、以下の原因により寿命に達する可能性がある。

- その特性を超えるのではなく、雷のストレスが過剰に蓄積されることによる熱暴走。
  内部のコンポーネントを徐々に破壊していく。
- その特性を超えた電流による短絡。インピーダンスを急激な低下へと導く。

SPDの短絡電流定格 $I_{SCPV}$ は、太陽光発電装置 $I_{SCMAX}$ によって発生する最大電流に従って選択される。この電流 $I_{SCPV}$ は太陽光発電装置の $I_{SC\ MAX}$ と等しいか、それ以上でなければならない。このパラメータが与えられていないSPDは使用してはならない。

### 712.534.103　交流側におけるSPDの取り付け

インバータが設備そのものから10m以上はなれて配置されている場合、インバータの近傍に追加の保護機器が取り付けられなければならない。

### 712.534.104　直流側におけるSPDの取り付け

直流側のSPDは、できる限りインバータに接近させて配置しなければならない。信頼性の向上を提供するためにインバータから離すなど、追加のSPDの配置場所は、考慮しなければならない。

※備考　機器に加わるサージ電圧レベルは、SPDからの距離に依存する。10mを超える場合は、この電圧の値は共振の影響によって2倍

の大きさとなる可能性がある。（雷サージによる高周波数によって増幅の現象が起こる）

**712.534.105　SPDの接続**

- SPDがインバータや配電盤の交流側および直流側両方に取り付けられている場合、この配電盤の間は最小限の間隔で配置することが推奨される。
- 接地端子への直流用SPDの接続、また＋端子および－端子への直流用SPDの接続は、導線断面積が最低6mm²の銅製の導線或いは同等の物を使って実施されなければならない。

**712.535　保護機器の協調**

検討中

**712.536　絶縁と開閉**

**712.536.2　絶縁**

712.536.2.1.1

太陽電池インバータの保守を可能にするため、直流部分および交流部分から太陽電池インバータを断路する手段が提供されなければならない。

※備考　商用電源系統で並列運転する太陽電池設備の絶縁に関する更なる要求は、IEC60364-5-55の551.7に記載されている。

**712.536.2.2　断路のための装置**

712.536.2.2.1

太陽電池設備と公共電源の間に設置された断路と配電盤に対する機器の選定と取付において、公共電源は“電源”、太陽電池設備は“負荷”であると考慮されなければならない。

712.536.2.2.5

開閉遮断器或いは同等の機能を持つその他の機器は、太陽電池インバータの直流側に取り付けられなければならない。

※備考　メンテナンスのために直流電源側で機器を断路するための代替案が、TC82によって検討中である。

**712.54　接地の配置、保護導体、及び保護ボンディング導体**

### 712.542　接地の配置

#### 712.542.101　機能接地

712.542.101.1

充電部或いはその他の導電性部分の機能接地は、直流側に許可される。

712.542.101.2

機能接地の導体は、故障状態で流れ得る最大電流に関連して大きさが決められる。

機械的な保護のために、機能接地導体の最小導線断面積は 4mm$^2$ の銅製或いは同等のものである。

### 712.544　保護ボンディング導体

#### 712.544.101　交流側の保護ボンディング

インバータの外側に変圧器が取り付けられている場合（LV/LV または HV/LV 変圧器）、これらの機器間には等電位ボンディングが必要である。

#### 712.544.102　インバータの保護ボンディング

インバータの露出導電性部分は、最小導線断面積が 6mm$^2$ の銅或いは同等の導線による等電位ボンディングへ、そして交流側の保護導体へ、接続されなければならない。

### 712.6　検査と試験

IEC62446 はシステムの文書化、この規格の要求に追加されている試験や検査の委託を要求している。

# 附属書A
（参考情報）
## システムの情報

［ここで含まれるべきブロック図は、更なる詳細図を示す注釈と一緒に準備が出来ていれば、IEC62548 で記載される。］

適用回路は、以下の種類が考慮される。

- 太陽光発電装置は、内部に変圧器を備えたインバータを経由して交流の負荷に接続される。
- 太陽光発電装置は、外部に変圧器を備えたインバータを経由して交流の負荷に接続される。
- 太陽光発電装置は、変圧器無しのインバータを経由して交流の負荷に接続される。

**以下の表 A721.1 では、幾つかの配置が考慮されている。露出導電性部分の接地は、考慮されていない。**

〔表 A721.1〕太陽光発電直流構成

| 直流側 | 図 | 適用回路 | 太陽光発電システムの直流回路の電位 |
|---|---|---|---|
| 非接地 | 図 a | 内部に変圧器を備えたインバータを経由し交流側に接続されている | 浮いた状態 |
| | 図 b | 変圧器無しのインバータを経由し交流側に接続されている | 中性の状態或いは、電源回路の線導体によって固定される |
| 接地 | 図 c | 内部に変圧器を備えたインバータを経由し交流側に接続されている | 接地される |
| | 図 d | 内部に変圧器を持たないインバータを経由して交流側に接続される。このとき変圧器はインバータの外側にある | 接地される |

以下の各図は、表 A721.1 で挙げられた配置を説明したものである。

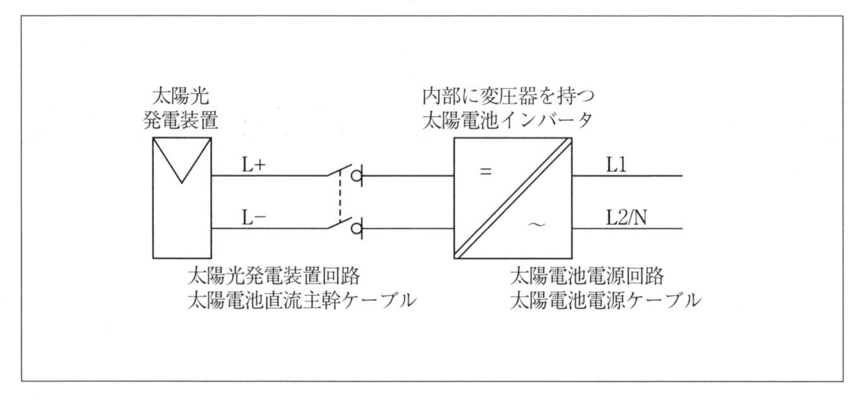


〔図A721.2〕変圧器付きのインバータ経由で交流側に接続された、接地されていない太陽光発電装置

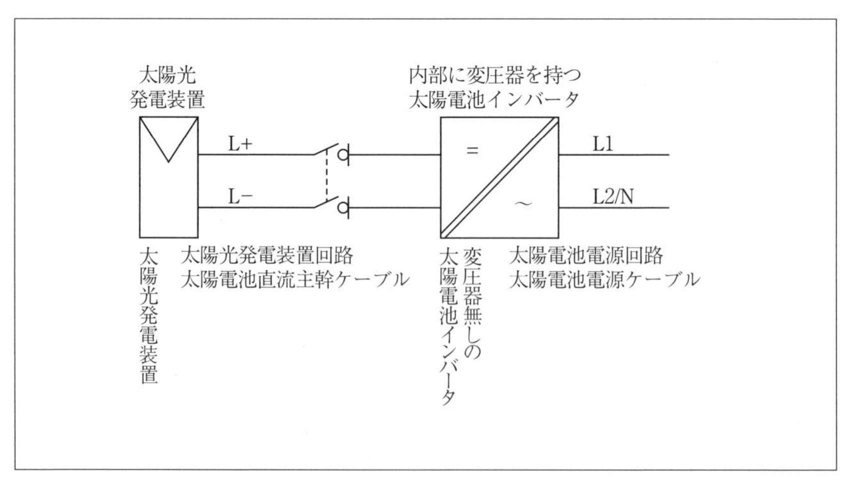


〔図A721.2〕変圧器無しのインバータ経由で交流側に接続された、接地されていない太陽光発電装置

太陽光発電装置の露出導電性部分を接地することには考えられる理由が2つある。

a）雷保護

b）設備間の、電位の不均一を避けるための等電位ボンディング

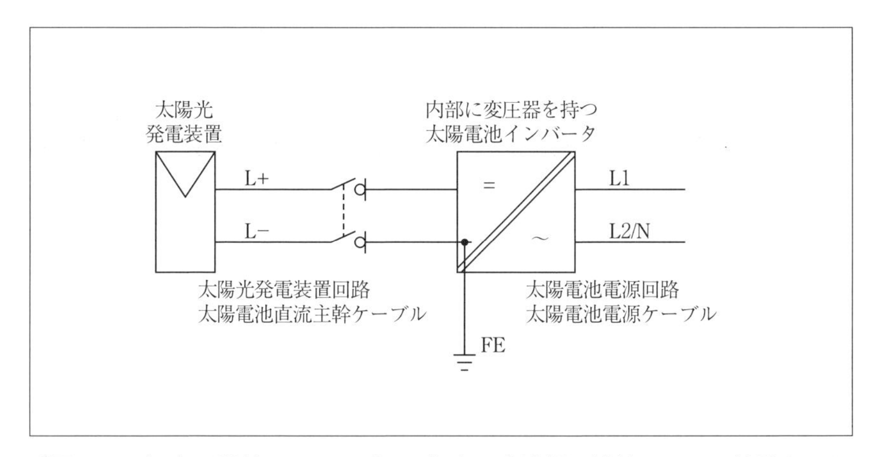


〔図A721.3〕変圧器付きのインバータ経由で交流側に接続された、接地された太陽光発電装置

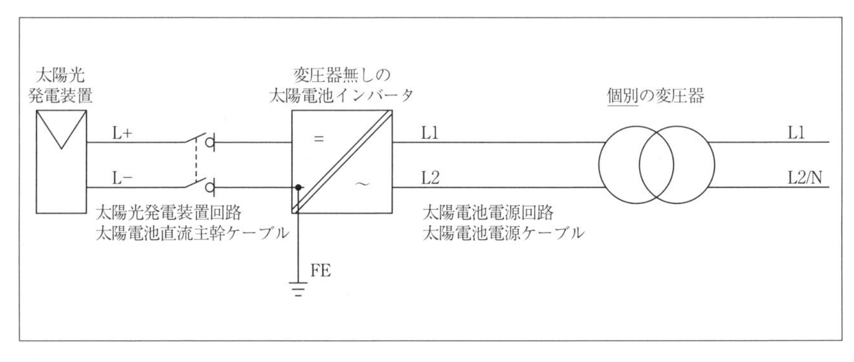


〔図A721.4〕変圧器無しのインバータ経由で交流側に接続された、接地された太陽光発電装置。変圧器は離れている。

接地導体は、設備においてこれらの機能のいずれかまたは複数を実行することができる。導体の寸法と位置は、その機能に大きく依存する。

# 附属書B
（付則）
## $U_{OC\,MAX}$と$I_{SC\,MAX}$の算出

### B.1 $U_{OC\,MAX}$の算出

$U_{OC\,MAX}$は、無負荷（開回路）の太陽電池モジュール、或いは太陽電池ストリング、太陽電池アレイ、太陽光発電装置の両端の最大電圧のことであり、以下の公式によって算出される。

$$U_{OC\,MAX} = K_U\,U_{OC\,STC}$$

補正係数$K_U$はモジュールの開回路電圧の増加を考慮に入れており、$T_{min}$を太陽電池設備敷地の最低周囲温度と見なし、$\alpha U_{OC}$を太陽電池のモジュールメーカーから提供される電圧$U_{OC}$の温度変動係数と見なす。

$$K_U = 1 + (\alpha U_{OC} / 100)(T_{min} - 25)$$

・$\alpha U_{OC}$：モジュールの電圧$U_{OC}$の温度変動係数、単位は%／℃。
・$T_{min}$：太陽電池設備の敷地の最低温度、単位は℃。

$\alpha U_{OC}$はマイナス要因であり、モジュールメーカーからはmV／℃或いは%／℃のどちらかの記号で提供される。$\alpha U_{OC}$がmV／℃で表される場合は、以下の公式による%／℃で対処すること。

$$\alpha U_{OC}(\%/℃) = 0.1\alpha U_{OC}(mV/℃) / U_{OC\,STC\_Module}(V)$$

※備考　mV／℃で表現された$\alpha U_{OC}$のモジュールの例
－多結晶のモジュール、$U_{OC\,STC\_Module}$=38.3V
そして$\alpha U_{OC}$ =－133mV／℃
→$\alpha U_{OC}$=－0.35%／℃
－$T_{min}$ =－15℃→（$T_{min}$－25）=－40℃→$K_U$ = 1.14→

$$U_{OC\,MAX} = 1.14\,U_{OC\,STC}$$

$\alpha U_{OC}$ は、太陽電池モジュールの技術によって様々に異なる値になり得る。

非結晶のシリコンモジュールに関しては、初期の運転期間の電気的特性は指定された特性よりも高い。この現象はメーカーからも指摘されており、$U_{OC\,MAX}$ の算出の際に考慮に入れなければならない。

設備の敷地の予想最低気温に関する情報や、太陽電池モジュールの温度係数に関する情報が無いときは、$U_{OC\,MAX}$ の値は $1.2U_{OC\,STC}$ と等しく選択されなければならない。

## B.2 $I_{SC\,MAX}$の算出

太陽電池モジュール、太陽電池ストリング、太陽電池アレイ、太陽光発電装置の最大短絡電流は、以下の公式によって算出できる。

$$I_{SC\,MAX} = K_I\,I_{SC\,STC}$$

$K_I$ の最小値は、1.25 である。

一定の条件のもとで、例えば増加する反射光や太陽光強度など、環境の条件を考慮に入れて増加しなければならない。

# 附属書C
（参考情報）

## 太陽電池設備のうちSPDの位置を示す略図

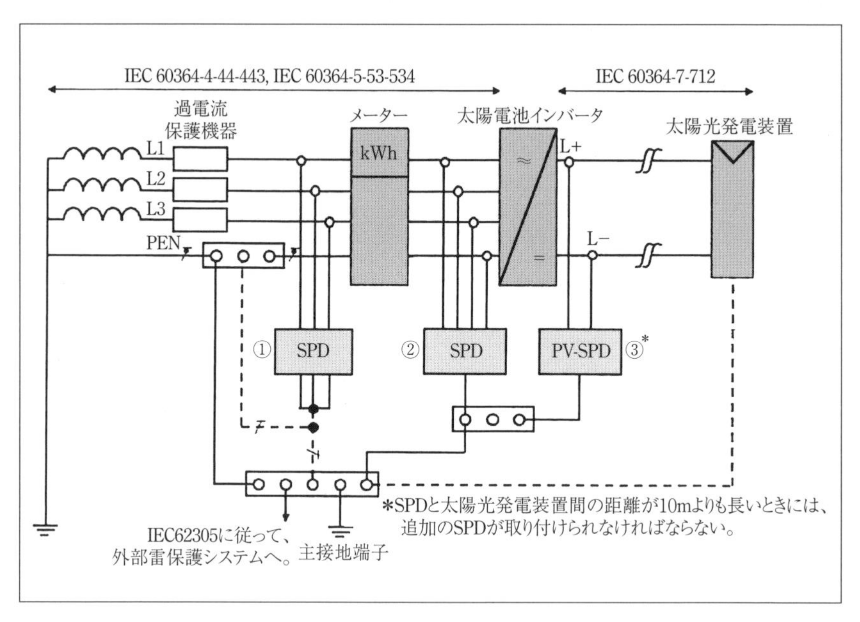


〔図 1〕雷保護システム（LPS）のある建築物における SPD の取付例。離隔距離は保たれている。

## ポイント

① IEC61643-1 に従ったクラスⅠ試験の SPD

② IEC61643-1 に従ったクラスⅡ試験の SPD

③太陽光発電システムの直流用クラスⅡ試験の SPD

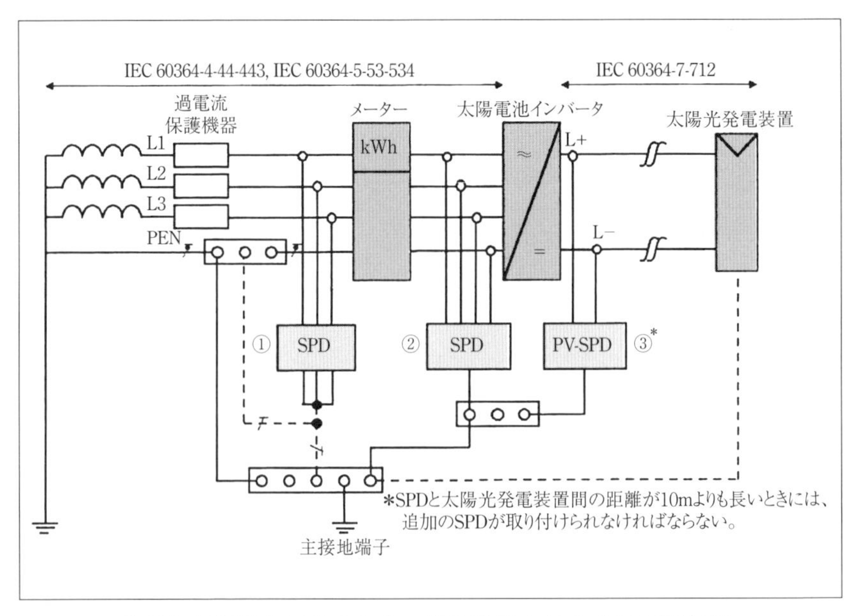


〔図2〕雷保護システムのない建築物におけるSPDの取付例。

## ポイント

① IEC61643-1 に従ったクラスⅡ試験の SPD

② IEC61643-1 に従ったクラスⅡ試験の SPD

③太陽光発電システムの直流用クラスⅡ試験の SPD

設計技術シリーズ
太陽光発電システム事例解説書
雷保護と設計法

2015年3月23日　初版発行

著　者　　竹谷　是幸　　©2015

発行者　　松塚　晃医
発行所　　科学情報出版株式会社
〒300-2622　茨城県つくば市要443-14 研究学園
電話　029-877-0022
http://www.it-book.co.jp/

ISBN 978-4-904774-27-4　C2054

＊本書は三松株式会社から以前に発行された書籍です。